SUPRÉMATIE QUANTIQUE

Du même auteur

L'Équation de Dieu, Guy Trédaniel éditeur, 2023.
L'Avenir de l'humanité, De Boeck Supérieur, 2019.
La Destinée du cerveau humain, De Boeck Supérieur, 2019.
Une brève histoire du futur, Flammarion, 2014.
La Physique de l'impossible, Le Seuil, 2011.
Parallel Worlds, Penguin, 2006.
Einstein's Cosmos, Weidenfeld & Nicolson, 2004.
Visions, Albin Michel, 1999.
Hyperspace, Anchor, 1995.
Beyond Einstein, Anchor, 1995.

Titre original : *Quantum Supremacy.*
Publié pour la première fois aux États-Unis par Doubleday.

Traduit de l'anglais (États-Unis) par Danièle Ball.

ISBN : 978-2-8132-3263-2

www.editions-tredaniel.com
info@guytredaniel.fr
www.facebook.com/tredaniel.reflexion
@tredaniel_reflexion

AUTEUR BEST-SELLER DU *NEW YORK TIMES*

MICHIO KAKU

SUPRÉMATIE QUANTIQUE

L'ORDINATEUR QUANTIQUE, LA RÉVOLUTION QUI VA BOULEVERSER NOS VIES

Guy **Trédaniel** éditeur
19, rue Saint-Séverin
75005 Paris

À mon épouse bien-aimée, Shizue, et à mes filles,
Dre Michelle Kaku et Alyson Kaku.

SOMMAIRE

Quatrième partie. Modéliser le monde et l'univers

PREMIÈRE PARTIE

L'ESSOR DES ORDINATEURS QUANTIQUES

1.

LA FIN DE L'ÈRE DU SILICIUM

Une révolution se prépare.

En 2019 et en 2020, deux coups de théâtre ont ébranlé le monde scientifique. Deux groupes de chercheurs ont annoncé qu'ils avaient atteint la suprématie quantique, le point légendaire à partir duquel un type d'ordinateur radicalement nouveau, appelé « ordinateur quantique », est capable de surpasser de manière déterminante un superordinateur numérique ordinaire dans l'exécution de tâches spécifiques. Cela annonçait un bouleversement susceptible de modifier tout le paysage informatique et de chambouler tous les aspects de notre vie quotidienne.

Tout d'abord, Google a révélé que son processeur quantique, Sycamore, était capable de résoudre en deux cents secondes un problème mathématique qui prendrait dix mille ans au superordinateur le plus rapide du monde. Selon la *Technology Review* du MIT, Google a qualifié cela d'avancée majeure, comparable au lancement de Spoutnik ou au premier vol des frères Wright. C'est « le seuil d'une nouvelle ère de machines qui reléguera l'ordinateur le plus puissant d'aujourd'hui au niveau d'un boulier[1] ».

Puis l'Institut d'innovation quantique de l'Académie chinoise des sciences a été encore plus loin. Il a affirmé que son ordinateur quantique était 100 000 milliards de fois plus rapide qu'un superordinateur ordinaire.

Commentant l'essor fulgurant des ordinateurs quantiques, le vice-président d'IBM, Bob Sutor, a déclaré avec conviction : « Je pense que ce sera la technologie informatique la plus importante de ce siècle[2]. »

Les ordinateurs quantiques ont été appelés les « ordinateurs ultimes », une avancée technologique décisive avec de profondes implications pour le monde entier. Au lieu de calculer sur de minuscules transistors, ils calculent sur le plus petit objet possible, les atomes eux-mêmes, de sorte qu'ils peuvent facilement surpasser la puissance de notre plus grand superordinateur. Les ordinateurs quantiques pourraient bien inaugurer une toute nouvelle ère pour l'économie, la société et notre mode de vie.

Mais les ordinateurs quantiques sont bien plus qu'un puissant nouvel ordinateur. Il s'agit d'un nouveau type d'ordinateur capable de résoudre des problèmes que les ordinateurs numériques ne pourront jamais résoudre, pas même en disposant d'un temps infini. Par exemple, les ordinateurs numériques ne pourront jamais calculer avec précision la manière dont les atomes se combinent pour provoquer des réactions chimiques cruciales, en particulier celles qui rendent la vie possible. Les ordinateurs numériques ne peuvent calculer que sur des bandes numériques, composées de séries de 0 et de 1, trop grossières pour décrire les délicates ondes d'électrons dansant au plus profond d'une molécule. Par exemple, lorsqu'il calcule fastidieusement les chemins empruntés par une souris dans un labyrinthe, un ordinateur numérique doit analyser péniblement chaque chemin possible, l'un après l'autre. En revanche, un ordinateur quantique analyse simultanément tous les chemins possibles, et ce à une vitesse fulgurante.

Cela a exacerbé l'intense rivalité entre les géants de l'informatique, qui s'efforcent tous de créer l'ordinateur quantique le plus puissant du monde. En 2021, IBM a dévoilé son propre ordinateur quantique, baptisé Eagle, qui a pris la tête du palmarès, avec une puissance de calcul supérieure à celle de tous les modèles précédents.

Mais ces performances de pointe sont comme des records sportifs : elles sont faites pour être battues.

Compte tenu des profondes implications de cette révolution, il n'est pas surprenant que bon nombre des plus grandes entreprises mondiales aient investi massivement dans cette nouvelle technologie. Google, Microsoft, Intel, IBM, Rigetti et Honeywell construisent tous des prototypes d'ordinateurs quantiques. Les dirigeants de la Silicon Valley savent qu'ils doivent suivre le rythme de cette révolution, faute de quoi ils seront laissés pour compte.

IBM, Honeywell et Rigetti Computing ont mis leurs ordinateurs quantiques de première génération en ligne sur Internet afin d'aiguiser l'appétit d'un public curieux et de permettre aux gens d'avoir une première approche de l'informatique quantique. Il est possible d'expérimenter directement cette nouvelle révolution quantique en se connectant à un ordinateur quantique sur Internet. Par exemple, l'« IBM Q Experience », lancée en 2016, met gratuitement quinze ordinateurs quantiques à la disposition du public *via* Internet. Samsung et JPMorgan Chase font partie de ces utilisateurs. Il y a déjà deux mille personnes, depuis des écoliers jusqu'à des professeurs, qui les utilisent chaque mois.

Wall Street s'intéresse vivement à cette technologie. IonQ est devenue la première grande entreprise d'informatique quantique à entrer en Bourse, récoltant 600 millions de dollars lors de son introduction en 2021. Plus surprenant encore, la rivalité est d'une intensité telle qu'une nouvelle start-up, PsiQuantum, sans aucun prototype commercial sur le marché ni aucun antécédent de produits, s'est soudain envolée à Wall Street pour atteindre une valorisation de 3,1 milliards de dollars, avec la capacité de récolter 665 millions de dollars de financement quasiment du jour au lendemain. Des analystes économiques ont écrit qu'ils avaient rarement vu pareille chose, une nouvelle entreprise surfant sur la vague de spéculations fébriles et de gros titres sensationnels pour atteindre de tels sommets.

Le cabinet de conseil et d'expertise comptable Deloitte estime que le marché des ordinateurs quantiques devrait atteindre des centaines de millions de dollars dans les années 2020 et des dizaines de milliards de dollars dans les années 2030. Personne ne sait quand les ordinateurs quantiques feront leur entrée sur le marché commercial et modifieront le paysage économique, mais les prévisions sont constamment révisées pour refléter la vitesse sans précédent des découvertes scientifiques qui se succèdent dans ce domaine. Évoquant l'essor fulgurant des ordinateurs quantiques, Christopher Savoie, PDG de Zapata Computing, déclare : « La question n'est plus de savoir si, mais quand[3]. »

Même le Congrès des États-Unis a exprimé son vif intérêt pour contribuer au développement de cette nouvelle technologie quantique. Conscient que d'autres pays ont déjà généreusement financé la recherche sur les ordinateurs quantiques, le Congrès a adopté en décembre 2018 la National Quantum Initiative Act (Loi sur l'initiative quantique nationale) visant à fournir des capitaux de démarrage pour aider à lancer de nouvelles recherches. Il a décrété la création de deux à cinq nouveaux centres nationaux de recherche en sciences de l'information quantique, qui seront financés à hauteur de 80 millions de dollars par an.

En 2021, le gouvernement des États-Unis a également annoncé un investissement de 625 millions de dollars dans les technologies quantiques, supervisé par le ministère de l'Énergie. Des entreprises géantes telles que Microsoft, IBM et Lockheed Martin ont également contribué à ce projet à hauteur de 340 millions de dollars supplémentaires.

La Chine et les États-Unis ne sont pas les seuls à recourir à des fonds publics pour accélérer le développement de cette technologie. Le gouvernement britannique construit actuellement dans le laboratoire Harwell du Science and Technology Facilities Council dans l'Oxfordshire le National Quantum Computing Centre (NQCC), qui servira de plaque tournante pour la recherche sur l'informatique quantique. Stimulées par le gouvernement, trente start-up spécialisées dans l'informatique quantique ont été fondées fin 2019 au Royaume-Uni.

Les analystes sectoriels reconnaissent qu'il s'agit d'un pari de 1 000 milliards de dollars. Il n'y a aucune garantie dans ce domaine hautement concurrentiel. Malgré les réalisations techniques impressionnantes de Google et d'autres entreprises au cours des dernières années, il faudra encore de nombreuses années avant de parvenir à un ordinateur quantique fonctionnel capable de résoudre des problèmes du monde réel. Une montagne de travail acharné nous attend encore. Certains critiques prétendent même qu'il pourrait s'agir d'une course à la chimère. Mais les entreprises informatiques se rendent compte que si elles ne mettent pas un pied dans la porte, cette dernière risque de se refermer à leur nez.

Ivan Ostojic, associé du cabinet de conseil McKinsey, déclare : « Les entreprises des secteurs où le quantique aura le plus grand impact potentiel devraient s'y impliquer dès maintenant[4]. » Des domaines tels que la chimie, la médecine, le pétrole et le gaz, les transports, la logistique, la banque, les produits pharmaceutiques et la cybersécurité sont mûrs pour des mutations majeures. Il ajoute : « En principe, les quantas seront intéressants pour tous les directeurs de systèmes informatiques, car ils permettront d'accélérer la résolution d'un large éventail de problèmes. Ces entreprises doivent devenir propriétaires de capacités quantiques. »

Vern Brownell, ancien PDG de D-Wave Systems, une société canadienne d'informatique quantique, fait remarquer : « Nous pensons que nous sommes sur le point de fournir des capacités que l'on ne peut pas obtenir avec l'informatique classique. »

De nombreux scientifiques pensent que nous entrons actuellement dans une ère entièrement nouvelle, avec des ondes de choc comparables à celles provoquées par l'introduction du transistor et de la puce électronique. Des entreprises sans lien direct avec la production informatique, comme le géant automobile Daimler, propriétaire de Mercedes-Benz, investissent déjà dans cette nouvelle technologie, pressentant que les ordinateurs quantiques pourraient ouvrir la voie à de nouveaux développements dans leur secteur. Julius Marcea, membre de la direction chez son rival BMW, a écrit : « Nous sommes ravis d'étudier le potentiel de transformation de l'informatique quantique dans l'industrie automobile et nous nous engageons à repousser les limites des performances en ingénierie[5]. » D'autres grandes entreprises telles que Volkswagen et Airbus ont créé leurs propres divisions d'informatique quantique pour explorer la manière dont cette dernière pourrait révolutionner leurs activités.

Les sociétés pharmaceutiques surveillent elles aussi attentivement les avancées dans ce domaine, conscientes que les ordinateurs quantiques pourraient être capables de simuler des processus chimiques et biologiques complexes qui dépassent de loin les capacités des ordinateurs numériques. Les immenses installations consacrées aux tests de millions de médicaments pourraient un jour être remplacées par des « laboratoires virtuels » qui testent les médicaments dans le cyberespace. Certains ont exprimé la crainte que cela ne remplace peut-être un jour les chimistes. Mais Derek Lowe, qui tient un blog sur la découverte de médicaments, déclare : « Les machines ne vont pas remplacer les chimistes. C'est plutôt que les chimistes qui utilisent des machines remplaceront ceux qui n'en utilisent pas[6]. »

Même la plus grande machine scientifique au monde, le Grand Collisionneur de hadrons, situé près de Genève en Suisse, qui fait entrer en collision des protons ayant une énergie de 14 000 milliards d'électrons-volts pour recréer les conditions de l'univers primitif, utilise désormais des ordinateurs quantiques pour passer au crible des montagnes de données. En une seconde, ils peuvent analyser jusqu'à 1 000 milliards d'octets générés par environ 1 milliard de collisions de particules. Peut-être qu'un jour les ordinateurs quantiques perceront les secrets de la création de l'univers.

La suprématie quantique

En 2012, lorsque le physicien John Preskill du California Institute of Technology a inventé l'expression « suprématie quantique », de nombreux scientifiques ont secoué la tête. Ils étaient d'avis qu'il faudrait des décennies, voire des siècles, jusqu'à ce que les ordinateurs quantiques puissent surpasser les ordinateurs numériques.

Il faut dire que calculer sur des atomes individuels plutôt que sur des puces de silicium était considéré comme extrêmement difficile. La moindre vibration ou le moindre bruit peut perturber la délicate danse des atomes dans un ordinateur quantique. Mais ces annonces stupéfiantes de suprématie quantique ont jusqu'à présent mis à mal les sombres prédictions des opposants sceptiques. L'inquiétude se porte désormais sur la rapidité avec laquelle ce domaine se développe.

Les secousses provoquées par ces réalisations remarquables ont également ébranlé les conseils d'administration et les agences de renseignement ultrasecrètes des quatre coins de la planète. Les documents divulgués par les lanceurs d'alerte ont montré que la CIA et la National Security Agency suivaient de près les évolutions dans ce domaine. En effet, les ordinateurs quantiques sont si puissants qu'ils pourraient théoriquement casser tous les cybercodes connus. Cela signifie que les secrets soigneusement gardés par les gouvernements, qui sont les joyaux de la Couronne contenant leurs informations les plus sensibles, sont vulnérables aux attaques, tout comme les secrets les mieux gardés des entreprises et même des particuliers. Cette situation est préoccupante au point que, même le NIST, le National Institute of Standards and Technology (Institut national américain des normes et technologies), qui définit la politique et les normes nationales, a récemment publié des lignes directrices pour soutenir les grandes entreprises et agences dans la planification de l'inévitable transition vers cette nouvelle ère. Le NIST a déjà annoncé qu'il s'attend à ce que d'ici 2029, les ordinateurs quantiques soient capables de casser le cryptage AES 128 bits, le code utilisé par de nombreuses entreprises.

Dans le magazine *Forbes*, Ali El Kaafarani note : « C'est une perspective tout à fait terrifiante pour toute organisation qui a des informations sensibles à protéger[7]. »

La Chine a dépensé 10 milliards de dollars pour son Laboratoire national des sciences de l'information quantique, parce qu'elle est déterminée à devenir un leader dans ce domaine vital en évolution rapide. Les pays dépensent des dizaines de milliards pour protéger jalousement leurs codes. Équipé d'un ordinateur quantique, un pirate informatique pourrait s'introduire dans n'importe quel ordinateur numérique de la planète, perturbant ainsi les industries et même les armées. Toutes les informations sensibles pourraient devenir accessibles au plus offrant. Les marchés financiers pourraient également être secoués par l'intrusion d'ordinateurs quantiques dans le sanctuaire de Wall Street. Les ordinateurs quantiques pourraient aussi déverrouiller la « blockchain », ce qui créerait également des ravages sur le marché du bitcoin. Deloitte a estimé qu'environ 25 % des bitcoins sont potentiellement vulnérables au piratage par un ordinateur quantique.

« Ceux qui dirigent des projets de blockchain garderont probablement un œil vigilant sur les progrès de l'informatique quantique[8] », conclut un rapport de CB Insights, une entreprise informatique spécialisée dans les logiciels de gestion des données.

L'enjeu n'est donc rien de moins que l'économie mondiale, qui est fortement inféodée à la technologie numérique. Les banques de Wall Street utilisent des ordinateurs pour suivre des transactions de plusieurs milliards de dollars. Les ingénieurs utilisent des ordinateurs pour concevoir des gratte-ciel, des ponts et des fusées. Les artistes dépendent des ordinateurs pour animer les superproductions hollywoodiennes. Les sociétés pharmaceutiques utilisent des ordinateurs pour développer leur prochain médicament miracle.

Les enfants dépendent des ordinateurs pour jouer aux derniers jeux vidéo avec leurs amis. Et nous dépendons essentiellement des téléphones portables pour recevoir des nouvelles instantanées de nos amis, associés et parents. Nous avons tous fait l'expérience d'être plongés dans la panique lorsque nous ne trouvons pas notre téléphone portable. D'ailleurs, il est extrêmement difficile de nommer une activité humaine qui n'ait pas été bouleversée par les ordinateurs. Nous sommes tellement dépendants d'eux que si, d'une manière ou d'une autre, tous les ordinateurs du monde s'arrêtaient brusquement, notre civilisation serait plongée dans le chaos. C'est pourquoi les scientifiques suivent avec autant d'attention le développement des ordinateurs quantiques.

La fin de la loi de Moore

Pourquoi toute cette agitation et cette controverse ?

L'essor des ordinateurs quantiques est le signe que l'ère du silicium touche progressivement à sa fin. Depuis un demi-siècle, l'explosion de la puissance des ordinateurs a été décrite par la loi de Moore, du nom de Gordon Moore, le fondateur d'Intel. La loi de Moore stipule que la puissance des ordinateurs double tous les dix-huit mois. Cette loi d'une simplicité trompeuse a rendu compte de l'augmentation exponentielle remarquable de la puissance des ordinateurs, sans précédent dans l'histoire de l'humanité. Aucune autre invention n'a eu un tel impact en si peu de temps.

Les ordinateurs ont connu de nombreuses phases tout au long de leur histoire, augmentant à chaque fois considérablement leur puissance et engendrant des changements sociétaux majeurs. En réalité, la loi de Moore peut s'appliquer rétroactivement jusqu'aux années 1800, l'ère des ordinateurs mécaniques. À cette époque, les ingénieurs utilisaient des cylindres en rotation, des rouages, des engrenages et des roues pour effectuer des opérations arithmétiques simples. Au début du siècle dernier, ces calculateurs ont commencé à utiliser l'électricité, de sorte que les engrenages ont été remplacés par des relais et des câbles. Pendant la Seconde Guerre mondiale, les ordinateurs utilisaient de vastes réseaux de tubes à vide pour décrypter les codes secrets des gouvernements. Dans l'après-guerre, la transition s'est opérée depuis les tubes à vide vers les transistors, qui ont pu être miniaturisés jusqu'à atteindre une taille microscopique, accélérant ainsi les progrès continus en termes de vitesse et de puissance.

Dans les années 1950, les ordinateurs centraux ne pouvaient être achetés que par de grandes entreprises et des agences gouvernementales telles que le Pentagone et les banques internationales. Ils étaient puissants (par exemple, l'ENIAC pouvait faire en trente secondes ce qui exigeait vingt heures à un humain). Mais ils étaient chers, encombrants et occupaient souvent tout un étage d'un immeuble de bureaux. La micropuce a révolutionné tout ce processus, sa taille diminuant au fil des décennies, de sorte qu'une puce typique de la taille d'un ongle peut désormais contenir environ un milliard de transistors. Aujourd'hui, les téléphones portables utilisés par les enfants pour jouer à des jeux vidéo sont plus puissants qu'une salle remplie de ces dinosaures encombrants jadis utilisés par le Pentagone. Nous tenons pour acquis que l'ordinateur que nous avons dans notre poche dépasse la puissance de ceux qui étaient utilisés pendant la guerre froide.

Tout doit être éphémère. Chaque transition dans le développement de l'informatique a rendu obsolète la technologie précédente dans un processus de destruction créatrice. La loi de Moore ralentit déjà et risque même de prendre fin. En effet, les micropuces sont si compactes que la couche la plus fine de transistors a une épaisseur d'environ vingt atomes. Lorsqu'elles atteignent quelque cinq atomes d'épaisseur, la localisation de l'électron devient incertaine, et il peut s'échapper et court-circuiter la puce ou générer tellement de chaleur que cette dernière fond. En d'autres termes, selon les lois de la physique, la loi de Moore finira par s'effondrer si nous continuons à utiliser principalement du silicium. Nous pourrions assister à la fin de l'ère du silicium. Le prochain bond pourrait être l'après-silicium ou l'ère quantique.

Comme l'a déclaré Sanjay Natarajan lorsqu'il travaillait chez Intel : « Nous sommes d'avis que nous avons extrait de cette architecture tout ce qu'il était possible d'en obtenir[9]. »

La Silicon Valley pourrait finalement devenir la prochaine Rust Belt (ou « ceinture de la rouille », en référence à une région industrielle située dans le nord-est et le Midwest des États-Unis, jadis prospère, puis caractérisée par un énorme déclin économique et industriel).

Même si la situation semble calme actuellement, ce nouvel avenir apparaîtra tôt ou tard. Comme l'explique Hartmut Neven, directeur du laboratoire d'IA de Google : « On dirait qu'il ne se passe rien, absolument rien, et puis oups, tout à coup, on se retrouve dans un monde différent[10]. »

Pourquoi sont-ils si puissants ?

Qu'est-ce qui rend les ordinateurs quantiques puissants au point que les nations du monde entier se précipitent pour maîtriser cette nouvelle technologie ?

Essentiellement, tous les ordinateurs modernes sont basés sur des informations numériques qui peuvent être encodées dans une série de 0 et de 1. La plus petite unité d'information, un seul chiffre, s'appelle un « bit ». Cette séquence de 0 et de 1 est introduite dans un processeur numérique qui effectue le calcul, puis produit un résultat. Par exemple, votre connexion Internet peut être mesurée en bits par seconde ou bps, ce qui signifie qu'un milliard de bits sont envoyés à votre ordinateur chaque seconde, vous donnant un accès instantané à des films, des e-mails, des documents, etc.

Cependant, Richard Feynman, lauréat du prix Nobel de physique, a proposé en 1959 une approche différente de l'information numérique. Dans un essai prophétique et novateur intitulé *Il y a beaucoup de place en bas !* et dans des articles ultérieurs, il posait la question : « Pourquoi ne pas remplacer cette séquence de 0 et de 1 par des états d'atomes, créant ainsi un ordinateur atomique ? Pourquoi ne pas remplacer les transistors par le plus petit objet possible, l'atome ? »

Les atomes sont comparables à des toupies. Dans un champ magnétique, ils peuvent s'aligner vers le haut ou vers le bas par rapport au champ magnétique, ce qui peut correspondre à un 0 ou à un 1. La puissance d'un ordinateur numérique dépend du nombre d'états (les 0 ou les 1) que vous avez dans votre ordinateur.

Mais en raison des règles étranges du monde subatomique, les atomes peuvent également tourner selon n'importe quelle combinaison des deux. Par exemple, il est possible d'avoir un état dans lequel l'atome tourne vers le haut 10 % du temps et vers le bas 90 % du temps. Ou encore, il tourne vers le haut 65 % du temps et vers le bas 35 % du temps. En fait, il existe un nombre infini de manières de faire tourner un atome. Cela augmente considérablement le nombre d'états possibles. Ainsi, l'atome peut transporter beaucoup plus d'informations, non seulement dans un bit, mais dans un qubit, c'est-à-dire un mélange simultané d'états hauts et bas. Les bits numériques ne peuvent transporter qu'un seul bit d'information à la fois, ce qui limite leur puissance, tandis que les qubits, ou bits quantiques, ont une puissance quasiment illimitée. Le fait qu'au niveau atomique des objets puissent exister simultanément dans plusieurs états est appelé superposition. (Cela signifie également que les lois familières du bon sens sont régulièrement transgressées au niveau atomique. À cette échelle, les électrons peuvent se trouver à deux endroits en même temps, ce qui n'est pas le cas pour les gros objets.)

De plus, contrairement aux bits ordinaires, ces qubits peuvent interagir entre eux. C'est ce qu'on appelle l'« intrication ». Alors que les bits numériques ont des états indépendants, chaque fois que vous ajoutez un autre qubit, il interagit avec tous les qubits précédents, de sorte que cela double le nombre d'interactions possibles. Par conséquent, les ordinateurs quantiques sont par essence exponentiellement plus puissants que les ordinateurs numériques, car chaque fois que l'on ajoute un qubit supplémentaire, le nombre d'interactions est multiplié par deux.

Par exemple, les ordinateurs quantiques peuvent aujourd'hui avoir plus de 100 qubits. Cela signifie qu'ils sont 2^{100} fois plus puissants qu'un supercalculateur doté d'un seul qubit.

L'ordinateur quantique Sycamore de Google, qui a été le premier à atteindre la suprématie quantique, est capable de traiter 72 milliards de milliards d'octets de mémoire avec ses 70 qubits. Ainsi, un ordinateur quantique tel que Sycamore éclipse tout ordinateur conventionnel.

Les implications commerciales et scientifiques de cette évolution sont colossales. Alors que nous passons d'une économie mondiale numérique à une économie quantique, les enjeux sont extraordinairement élevés.

Les obstacles aux ordinateurs quantiques

La question fondamentale qui se pose alors est la suivante : qu'est-ce qui nous empêche de commercialiser de puissants ordinateurs quantiques dès aujourd'hui ? Pourquoi un inventeur entreprenant ne dévoile-t-il pas un ordinateur quantique capable de casser n'importe quel code connu ?

Le problème auquel sont confrontés les ordinateurs quantiques a également été prévu par Richard Feynman lorsqu'il a proposé ce concept pour la première fois. Pour que les ordinateurs quantiques fonctionnent, les atomes doivent être disposés d'une manière précise, de façon à vibrer à l'unisson. C'est ce qu'on appelle la « cohérence ». Mais les atomes sont des objets incroyablement minuscules et sensibles. La moindre impureté ou la moindre perturbation provenant du monde extérieur peut provoquer une perte de cohérence de cet ensemble d'atomes, sapant ainsi la totalité du calcul. Cette fragilité est le principal problème auquel sont confrontés les ordinateurs quantiques. La question à 1 000 milliards de dollars est donc la suivante : est-il possible de contrôler la décohérence ?

Afin de minimiser la contamination issue du monde extérieur, les scientifiques ont recours à un équipement spécial pour abaisser la température à un niveau proche du zéro absolu, où les vibrations indésirables sont minimes. Toutefois, atteindre ces températures nécessite des pompes et des tubes à la fois spéciaux et coûteux.

Mais nous sommes confrontés à un mystère. Mère Nature utilise sans problème la mécanique quantique à température ambiante. Par exemple, le miracle de la photosynthèse, l'un des processus les plus importants sur Terre, est un mécanisme quantique qui se déroule à des températures normales. Mère Nature n'utilise pas une salle remplie d'appareils sophistiqués fonctionnant à une température proche du zéro absolu pour réaliser la photosynthèse. Pour des raisons encore mal comprises, dans la nature, la cohérence est maintenue même par une journée chaude et ensoleillée, alors que les perturbations du monde extérieur devraient engendrer un chaos au niveau atomique. Si nous pouvions un jour comprendre comment Mère Nature opère sa magie à température ambiante, nous pourrions devenir les maîtres de la quantique et de la vie elle-même.

Révolutionner l'économie

Bien que les ordinateurs quantiques constituent une menace à court terme pour la cybersécurité des nations, ils ont également de considérables répercussions pratiques à long terme, car ils ont le pouvoir de révolutionner l'économie mondiale, de créer un avenir plus durable et d'inaugurer une ère de médecine quantique pour aider à guérir des maladies auparavant incurables.

Il existe de nombreux domaines dans lesquels les ordinateurs quantiques peuvent surpasser les ordinateurs numériques conventionnels :

1. Les moteurs de recherche

Autrefois, la richesse pouvait être mesurée en termes de pétrole ou d'or.

Aujourd'hui, elle est de plus en plus mesurée en termes de données. Les entreprises avaient l'habitude de jeter leurs propres données financières, mais ces informations sont désormais reconnues comme ayant plus de valeur que les métaux précieux. Toutefois, passer au crible des montagnes de données peut facilement excéder les capacités d'un ordinateur numérique traditionnel. C'est là qu'interviennent les ordinateurs quantiques, en trouvant l'aiguille dans la botte de foin. Les ordinateurs quantiques pourraient être capables d'analyser les finances d'une entreprise afin d'identifier les facteurs qui entravent sa croissance.

D'ailleurs, JPMorgan Chase s'est récemment associé à IBM et Honeywell, afin d'analyser ses données pour mieux prédire les incertitudes et les risques financiers et d'augmenter l'efficacité de ses opérations.

2. L'optimisation

Une fois que les ordinateurs quantiques ont utilisé des moteurs de recherche pour identifier les paramètres clés dans les données, la question suivante est de savoir comment les ajuster pour maximiser certains facteurs, tels que le profit. À tout le moins, les grandes entreprises, les universités et les agences gouvernementales utiliseront des ordinateurs quantiques pour minimiser leurs dépenses et maximiser leur efficacité et leurs profits. Par exemple, le bénéfice net d'une entreprise dépend de centaines de facteurs, tels que les salaires, les ventes, les dépenses, etc., qui évoluent tous rapidement au fil du temps. Il pourrait être difficile pour un ordinateur numérique traditionnel de trouver la bonne combinaison de ces myriades de facteurs pour maximiser sa marge bénéficiaire. De son côté, une société financière peut vouloir utiliser des ordinateurs quantiques pour prédire l'avenir de certains marchés financiers qui brassent tous les jours des milliards de dollars de transactions. C'est là que les ordinateurs quantiques peuvent intervenir en fournissant la puissance de calcul nécessaire pour optimiser leurs résultats.

3. La simulation

Les ordinateurs quantiques pourraient également résoudre des équations complexes qui dépassent les capacités des ordinateurs numériques. Par exemple, les sociétés d'ingénierie pourraient utiliser des ordinateurs quantiques pour calculer l'aérodynamique des jets, des avions et des voitures, afin de déterminer la forme idéale qui réduit la friction, minimise les coûts et maximise le rendement. Les gouvernements pourraient également utiliser des ordinateurs quantiques pour prédire la météo, depuis la détermination de la trajectoire d'un ouragan monstre jusqu'au calcul de l'impact du réchauffement climatique sur l'économie et notre mode de vie dans les décennies à venir. Les scientifiques pourraient quant à eux utiliser des ordinateurs quantiques pour déterminer la configuration optimale des aimants dans des centrales géantes de fusion nucléaire afin d'exploiter la puissance de la fusion de l'hydrogène et de « mettre le Soleil en bouteille ».

Mais le plus grand intérêt réside peut-être dans l'utilisation d'ordinateurs quantiques pour simuler des centaines de processus chimiques vitaux. Le rêve serait de prédire le résultat de toute réaction chimique au niveau atomique sans utiliser de substances chimiques, mais uniquement des ordinateurs quantiques. Cette nouvelle branche de la science, la chimie computationnelle, détermine les propriétés chimiques non pas par l'expérimentation, mais en les simulant dans un ordinateur quantique, ce qui pourrait un jour éliminer les tests coûteux et chronophages. Toute la biologie, la médecine et la chimie seraient réduites à la mécanique quantique. Cela signifie créer un « laboratoire virtuel » dans lequel nous pourrions tester rapidement de nouveaux médicaments, thérapies et remèdes dans la mémoire d'un ordinateur quantique, en évitant des décennies d'essais, d'erreurs et d'expériences de laboratoire lentes et fastidieuses. Au lieu de réaliser des milliers d'expériences chimiques complexes, coûteuses et chronophages, il suffirait d'appuyer sur le bouton d'un ordinateur quantique.

4. Fusion de l'IA et des ordinateurs quantiques

L'intelligence artificielle (IA) excelle dans sa capacité à apprendre à partir des erreurs, afin d'accomplir des tâches de plus en plus difficiles. Elle a déjà fait ses preuves dans l'industrie et la médecine. Cependant, l'une des limites de l'IA est que la grande quantité de données qu'elle doit traiter peut facilement submerger un ordinateur numérique conventionnel, tandis que la capacité de passer au crible des montagnes de données est l'un des points forts des ordinateurs quantiques. Ainsi, la fécondation croisée de l'IA et des ordinateurs quantiques peut considérablement augmenter leur capacité à résoudre des problèmes de toutes sortes.

Autres applications des ordinateurs quantiques

Les ordinateurs quantiques ont la capacité de modifier des pans entiers de l'économie. Par exemple, ils pourraient enfin inaugurer l'ère solaire tant attendue. Des décennies durant, des futurologues et des visionnaires ont prédit que les énergies renouvelables élimineraient progressivement les combustibles fossiles et remédieraient à l'effet de serre qui réchauffe notre planète. Des armées de ces penseurs et rêveurs ont vanté les vertus des énergies renouvelables.

Mais l'ère solaire s'est égarée.

Malgré la baisse des coûts des éoliennes et des panneaux solaires, ils ne représentent encore qu'une petite fraction de la production mondiale d'énergie. Que s'est-il passé ?

Toute nouvelle technologie est confrontée à un problème incontournable : les coûts. Après avoir chanté pendant des décennies les louanges des énergies solaire et éolienne, leurs promoteurs doivent se rendre à l'évidence : ces énergies restent en moyenne un peu plus chères que les combustibles fossiles. La raison en est simple. Lorsque le Soleil ne brille pas ou que les vents ne soufflent pas, les installations des énergies renouvelables ne peuvent être utilisées et accumulent de la poussière.

Le principal goulot d'étranglement de l'ère solaire est souvent négligé : c'est la batterie. Nous avons été abusés par le fait que la puissance des ordinateurs augmente de manière exponentielle et nous supposions inconsciemment que le même rythme de progression s'appliquait à toutes les technologies électroniques.

La puissance des ordinateurs a explosé en partie parce que nous pouvons utiliser des longueurs d'onde plus courtes du rayonnement ultraviolet pour graver de minuscules transistors sur une puce de silicium. Mais les batteries sont une autre affaire : elles sont volumineuses et utilisent toute une série de produits chimiques complexes dans une interaction sophistiquée. La puissance des batteries augmente lentement et fastidieusement, par essais et erreurs, et non pas par gravure systématique avec des longueurs d'onde plus courtes de lumière ultraviolette. De plus, l'énergie stockée dans une batterie ne représente qu'une infime fraction de l'énergie stockée dans l'essence.

Les ordinateurs quantiques pourraient changer la donne. Ils pourraient être capables de modéliser des milliers de réactions chimiques possibles sans avoir à les effectuer en laboratoire afin de déterminer le processus le plus efficace pour une superbatterie, ouvrant ainsi la voie à l'ère solaire.

Des entreprises de services publics et des constructeurs automobiles utilisent d'ores et déjà des ordinateurs quantiques de première génération d'IBM pour s'attaquer au problème des batteries. Ils tentent d'augmenter la capacité et la vitesse de recharge de la prochaine génération de batteries lithium-soufre. Mais il ne s'agit là que d'une des manières d'influencer le climat. De plus, ExxonMobil utilise les ordinateurs quantiques d'IBM pour créer de nouvelles liaisons chimiques pour le traitement à faible consommation énergétique et au captage du CO_2. Leur objectif est en particulier que les ordinateurs quantiques soient capables de simuler des matériaux et de déterminer leur nature chimique, notamment leur capacité thermique.

Jeremy O'Brien, fondateur de PsiQuantum, souligne que cette révolution ne consiste pas à construire des ordinateurs plus rapides. Elle vise plutôt à résoudre des problèmes tels que les réactions chimiques et biologiques complexes qu'aucun ordinateur conventionnel ne pourrait résoudre, quel que soit le temps qui lui serait imparti.

Il déclare : « Il ne s'agit pas de faire les choses plus vite ou mieux… il s'agit d'être en mesure de faire ces choses… Ces problèmes sont à jamais hors de portée de tout ordinateur conventionnel que nous pourrions jamais construire… même si nous prenions chaque atome de silicium de la planète et que nous le transformions en superordinateur, nous ne pourrions toujours pas résoudre ces… problèmes difficiles[11]. »

Nourrir la planète

Une autre application cruciale des ordinateurs quantiques pourrait consister à nourrir la population mondiale croissante. Certaines bactéries peuvent facilement extraire l'azote de l'air et le convertir en ammoniac, qui est ensuite transformé en produits chimiques qui deviennent des engrais. C'est grâce à ce processus de fixation de l'azote que la vie prospère sur Terre, car il permet la croissance d'une végétation luxuriante qui nourrit les humains et les animaux. La révolution verte a été déclenchée lorsque les chimistes ont reproduit cet exploit avec le procédé Haber-Bosch. Cependant, ce processus nécessite une grande quantité d'énergie. D'ailleurs, 2 % de la production mondiale d'énergie sont consacrés à ce processus.

Voilà donc l'ironie de la situation : *les bactéries sont capables de faire gratuitement quelque chose qui consomme une énorme fraction de l'énergie mondiale.*

La question est donc la suivante : les ordinateurs quantiques peuvent-ils résoudre ce problème de production efficiente d'engrais, donnant ainsi naissance à une seconde révolution verte ? Sans nouvelle révolution dans la production alimentaire, certains futurologues ont prédit une catastrophe écologique, parce que la population mondiale en constante expansion deviendra de plus en plus difficile à nourrir, ce qui pourrait entraîner une famine généralisée et des émeutes dues à la faim partout dans le monde.

Des scientifiques de Microsoft ont déjà réalisé certaines des premières tentatives d'utilisation d'ordinateurs quantiques pour augmenter les rendements des engrais et percer le secret de la fixation de l'azote. À terme, les ordinateurs quantiques pourraient nous aider à sauver la civilisation humaine d'elle-même. Un autre miracle de la nature est la photosynthèse, au cours de laquelle la lumière du Soleil et le dioxyde de carbone sont transformés en oxygène et en glucose, qui constituent ensuite la base de quasiment toute vie animale. Sans photosynthèse, la chaîne alimentaire s'effondrerait et la vie sur cette planète disparaîtrait rapidement.

Les scientifiques ont passé des décennies à tenter de démêler toutes les étapes qui sous-tendent ce processus, molécule par molécule. Mais le problème de la conversion de la lumière en sucre est un processus de mécanique quantique. Après des années d'efforts, les scientifiques ont isolé les domaines où les effets quantiques dominent ce processus, et tous sont hors de portée des ordinateurs numériques. Par conséquent, créer une photosynthèse synthétique potentiellement plus efficace que la photosynthèse naturelle reste encore hors de portée de nos meilleurs chimistes.

Les ordinateurs quantiques pourraient contribuer à créer une photosynthèse synthétique plus efficiente ou même des moyens entièrement nouveaux de capter la puissance de la lumière du Soleil. L'avenir de notre approvisionnement alimentaire pourrait en dépendre.

Naissance de la médecine quantique

Les ordinateurs quantiques ont donc le pouvoir de régénérer l'environnement et la vie végétale. Mais ils peuvent aussi guérir les malades et les mourants. Non seulement les ordinateurs quantiques peuvent analyser simultanément l'efficacité de millions de médicaments potentiels plus rapidement que n'importe quel ordinateur conventionnel, mais ils peuvent également découvrir la nature même de la pathologie.

Les ordinateurs quantiques peuvent répondre à des questions telles que : comment des cellules saines deviennent-elles soudain cancéreuses et comment peut-on éviter cela ? Quelles sont les causes de la maladie d'Alzheimer ? Pourquoi la maladie de Parkinson et la sclérose latérale amyotrophique (SLA) sont-elles incurables ? Plus récemment, on a observé que le coronavirus a connu des mutations, mais dans quelle mesure ces virus mutants sont-ils dangereux et comment réagiront-ils aux traitements ?

Deux des plus grandes découvertes de toute l'histoire de la médecine sont les antibiotiques et les vaccins. Mais les nouveaux antibiotiques sont en grande partie découverts par essais et erreurs, sans que l'on comprenne précisément comment ils fonctionnent au niveau moléculaire ; quant aux vaccins, ils ne font que stimuler le corps humain à produire des substances chimiques pour attaquer un virus envahisseur. Dans ces deux cas, les mécanismes moléculaires précis sont encore un mystère, et les ordinateurs quantiques pourraient nous permettre de trouver le moyen de développer des vaccins et des antibiotiques meilleurs.

En ce qui concerne la compréhension du corps, un premier pas de géant a été réalisé avec le projet du génome humain, qui a répertorié les 3 milliards de paires de bases et les 20 000 gènes qui constituent le schéma directeur du corps humain. Mais ce n'est qu'un début. Le problème est que les ordinateurs numériques sont surtout utilisés pour effectuer des recherches dans de vastes bases de données de codes génétiques connus, mais ils sont impuissants lorsqu'il s'agit d'expliquer précisément comment l'ADN et les protéines accomplissent leurs miracles à l'intérieur du corps. Les protéines sont des éléments complexes, souvent constitués de milliers d'atomes, qui se replient en une petite boule de manière spécifique et inexplicable lorsqu'elles accomplissent leur magie moléculaire. À son niveau le plus fondamental, toute vie relève de la mécanique quantique, de sorte qu'elle est hors de portée des ordinateurs numériques.

Mais les ordinateurs quantiques nous conduiront à l'étape suivante, lorsque nous déchiffrerons au niveau moléculaire les mécanismes qui nous expliqueront leur fonctionnement, permettant ainsi aux scientifiques d'ouvrir de nouvelles voies génétiques, de créer de nouvelles thérapies et de nouveaux traitements pour vaincre des maladies auparavant incurables.

Par exemple, des sociétés pharmaceutiques telles que ProteinQure, Digital Health 150, Merck et Biogen sont déjà en train de se doter de centres de recherche pour analyser l'impact des ordinateurs quantiques sur l'analyse des médicaments.

Les scientifiques sont étonnés que Mère Nature ait été capable de créer un vaste arsenal de mécanismes moléculaires qui rendent possible le miracle de la vie. Mais ces mécanismes sont le fruit du hasard et d'une sélection naturelle qui s'est déroulée sur des milliards d'années. C'est pourquoi nous souffrons encore de certaines maladies incurables et du processus de vieillissement. Lorsque nous aurons compris le fonctionnement de ces mécanismes moléculaires, nous pourrons utiliser les ordinateurs quantiques pour les améliorer ou pour en créer de nouvelles versions.

Par exemple, la génomique de l'ADN nous permet d'utiliser des ordinateurs pour identifier des gènes tels que le BRCA1 et le BRCA2, dont les mutations sont susceptibles de provoquer un cancer du sein. Mais les ordinateurs numériques ne permettent pas de déterminer précisément comment ces gènes défectueux provoquent le cancer. Et ils sont également impuissants à enrayer le cancer une fois qu'il s'est disséminé dans tout le corps. Mais les ordinateurs quantiques, en déchiffrant les subtilités moléculaires de notre système immunitaire, pourraient être capables de créer de nouveaux médicaments et de nouvelles thérapies pour combattre ces maladies.

Un autre exemple est la maladie d'Alzheimer, qui, selon certains, sera la « maladie du siècle » en raison du vieillissement de la population mondiale. Les ordinateurs numériques ont permis d'observer que des mutations dans certains gènes, tels que le gène ApoE4, sont associées à la maladie d'Alzheimer. Mais les ordinateurs numériques ne permettent pas d'expliquer pourquoi cela se produit.

Selon l'une des principales théories, la maladie d'Alzheimer serait causée par des prions, un certain type de protéines amyloïdes, devenant toxiques à cause d'un mauvais repliement. Lorsque la molécule mal repliée heurte une autre molécule protéique, celle-ci se replie également dans le mauvais sens. Ainsi, la maladie peut se propager par contact, même si des bactéries et des virus ne sont pas impliqués. On soupçonne que les prions mal repliés pourraient être à l'origine de la maladie d'Alzheimer, de la maladie de Parkinson, de la SLA et d'une foule d'autres maladies incurables qui affectent les personnes âgées.

Le problème du repliement des protéines est donc l'un des domaines les plus importants et inexplorés de la biologie. D'ailleurs, il pourrait bien détenir le secret de la vie elle-même. Mais la manière précise dont une protéine se replie dépasse les capacités de tout ordinateur conventionnel. Les ordinateurs quantiques, quant à eux, peuvent offrir de nouvelles possibilités permettant de neutraliser les protéines mal repliées et d'élaborer de nouvelles thérapies.

En outre, la combinaison de l'IA et des ordinateurs quantiques mentionnée plus haut pourrait se révéler être l'avenir de la médecine. Déjà, des programmes d'IA comme AlphaFold ont été capables de cartographier la structure atomique détaillée d'un nombre incroyable de 350 000 types différents de protéines, y compris la totalité des protéines qui composent le corps humain. L'étape suivante consiste à utiliser les méthodes inédites des ordinateurs quantiques pour découvrir comment ces protéines opèrent leur magie et à les utiliser pour créer la prochaine génération de médicaments et de thérapies.

Les ordinateurs quantiques sont déjà connectés à des réseaux neuronaux pour créer la prochaine génération de machines capables d'apprendre au point de se réinventer littéralement elles-mêmes. En revanche, l'ordinateur portable posé sur votre bureau n'apprend jamais rien. Il n'est pas plus puissant aujourd'hui que l'année dernière. Ce n'est que récemment, grâce aux progrès de l'apprentissage profond (*deep learning*), que les ordinateurs font leurs premiers pas vers la reconnaissance des erreurs et l'apprentissage. Les ordinateurs quantiques pourraient accélérer ce processus de manière exponentielle et avoir un impact majeur sur la médecine et la biologie.

Sundar Pichai, PDG de Google, compare l'arrivée des ordinateurs quantiques au vol historique des frères Wright en 1903. Le test initial en soi n'a pas été tellement impressionnant, car ce vol n'a duré que douze petites secondes. Mais ce vol si court a été le catalyseur de l'aviation moderne, qui, à son tour, a changé le cours de la civilisation humaine.

L'enjeu concerne notre avenir – ni plus ni moins. Il est à portée de main pour celui qui sera capable de construire et d'utiliser un ordinateur quantique. Mais pour vraiment comprendre l'impact que cette révolution pourrait avoir sur notre vie quotidienne, il est utile de rappeler quelques-unes des vaillantes tentatives menées dans le passé pour réaliser notre rêve d'utiliser des ordinateurs pour simuler et comprendre le monde qui nous entoure.

Et tout a commencé par une mystérieuse relique vieille de deux mille ans, retrouvée au fond de la Méditerranée.

2.

LA FIN DE L'ÈRE NUMÉRIQUE

C'est au fond de la mer Égée qu'est apparue l'une des énigmes les plus intrigantes et fascinantes du monde antique. En 1901, des plongeurs ont récupéré une étrange curiosité près de l'île d'Anticythère.

Parmi les morceaux de poterie, les pièces de monnaie, les bijoux et les statues éparpillés dans une épave, ils ont découvert un objet étrangement différent. À première vue, on eût dit un morceau de roche sans valeur, incrusté de corail.

Mais lorsque les couches de débris ont été nettoyées, les archéologues ont constaté qu'ils avaient devant leurs yeux un trésor extrêmement rare et unique en son genre. Il comportait une multitude d'engrenages, de roues et d'inscriptions étranges : c'était une machine au design complexe et sophistiqué.

La datation des artefacts trouvés dans l'épave a permis d'estimer qu'il a été fabriqué entre 150 et 100 avant notre ère. Certains historiens pensent qu'il a été transporté de Rhodes à Rome, afin d'être offert à Jules César pour une parade triomphale.

En 2008, en recourant à la tomographie à rayons X et au balayage de surface à haute résolution, des scientifiques ont pu pénétrer à l'intérieur de cet objet intrigant. Ils ont été stupéfaits de constater qu'ils avaient sous leurs yeux un appareil mécanique antique incroyablement perfectionné.

Nulle part dans l'Antiquité on ne trouve mention d'un mécanisme aussi sophistiqué. Ils se sont rendu compte que cette magnifique machine devait être le summum des connaissances scientifiques du monde antique. C'était une supernova qui brillait depuis des millénaires. Il s'agissait du *plus ancien ordinateur du monde*, un appareil qui ne serait pas reproduit avant deux mille ans.

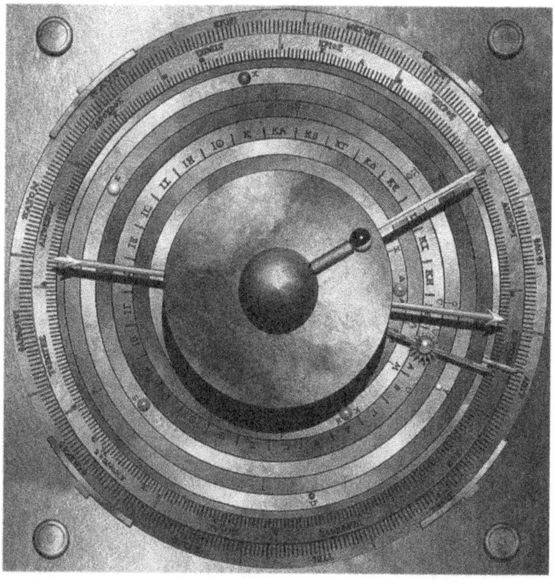

Figure 1 : Le mécanisme d'Anticythère
Il y a deux mille ans, les Grecs ont créé la machine d'Anticythère, le tout premier ordinateur de la longue lignée évolutive des ordinateurs, représenté ici sous la forme d'une maquette de l'appareil original. Si la machine d'Anticythère représente l'aube de la technologie informatique, l'ordinateur quantique pourrait bien représenter le stade le plus élevé de son évolution.

Les scientifiques se sont mis à construire des reproductions mécaniques de cet appareil remarquable. En tournant une manivelle, une série de roues et d'engrenages complexes ont été mis en mouvement pour la première fois il y a des milliers d'années. Il y avait au moins trente-sept engrenages en bronze. L'un d'entre eux permettait de calculer les mouvements de la Lune et du Soleil. Un autre jeu d'engrenages permettait de prédire la prochaine éclipse solaire. Il était si sensible qu'il pouvait même calculer de petites irrégularités dans l'orbite de la Lune. Les traductions des inscriptions figurant sur l'appareil permettent de comprendre le mouvement de Mercure, Vénus, Mars, Saturne et Jupiter, les planètes connues des anciens, mais on pense qu'une autre partie de l'appareil, manquante, pourrait en fait simuler le déplacement des planètes dans les cieux.

Depuis lors, les scientifiques ont créé des modèles élaborés de l'intérieur de cet appareil, qui ont offert aux historiens un aperçu sans précédent des connaissances et de la pensée des anciens. Cet appareil a marqué la naissance d'une toute nouvelle branche scientifique, qui utilise des outils mécaniques pour simuler l'univers. Il s'agissait du plus ancien *ordinateur analogique* au monde, un appareil capable de calculer à l'aide de mouvements mécaniques continus.

Ainsi, le premier ordinateur au monde avait pour but de simuler des corps célestes, de reproduire les mystères du cosmos dans un appareil que l'on pouvait tenir entre ses mains. Au lieu de simplement contempler le firmament avec émerveillement, ces scientifiques de l'Antiquité ont voulu comprendre son fonctionnement en détail, ce qui leur a permis d'acquérir une compréhension sans précédent du mouvement des corps célestes dans les cieux.

Ordinateurs quantiques : la simulation ultime

Les archéologues ont découvert que le mécanisme d'Anticythère représentait l'apogée de nos tentatives antiques de simulation du cosmos. En fait, ce même besoin séculaire de modéliser le monde qui nous entoure est l'une des forces motrices qui sous-tendent l'ordinateur quantique, l'effort ultime d'un voyage de 2 000 ans visant à tout simuler, du cosmos jusqu'à l'atome lui-même.

La simulation est l'un de nos désirs humains les plus profonds. Les enfants utilisent la simulation avec des figurines pour comprendre le comportement humain. Lorsque les enfants jouent aux gendarmes et aux voleurs, au professeur et à l'élève, ou au médecin et au patient, ils simulent une partie de la société adulte, afin de comprendre les relations humaines complexes.

Malheureusement, il a fallu attendre plusieurs siècles avant que les scientifiques parviennent à construire des machines suffisamment complexes pour simuler notre monde aussi bien que la machine d'Anticythère.

Babbage et la machine à différences

Avec la chute de l'Empire romain, les progrès scientifiques ont été stoppés dans de nombreux domaines, notamment dans celui de la simulation de l'univers.

Ce n'est qu'au XVIIIe siècle que cet intérêt a progressivement été ravivé. À cette époque, des questions pratiques et urgentes se posaient, auxquelles seuls des ordinateurs analogiques mécaniques pouvaient répondre.

Par exemple, les navigateurs dépendaient de cartes et de diagrammes détaillés pour tracer la route de leurs navires.

Ils avaient besoin d'appareils pour rendre ces cartes aussi précises que possible.

Des machines de plus en plus complexes étaient également nécessaires pour suivre les échanges commerciaux à mesure que les gens commençaient à accumuler des richesses en quantités de plus en plus considérables. Les comptables devaient établir à la main d'énormes tableaux mathématiques pour calculer et suivre des taux d'intérêt et des taux hypothécaires.

Mais les humains commettaient souvent des erreurs coûteuses et critiques. Il y avait donc un vif intérêt pour la conception de machines à additionner mécaniques qui ne commettraient pas de telles erreurs. À mesure que les machines à additionner devenaient plus complexes, une compétition informelle a éclaté entre les inventeurs les plus audacieux pour savoir qui allait parvenir à construire la machine la plus perfectionnée.

Le plus ambitieux de ces projets a probablement été dirigé par l'inventeur et visionnaire excentrique anglais Charles Babbage, souvent appelé « le père de l'ordinateur ». Il a touché à de nombreux domaines disparates, dont l'art et même la politique, mais il a toujours été fasciné par les chiffres. Par chance, il est né dans une famille riche et son père, banquier, a pu l'aider à se consacrer à bon nombre de ses divers centres d'intérêt.

Son rêve était de créer la machine informatique la plus avancée de son époque, qui pourrait être utilisée par les banquiers, les ingénieurs, les marins et les militaires afin d'effectuer sans aucune erreur des calculs fastidieux, mais essentiels. Il avait deux objectifs. En tant que membre fondateur de la Royal Astronomical Society, il souhaitait créer une machine capable de suivre le mouvement des planètes et des corps astronomiques (essentiellement en suivant le même chemin pionnier emprunté par ceux qui ont construit la machine d'Anticythère). Il souhaitait également produire des cartes de navigation précises pour l'industrie maritime. L'Angleterre était une puissance maritime majeure, et des erreurs dans les cartes de navigation pouvaient provoquer des désastres coûteux. Son idée était de créer l'ordinateur mécanique le plus puissant de sa catégorie pour tracer le mouvement de toutes sortes de choses, des planètes aux navires en mer, en passant par les taux d'intérêt.

Il parvint à convaincre et à recruter des partisans enthousiastes qui l'ont aidé à faire aboutir son ambitieux projet. Parmi eux, il y avait Lady Ada Lovelace, membre de l'aristocratie et fille de Lord Byron. Elle étudiait également sérieusement les mathématiques, ce qui était rare pour les femmes durant la première moitié du XIXe siècle. Lorsqu'elle a vu une petite maquette de travail du projet de Babbage, elle a été fascinée par ce programme passionnant.

Lovelace est connue pour avoir aidé Babbage à introduire plusieurs nouveaux concepts en informatique. En général, un ordinateur mécanique nécessitait un ensemble d'engrenages et de rouages pour calculer lentement et laborieusement les nombres, un par un. Mais pour générer en une seule fois des tableaux entiers comportant des milliers de nombres mathématiques (tels que des logarithmes, des taux d'intérêt et des cartes de navigation), il fallait un ensemble d'instructions pour guider la machine à travers de nombreuses itérations. En d'autres termes, il fallait un logiciel pour guider la séquence des calculs dans le matériel. Elle a donc écrit une série d'instructions détaillées grâce auxquelles la machine pouvait générer systématiquement ce qu'on appelle les « nombres de Bernoulli », indispensables aux calculs qu'elle effectuait.

D'une certaine manière, Lovelace a été la première programmatrice au monde. Les historiens conviennent que Babbage était probablement conscient de l'importance des logiciels et de la programmation, mais ce sont les notes détaillées que Lovelace a rédigées en 1843 qui constituent la première description publiée d'un programme informatique.

Elle a également compris que l'ordinateur était non seulement capable de manipuler des nombres, comme le pensait Babbage, mais qu'il pouvait aussi être généralisé pour décrire des concepts symboliques dans un large éventail de domaines. L'auteur Doron Swade écrit : « Ada a vu quelque chose que Babbage, dans un certain sens, n'a pas vu. Dans le monde de Babbage, ses moteurs étaient inféodés aux nombres. Ce que Lovelace a vu… c'est que les nombres pouvaient représenter des entités autres que des quantités. Ainsi, une fois que l'on disposait d'une machine pour manipuler les nombres, si ces nombres représentaient d'autres choses, des lettres, des notes de musique, alors la machine pouvait manipuler des symboles dont le nombre n'était qu'un exemple, et tout cela fonctionnant selon des règles[1]. »

Par exemple, Lovelace a affirmé que l'ordinateur pouvait être programmé pour créer des œuvres musicales. Elle a écrit : « La machine pourrait composer des morceaux de musique élaborés et scientifiques de n'importe quel degré de complexité ou étendue[2]. » L'ordinateur n'était donc pas seulement un calculateur ou une machine à additionner glorifiée. Il pourrait également être utilisé pour explorer la science, l'art, la musique et la culture. Malheureusement, avant de pouvoir développer ces concepts qui allaient changer le monde, elle est décédée d'un cancer à l'âge de 36 ans.

Quant à Babbage, comme il manquait régulièrement de fonds et qu'il était continuellement engagé dans des conflits avec des tiers, il n'a jamais réussi à achever son rêve de créer l'ordinateur mécanique le plus avancé de son époque. À sa mort, bon nombre de ses plans et de ses idées ont disparu avec lui.

Mais depuis lors, les scientifiques ont tenté d'étudier précisément le degré d'avancement de ses machines. Le plan de l'un de ses modèles inachevés contenait 25 000 pièces. Une fois construit, il aurait pesé 4 tonnes et mesuré 2,5 mètres de haut. Il était tellement en avance sur son temps que sa machine aurait pu manipuler 1 000 nombres à 50 chiffres. Cette énorme capacité de mémoire n'a pas été reproduite par une autre machine avant 1960.

Mais environ un siècle après sa mort, les ingénieurs du London Science Museum, en suivant ses dessins sur papier, ont réussi à terminer l'un de ses modèles et à l'exposer. Et il a fonctionné, exactement comme Babbage l'avait prédit au siècle précédent.

Les mathématiques sont-elles complètes ?

Tandis que les ingénieurs construisaient des ordinateurs mécaniques toujours plus complexes pour répondre aux exigences d'un monde de plus en plus industriel, les mathématiciens purs se posaient une autre question. L'un des rêves des géomètres grecs a toujours été de montrer que toutes les affirmations vraies en mathématiques pouvaient être prouvées de manière rigoureuse.

Mais il est remarquable que cette idée simple ait frustré les mathématiciens durant deux mille ans. Des siècles durant, les étudiants des *Éléments* d'Euclide ont lutté pour prouver théorème après théorème sur les objets géométriques. Au fil du temps, de brillants penseurs ont réussi à prouver un ensemble d'affirmations vraies de plus en plus élaborées. Aujourd'hui encore, les mathématiciens passent leur vie à compiler des dizaines d'énoncés vrais qui peuvent être prouvés mathématiquement. Mais à l'époque de Babbage, ils ont commencé à se poser une question encore plus fondamentale : les mathématiques sont-elles complètes ? Les règles mathématiques garantissent-elles que toute affirmation vraie peut être prouvée, ou existe-t-il des affirmations vraies qui peuvent échapper aux esprits les plus exceptionnels de l'espèce humaine parce qu'en réalité, elles ne peuvent pas être prouvées ?

En 1900, le grand mathématicien allemand David Hilbert a énuméré les questions mathématiques non prouvées les plus importantes de l'époque, mettant ainsi au défi les plus grands mathématiciens du monde. Cet ensemble remarquable de questions non résolues a ensuite guidé l'agenda des mathématiques du siècle suivant puisque, un par un, chaque théorème non démontré a été prouvé. Au fil des décennies, de jeunes mathématiciens ont connu la gloire et la renommée en démontrant l'un des théorèmes inachevés de Hilbert.

Mais il y avait en cela une certaine ironie. L'un des problèmes non résolus répertoriés par Hilbert était l'ancien problème de savoir s'il est possible de prouver toutes les affirmations vraies en mathématiques en partant d'un ensemble d'axiomes. En 1931, lors d'une conférence où Hilbert discutait de son programme, un jeune mathématicien autrichien, Kurt Gödel, a prouvé que c'était impossible.

Ce furent de véritables ondes de choc qui se propagèrent à travers la communauté des mathématiciens. Deux mille ans de pensée grecque furent complètement et irrévocablement anéantis. Les mathématiciens du monde entier secouaient la tête avec une totale incrédulité. Ils durent se rendre à l'évidence que les mathématiques n'étaient pas l'ensemble de théorèmes bien ordonnés, complets et prouvables autrefois postulés par les Grecs. Même les mathématiques, qui constituent la base de la compréhension du monde physique qui nous entoure, sont confuses et incomplètes.

Alan Turing : le pionnier de l'informatique

Quelques années plus tard, un jeune mathématicien anglais, intrigué par le célèbre théorème d'incomplétude de Gödel, a trouvé un moyen ingénieux de reformuler toute la question. Ses travaux ont changé à jamais l'orientation de l'informatique.

Les capacités exceptionnelles d'Alan Turing ont été reconnues très tôt dans sa vie. La directrice de son école primaire a écrit : « Parmi nos élèves, nous avons des garçons intelligents et des garçons travailleurs, mais Alan est un génie[3]. » Plus tard, il sera connu comme le père de l'informatique et de l'intelligence artificielle.

Turing était farouchement déterminé à maîtriser les mathématiques, malgré une forte opposition et diverses difficultés. Le directeur de son école s'est activement efforcé de le décourager de s'intéresser aux sciences, affirmant qu'il perdait son temps dans une école publique. Mais cette opposition n'a fait que renforcer sa détermination. Quand il avait 14 ans, une grève générale a paralysé une grande partie du pays, mais il était si impatient d'aller à l'école qu'il a parcouru 95 kilomètres tout seul à vélo pour être présent lors de la réouverture des classes.

Au lieu de construire des machines à additionner de plus en plus complexes telles que la machine à différences de Babbage, Alan Turing s'est posé une autre question : existe-t-il une limite mathématique à ce qu'un ordinateur mécanique peut accomplir ?

En d'autres termes, un ordinateur peut-il tout prouver ?

Pour ce faire, il a dû conférer une certaine rigueur au domaine de l'informatique, car il s'agissait jusque-là d'un ensemble d'idées et d'inventions disparates d'ingénieurs excentriques. Il n'existait aucune méthode systématique pour discuter de questions telles que la limite de ce qui est calculable. C'est ainsi qu'en 1936, il a lancé le concept de ce que l'on appelle aujourd'hui une « machine de Turing universelle », un dispositif d'une simplicité trompeuse qui traduisait l'essence de l'informatique, permettant d'asseoir l'ensemble du domaine sur une base mathématique solide. Aujourd'hui, les machines de Turing constituent le fondement de tous les ordinateurs modernes. Depuis les superordinateurs géants du Pentagone jusqu'au téléphone portable que vous avez dans votre poche, tout est un exemple de machine de Turing. Il n'est pas exagéré de dire que quasiment toute la société moderne est construite sur des machines de Turing.

Turing a imaginé une bande infiniment longue contenant une série de cases ou de cellules. À l'intérieur de chaque case, on pouvait inscrire un 0 ou un 1, ou la laisser vide.

Ensuite, un processeur lisait la bande et n'était autorisé à y effectuer que six opérations simples. En gros, on pouvait remplacer un 0 par un 1, ou vice versa, et déplacer le processeur d'une case vers la gauche ou la droite :

1. On peut lire le numéro dans la case.
2. On peut écrire un nombre dans la case.
3. On peut se déplacer d'une case vers la gauche.
4. On peut se déplacer d'une case vers la droite.
5. On peut modifier le numéro dans la case.
6. On peut s'arrêter.

(La machine de Turing est écrite en langage binaire plutôt qu'en base décimale. En langage binaire, le chiffre un est représenté par 1, le chiffre deux est représenté par 10, le chiffre trois est représenté par 11, le chiffre quatre par 100, etc. Il existe également une mémoire dans laquelle les nombres peuvent être sauvegardés.)

Ensuite, le résultat numérique final émerge du processeur sous forme de sortie de données.

En d'autres termes, la machine de Turing peut prendre un nombre et le transformer en un autre selon des commandes précises du logiciel. Turing a donc réduit les mathématiques à un jeu : en remplaçant systématiquement 0 par 1 et vice versa, on peut coder toutes les mathématiques.

Dans l'article qui exposait ces idées, Turing a montré, à l'aide d'un ensemble concis d'instructions, que l'on pouvait utiliser sa machine pour effectuer toutes les manipulations arithmétiques, c'est-à-dire additionner, soustraire, multiplier et diviser. Il a ensuite utilisé ce résultat pour résoudre certains des problèmes les plus difficiles en mathématiques, reformulant le tout sous l'angle de la calculabilité. La somme totale de toutes les mathématiques était ainsi réécrite du point de vue de l'informatique.

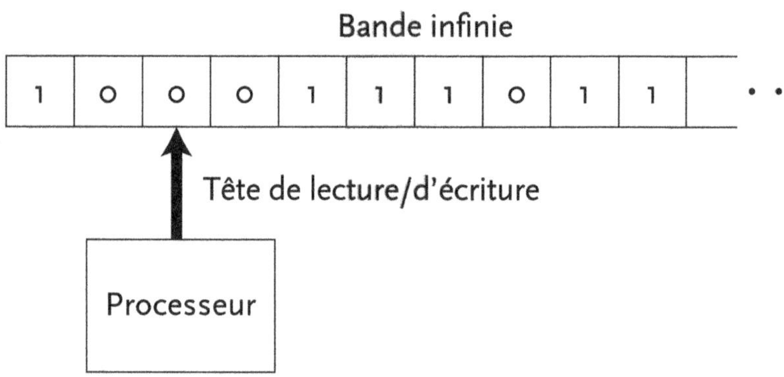

Figure 2 : Machine de Turing
Une machine de Turing se compose (a) d'une bande numérique d'entrée de longueur infinie, (b) d'une bande numérique de sortie et (c) d'un processeur qui convertit les informations d'entrée en sortie selon un ensemble fixe de règles. C'est la base de tous les ordinateurs numériques modernes.

Par exemple, voyons comment 2 + 2 = 4 est calculé sur une machine de Turing, ce qui montre comment toute l'arithmétique peut être codée. Commencez la bande avec l'entrée donnée par le chiffre deux, ou 010. Ensuite, déplacez-vous vers la cellule du milieu, où se trouve un 1, et remplacez-le par un 0. Déplacez-vous ensuite d'un cran vers la gauche, où se trouve un 0, et remplacez-le par un 1. La bande indique maintenant 100, ce qui équivaut à quatre. En généralisant ces commandes, on peut effectuer n'importe quelle opération impliquant une addition, une soustraction et une multiplication. Avec un peu plus de travail, on peut également diviser des nombres.

Turing s'est alors posé une question simple, mais importante : le fameux théorème d'incomplétude de Gödel, qui impliquait des mathématiques supérieures, pouvait-il être prouvé à l'aide de sa machine de Turing, qui était beaucoup plus simple, mais qui exprimait néanmoins l'essence des mathématiques ?

Turing a commencé par définir ce qui est calculable. Il a dit, en substance, qu'un théorème est calculable s'il peut être démontré dans un laps de temps fini par une machine de Turing. Si un théorème nécessite un temps infini sur une machine de Turing, alors, fondamentalement, il n'est pas calculable et nous ignorons s'il est correct ou non. Par conséquent, il ne serait donc pas prouvable.

En termes simples, Turing a ensuite exprimé la question soulevée par Gödel sous une forme concise : existe-t-il des énoncés vrais qui ne peuvent pas être calculés par une machine de Turing en un temps fini, avec un ensemble d'axiomes ?

À l'instar des travaux de Gödel, Turing a démontré que la réponse est « oui ».

Une fois de plus, cela a brisé le vieux rêve de prouver l'exhaustivité des mathématiques, mais d'une manière intuitive et simple.

Cela signifie que, même avec l'ordinateur le plus puissant du monde, on ne peut jamais prouver toutes les affirmations vraies en mathématiques dans un laps de temps fini avec un ensemble d'axiomes donné.

Les ordinateurs et la guerre

De toute évidence, Turing a prouvé qu'il était un génie des mathématiques du plus haut calibre. Mais ses recherches ont été interrompues par la Seconde Guerre mondiale. Pour contribuer à l'effort de guerre, il a été recruté pour accomplir des travaux top secret dans les installations militaires britanniques de Bletchley Park, en banlieue londonienne. Là, divers experts étaient chargés de décrypter les codes secrets nazis. Les scientifiques nazis avaient créé une machine appelée Enigma, capable de prendre un message, de le réécrire avec un code incassable, puis d'envoyer le message brouillé à la machine de guerre nazie qui se déployait sur une partie du monde. Ce code contenait l'ensemble d'instructions les plus sensibles de l'époque : les plans de guerre de l'armée nazie, en particulier de la marine. Le destin ultime de la civilisation pourrait dépendre du déchiffrement du code Enigma.

Turing et ses collègues se sont attaqués à ce problème fondamental en concevant des machines à calculer capables de déchiffrer systématiquement ces codes impénétrables. Leur première avancée, appelée la « bombe », ressemblait à certains égards à la machine à différences de Babbage. Au lieu de mécanismes à vapeur comme les machines précédentes, dont les engrenages et les rouages étaient lents, difficiles à fabriquer et se bloquaient souvent, la bombe reposait sur des rotors, des tambours et des relais, tous alimentés par l'électricité.

Mais Turing a également participé à un autre projet, Colossus, à la conception encore plus ingénieuse. Les historiens sont d'avis qu'il s'agit du premier *ordinateur électronique numérique programmable* au monde. Au lieu de pièces mécaniques comme le moteur à différences ou la bombe, ils ont utilisé des tubes à vide, qui peuvent envoyer des signaux électriques à une vitesse proche de celle de la lumière. Les tubes à vide peuvent être comparés à des vannes contrôlant le débit de l'eau. En tournant une petite vanne, on peut couper l'eau qui coule dans un tuyau beaucoup plus grand, ou la laisser s'écouler sans entrave. Cela, à son tour, peut représenter le chiffre 0 ou 1. Ainsi, un système de conduites d'eau et de vannes peut représenter un ordinateur numérique, où l'eau est comme le flux d'électricité. Dans les machines de Bletchley Park, un grand nombre de tubes à vide pouvaient effectuer des calculs numériques à des vitesses énormes par l'activation ou la désactivation du flux d'électricité dans les tubes à vide. Ainsi, les travaux de Turing et de quelques autres ont remplacé l'ordinateur analogique par un ordinateur numérique. Une version de Colossus contenait 2 400 tubes à vide et remplissait une pièce entière.

Outre leur plus grande rapidité, les ordinateurs numériques présentent un grand avantage supplémentaire par rapport aux systèmes analogiques. Pensez à l'utilisation d'une photocopieuse de bureau pour dupliquer une image en plusieurs exemplaires. Chaque fois que vous recyclez l'image en la copiant, vous perdez des informations. Si vous copiez la même image encore et encore, elle finit par devenir de plus en plus pâle pour finalement disparaître complètement. Les signaux analogiques sont donc susceptibles d'introduire des erreurs chaque fois que l'image est copiée.

(Maintenant, changeons de procédé : numérisons l'image de sorte qu'elle devient une série de 0 et de 1. Lorsqu'on la numérise pour la première fois, on perd certaines informations. Cependant, un message numérique peut être copié à l'infini et ne quasiment perdre aucune information à chaque cycle. Les ordinateurs numériques peuvent donc être beaucoup plus précis que les ordinateurs analogiques.

De plus, il est facile de modifier des signaux numériques. Les signaux analogiques, tels qu'une image, sont extrêmement difficiles à modifier. Mais les signaux numériques peuvent l'être par une pression sur un bouton en utilisant des algorithmes mathématiques simples.)

Sous l'énorme pression exercée par la guerre, Turing et son équipe ont finalement réussi à casser le code nazi vers 1942, ce qui a contribué à vaincre la flotte navale nazie dans l'Atlantique. Bientôt, les Alliés ont pu pénétrer les plans les plus secrets de l'armée nazie. Ils ont pu écouter les instructions des nazis à leurs troupes et anticiper leurs plans de guerre. Colossus a été achevé en 1944, juste à temps pour l'invasion finale de la Normandie, à laquelle les nazis ne s'étaient pas suffisamment préparés. C'est ce qui a scellé le sort de l'empire nazi.

Il s'agissait de progrès aux proportions monumentales, dont certains ont été immortalisés dans le film *The Imitation Game*, sorti en 2014. Sans leurs résultats décisifs, la guerre aurait pu s'éterniser des années durant, générant une misère et des souffrances indicibles. Des historiens tels que Harry Hinsley ont estimé que le travail de Turing et d'autres à Bletchley Park avait raccourci la durée de la guerre d'environ deux ans et sauvé plus de 14 millions de vies. La carte du monde et la vie d'un nombre incalculable d'innocents ont été irrévocablement modifiées par ses travaux de pionnier.

Aux États-Unis, les ouvriers qui ont construit la bombe atomique ont été considérés comme des héros de guerre et des faiseurs de miracles, alors qu'un destin bien différent attendait Turing au Royaume-Uni. En raison des lois nationales sur le secret, ses exploits sont restés classifiés pendant des décennies, de sorte que personne n'était informé de son énorme contribution à l'effort de guerre.

Turing et la création de l'IA

Après la guerre, Turing s'est à nouveau penché sur un vieux problème qui l'avait intrigué dans sa jeunesse : l'intelligence artificielle. En 1950, en introduction de sa publication historique sur le sujet, il a déclaré : « Je propose de réfléchir à la question suivante : les machines peuvent-elles penser ? »

En d'autres termes, le cerveau est-il une sorte de machine de Turing ?

Il en avait assez de toutes les discussions philosophiques séculaires sur la signification de la conscience, de l'âme et de ce qui fait de nous des êtres humains. En fin de compte, il trouvait toutes ces discussions inutiles, car il n'y avait aucun test ni aucune mesure concluante de la conscience.

Il a donc proposé le célèbre test de Turing. Installez un humain dans une pièce fermée et un robot dans une autre pièce. Vous êtes autorisé à poser à chacun d'entre eux n'importe quelle question écrite et à lire ses réponses. Le défi est le suivant : pouvez-vous déterminer dans quelle pièce se trouve l'humain ? Il a appelé ce test « le jeu de l'imitation » (*The Imitation Game*).

Dans sa publication, il a écrit : « Je crois que, dans une cinquantaine d'années, il sera possible de programmer des ordinateurs, avec une capacité de stockage d'environ 10^9, pour leur faire jouer le jeu de l'imitation avec un tel niveau de perfection qu'un interrogateur moyen n'aura pas plus de 70 % de chances de parvenir à une identification correcte après cinq minutes d'interrogatoire[4]. »

Le test de Turing remplace les interminables débats philosophiques par un test simple et reproductible, auquel il suffit de répondre par « oui » ou par « non ». Contrairement à une question philosophique, pour laquelle il n'y a souvent pas de réponse, ce test peut être résolu.

De plus, il évite la question délicate de la « pensée » grâce à la simple comparaison avec tout ce que les humains peuvent faire. Il n'est pas nécessaire de définir ce que nous entendons par « conscience », « pensée » ou « intelligence ». En d'autres termes, si quelque chose ressemble à un canard et agit en tant que tel, alors c'est peut-être un canard, quelle que soit la manière dont on le définit. Ainsi, Turing a donné une définition opérationnelle de l'intelligence.

Jusqu'ici, aucune machine n'a réussi le test de Turing de manière durable. Régulièrement, il fait la une des journaux, mais à chaque fois, les juges sont capables de faire la différence entre un humain et une machine, même s'il est permis de mentir et d'inventer des faits.

Mais un incident malheureux a mis un terme brutal à tous les travaux révolutionnaires de Turing.

En 1952, le domicile de Turing a été cambriolé. Lorsque la police est venue enquêter, elle a trouvé des preuves attestant de l'homosexualité de Turing. En conséquence de cela, il a été arrêté et condamné en vertu du Criminal Law Amendment Act (loi sur l'amendement du droit pénal) de 1885. La sanction a été extrêmement sévère. On lui a laissé le choix entre la prison ou une procédure hormonale. Ayant choisi cette dernière, on lui a administré du diéthylstilbestrol, une forme synthétique d'œstrogène, l'hormone sexuelle féminine, ce qui lui a fait pousser des seins et l'a rendu impuissant. Ces traitements controversés ont duré un an. Mais un jour, il a été retrouvé mort à son domicile. Il avait succombé à une dose mortelle de cyanure. On raconte qu'à côté de lui se trouvait une pomme empoisonnée à moitié mangée, ce qui, selon certains, serait la méthode choisie pour se suicider.

Quelle tragédie que l'un des créateurs de la révolution informatique, qui a contribué à sauver la vie de millions de personnes et à vaincre le nazisme, ait été en quelque sorte anéanti par son propre pays !

Mais son héritage perdure dans tous les ordinateurs numériques de la planète. Aujourd'hui, chaque ordinateur sur Terre doit son architecture à la machine de Turing. L'économie mondiale dépend du travail pionnier de cet homme.

Toutefois, ce n'est que le début de notre histoire. Les travaux de Turing sont basés sur ce qu'on appelle le « déterminisme », c'est-à-dire l'idée que l'avenir est prédéterminé. Cela signifie que si vous soumettez un problème à une machine de Turing, vous obtiendrez systématiquement la même réponse. En ce sens, tout est prévisible.

Par conséquent, si l'univers était une machine de Turing, tous les événements futurs auraient été déterminés au moment de la naissance de l'univers.

Mais une autre révolution de notre conception du monde est venue bouleverser cette idée. Le déterminisme a été balayé. De la même manière que Gödel et Turing ont contribué à démontrer que les mathématiques sont incomplètes, les ordinateurs du futur devront peut-être faire face à l'incertitude fondamentale introduite par la physique.

Les mathématiciens se concentreront donc sur une question différente : est-il possible de construire une machine quantique de Turing ?

3.

L'ASCENSION DE LA PHYSIQUE QUANTIQUE

Max Planck, l'un des fondateurs de la théorie quantique, était un homme avec de nombreuses contradictions. D'un côté, il était un conservateur pur et dur. C'est peut-être parce que son père était professeur de droit à l'université de Kiel, et que sa famille avait une longue et brillante tradition d'intégrité et de service public. Son grand-père et son arrière-grand-père avaient tous deux été professeurs de théologie, et l'un de ses oncles était juge.

Il était méticuleux dans son travail, attachait de l'importance aux bonnes manières et était un pilier de la société. À en juger par les apparences, personne n'aurait jamais imaginé que cet homme tranquille deviendrait l'un des plus grands révolutionnaires de tous les temps, brisant toutes les notions chères aux siècles précédents en ouvrant les vannes de la physique quantique. Pourtant, c'est exactement ce qu'il a fait.

En 1900, les physiciens les plus éminents étaient fermement convaincus que le monde qui nous entoure pouvait être entièrement expliqué par les travaux d'Isaac Newton, dont les lois décrivaient les mouvements de l'univers, et de James Clerk Maxwell, qui avait découvert les lois de la lumière et de l'électromagnétisme.

Tout, du mouvement des planètes géantes dans l'espace jusqu'au mouvement des boulets de canon en passant par les éclairs, pourrait être expliqué selon Newton et Maxwell. On a même raconté que l'Office américain des brevets avait envisagé de fermer ses portes, parce que tout ce qui pouvait être inventé l'avait déjà été.

Selon Newton, l'univers était une horloge. Il fonctionnait selon ses trois lois du mouvement, d'une manière précise et prédéterminée. Cette doctrine a été appelée le « déterminisme newtonien », et a prévalu pendant plusieurs siècles. (On l'appelle parfois « physique classique », pour la distinguer de la physique quantique.)

Mais il y avait un problème gênant. Il y avait quelques ficelles lâches, et en tirant dessus, cette architecture newtonienne élaborée a fini par s'effondrer.

Les artisans de l'Antiquité savaient que si l'argile était chauffée à une température suffisamment élevée dans un four, elle finirait par briller vivement. Elle commencerait par devenir rouge, puis jaune et enfin blanc bleuâtre. Nous le constatons à chaque fois que nous allumons une allumette. Au sommet de la flamme, là où il fait le plus frais, la flamme est rouge. Au centre, la flamme est jaune. Et, si les conditions sont réunies, le bas de la flamme est brûlant blanc bleuâtre.

Les physiciens ont tenté d'expliquer cette propriété bien connue des objets chauds et ont lamentablement échoué. Ils savaient que la chaleur n'est rien d'autre que des atomes en mouvement. Plus la température d'un objet est élevée, plus ses atomes se déplacent rapidement. Ils savaient également que les atomes possèdent des charges électriques. Si l'on déplace un atome chargé à une vitesse suffisante, il émet un rayonnement électromagnétique (comme la radio ou la lumière), selon les lois de James Clerk Maxwell. La couleur d'un objet chaud indique la fréquence du rayonnement.

Ainsi, en utilisant la théorie de Newton appliquée à l'atome et en utilisant la théorie de la lumière de Maxwell, on peut calculer la lumière émise par un objet chaud. Jusqu'ici, tout va bien.

Mais lorsqu'on effectue réellement les calculs, c'est la catastrophe. On constate que l'énergie émise peut devenir infinie à haute fréquence, ce qui est impossible. C'est ce qu'on a appelé la « catastrophe de Rayleigh-Jeans » ou « catastrophe ultraviolette ». Elle a montré aux physiciens qu'il y avait une faille béante dans la mécanique newtonienne.

Un jour, Planck a tenté de dériver la catastrophe de Rayleigh-Jeans pour son cours de physique, en utilisant une méthode étrange et inédite. Il en avait assez de procéder de la même manière traditionnelle, alors, pour des raisons purement pédagogiques, il a émis une hypothèse bizarre. Il a supposé que l'énergie émise par un atome ne pouvait être trouvée que dans de minuscules paquets d'énergie discrets, appelés « quanta ». C'était une hérésie, car les équations de Newton stipulaient que l'énergie devait être continue et non pas sous forme de paquets. Mais lorsque Planck a postulé que l'énergie se présentait sous forme de paquets d'une certaine taille, il a trouvé précisément la courbe correcte qui relie l'énergie lumineuse et la température.

Ce fut une découverte historique.

Naissance de la théorie quantique

Ce fut la première étape d'un long processus qui aboutira au développement de l'ordinateur quantique.

La découverte révolutionnaire de Planck signifiait que la mécanique newtonienne était incomplète et qu'une nouvelle physique devait voir le jour. Tout ce que nous pensions savoir sur l'univers devait être complètement réécrit.

Mais étant un véritable conservateur, il a décrit son idée avec prudence, affirmant avec diplomatie que si l'on introduisait cette astuce des paquets d'énergie en guise d'exercice, on pourrait reproduire exactement la courbe d'énergie réelle que l'on trouve dans la nature.

Pour effectuer ce calcul, il a dû saisir un nombre représentant la taille du quantum d'énergie. Il l'a appelé *h* (également connu sous le nom de constante de Planck, 6,62… $\times 10^{-34}$ joules-seconde), ce qui est un nombre incroyablement petit. Dans notre monde de tous les jours, nous ne voyons jamais d'effets quantiques, car *h* est tellement minuscule. Mais si l'on pouvait faire varier *h* d'une manière ou d'une autre, on pourrait passer continuellement du monde quantique à notre monde habituel. Un peu comme pour syntoniser une station de radio, on pourrait descendre le curseur totalement, de sorte que $h = 0$, et on aurait le monde pragmatique de Newton dans lequel il n'y a pas d'effets quantiques. Mais si l'on tournait le curseur dans l'autre sens, on obtiendrait le monde subatomique étrange des quanta, un monde qui, comme les physiciens allaient bientôt le découvrir, ressemble à la zone grise.

Ce principe peut également être appliqué à un ordinateur. Si on laisse *h* tendre vers zéro, on obtient une machine de Turing classique. Mais si on laisse *h* augmenter, des effets quantiques commencent à émerger et on transforme peu à peu la machine de Turing classique en un ordinateur quantique.

Bien que sa théorie corresponde incontestablement aux données expérimentales et ouvre la voie à une branche totalement nouvelle de la physique, il a été harcelé des années durant par des partisans obstinés et inconditionnels de l'idée newtonienne classique. Décrivant cette tempête d'opposition, Planck a écrit : « Une nouvelle vérité scientifique ne triomphe pas en convainquant ses opposants et en leur faisant voir la lumière, mais plutôt parce que ses adversaires finissent par mourir et qu'une nouvelle génération grandit et se familiarise avec elle[1]. »

Mais malgré la férocité de cette opposition, de plus en plus de preuves se sont accumulées, confirmant la théorie quantique. Elle était incontestablement correcte.

Par exemple, lorsque la lumière frappe un métal, elle peut éjecter un électron, ce qui crée un petit courant électrique, appelé « effet photoélectrique ». C'est ce qui permet à un panneau solaire d'absorber la lumière et de la convertir en électricité. (Cet effet est aussi couramment utilisé dans de nombreux appareils, tels que les calculatrices à énergie solaire, dans lesquelles les piles sont remplacées par des cellules solaires, et les appareils photo numériques modernes, qui convertissent la lumière du sujet en signaux électriques.)

L'homme qui a finalement expliqué cet effet était un physicien inconnu et sans le sou, travaillant dur dans un obscur Office des brevets à Berne, en Suisse. Lorsqu'il était étudiant, il avait tellement séché de cours que ses professeurs lui avaient écrit des lettres de recommandation peu flatteuses, ce qui lui avait valu d'être refusé pour tous les postes d'enseignant auxquels il avait postulé après l'obtention de son diplôme. Il était souvent au chômage et enchaînait les petits boulots, tels que professeur particulier et vendeur. Il avait même écrit à ses parents une lettre dans laquelle il leur disait qu'il aurait peut-être mieux valu qu'il ne soit jamais né. Finalement, il avait trouvé un poste d'employé subalterne à l'Office des brevets. La plupart des gens diraient de lui que c'était un raté.

L'homme qui a expliqué l'effet photoélectrique s'appelait Albert Einstein, et il l'a fait en utilisant la théorie de Planck. À la suite de Planck, Einstein a affirmé que l'énergie lumineuse pouvait se présenter sous forme de paquets discrets ou de quanta d'énergie (appelés plus tard « photons »), capables de faire sortir des électrons d'un métal.

C'est ainsi qu'un nouveau principe physique a commencé à émerger. Einstein a introduit le concept de « dualité », ce qui signifie que l'énergie lumineuse a une double nature. La lumière peut se comporter comme une particule, un photon, ou comme une onde, comme en optique. Autrement dit, la lumière peut se présenter sous deux formes.

En 1924, se basant sur les idées de Planck et d'Einstein, un jeune doctorant, Louis de Broglie, a fait le grand bond suivant. Si la lumière peut se présenter à la fois sous forme de particule et sous forme d'onde, pourquoi n'est-ce pas également le cas de la matière ? Peut-être que les électrons possèdent eux aussi une dualité.

C'était une idée parfaitement hérétique, car on pensait que la matière était constituée de particules, appelées « atomes », une idée introduite deux mille ans plus tôt par Démocrite. Mais finalement, une expérience ingénieuse a renversé cette croyance.

Lorsqu'on jette des pierres dans un étang, des vaguelettes se forment, s'étendent, puis se heurtent les unes aux autres, créant ainsi à la surface un motif d'interférence en forme de toile. Cela explique les propriétés des ondes, mais on pensait que la matière était basée sur des particules ponctuelles, qui n'ont pas de schéma d'interférence ondulatoire.

Prenons maintenant deux feuilles de papier parallèles. Dans la première, découpons deux petites fentes et faisons passer un faisceau lumineux à travers ces fentes. La lumière ayant des propriétés ondulatoires, un motif distinct de bandes claires et sombres apparaît sur la deuxième feuille. Lorsque les ondes passent par les deux fentes, elles interfèrent entre elles sur la seconde feuille, s'amplifiant et s'annulant mutuellement, créant des bandes appelées « schémas d'interférence ». Ce phénomène était bien connu.

Modifions maintenant cette expérience en remplaçant le faisceau lumineux par un faisceau d'électrons. Si un faisceau d'électrons était projeté à travers deux fentes dans la première feuille de papier, on s'attend à ce qu'il y ait deux fentes brillantes distinctes sur l'autre feuille. En effet, on pensait que l'électron était une particule ponctuelle et qu'il passerait soit par la première fente, soit par la seconde, mais pas par les deux.

Lorsque cette expérience a été reproduite avec des électrons, les chercheurs ont observé un modèle ondulatoire, similaire à l'effet du faisceau de lumière. Les électrons se comportaient comme s'ils étaient des ondes et non pas comme de simples particules ponctuelles. On a longtemps considéré que les atomes constituaient l'unité ultime de la matière. Et voilà qu'ils se dissolvent en ondes, comme la lumière. Ces expériences ont démontré que les atomes pouvaient se comporter soit comme une onde, soit comme une particule.

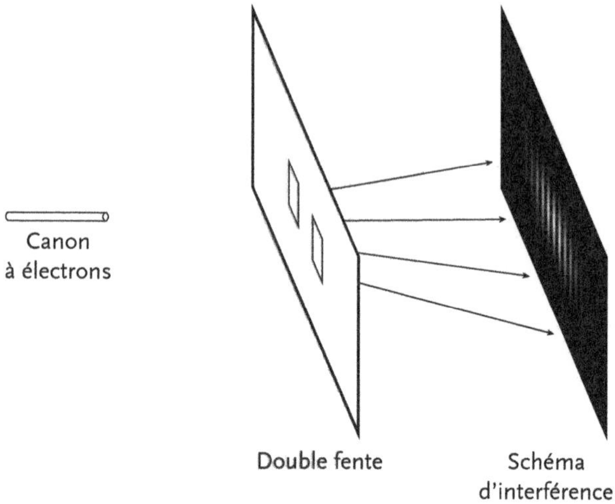

Figure 3 : L'expérience de la double fente
Si un faisceau d'électrons frappe une barrière comportant deux fentes, au lieu de former une image comportant deux fentes distinctes, il forme un motif d'interférence ondulatoire complexe. Cela se produit également si un seul électron est envoyé. Dans un certain sens, un seul électron a traversé les deux fentes en même temps. Aujourd'hui encore, les physiciens débattent de la manière dont un électron peut se trouver à deux endroits en même temps.

Un jour, le physicien autrichien Erwin Schrödinger discutait avec un collègue de l'idée selon laquelle la matière est une onde. Mais si la matière peut agir comme une onde, demanda son ami, alors à quelle équation doit-elle obéir ?

Schrödinger a été fort intrigué par cette question. Les physiciens connaissaient bien les ondes, car elles étaient utiles pour étudier les propriétés optiques de la lumière et elles étaient souvent analysées sous la forme d'ondes océaniques ou d'ondes sonores dans la musique. Schrödinger s'est donc mis à la recherche de l'équation d'onde pour les électrons. C'est une équation qui a totalement bouleversé notre compréhension de l'univers. Dans un certain sens, l'univers tout entier avec tous ses éléments chimiques, y compris vous et moi, sont des solutions de l'équation d'onde de Schrödinger.

La naissance de l'équation d'onde

Aujourd'hui, l'équation d'onde de Schrödinger constitue le fondement de la théorie quantique, et elle est enseignée dans tous les cours de physique avancée. Elle représente le cœur et l'âme de la théorie quantique. Je passe parfois un semestre entier à la City University de New York à enseigner les implications de cette seule équation.

Depuis lors, les historiens ont eu du mal à comprendre ce que faisait Schrödinger au moment précis où il a trouvé cette célèbre équation, fondement de la théorie quantique. Qui ou quoi a contribué à inspirer l'une des plus grandes découvertes du siècle ?

Les biographes savent depuis longtemps que Schrödinger était célèbre pour ses nombreuses petites amies. (Il croyait en l'amour libre et tenait un carnet répertoriant toutes ses amantes, avec des marques secrètes mentionnant chaque rencontre. Les gens étaient souvent surpris de constater qu'il voyageait avec sa femme et sa maîtresse.)

Après examen des carnets de Schrödinger, les historiens s'accordent à dire que, le week-end même où il a découvert sa fameuse équation, il se trouvait dans la Villa Herwig, dans les Alpes, avec l'une de ses amies. Certains historiens l'ont qualifiée de muse qui a inspiré la révolution quantique.

L'équation de Schrödinger a fait l'effet d'une bombe. Ce fut un succès immédiat et retentissant. Auparavant, des physiciens comme Ernest Rutherford pensaient que l'atome était comparable à un système solaire, avec de minuscules électrons ponctuels tournant autour d'un noyau. Cette image était cependant beaucoup trop simpliste, car elle ne disait rien sur la structure de l'atome ni sur la raison pour laquelle il y avait tant d'éléments.

Mais si l'électron est une onde, cette dernière doit former des résonances discrètes de fréquences définies lorsqu'elle tourne autour du noyau. Lorsqu'on a catalogué les résonances qu'un électron peut produire, on a trouvé un modèle d'onde qui correspond parfaitement à la description de l'atome d'hydrogène.

Comment cela fonctionne-t-il ? Lorsque nous chantons sous la douche, seules certaines ondes de notre voix peuvent résonner entre les murs, produisant un son agréable. Sous la douche, nous devenons soudain de grands chanteurs d'opéra. Les autres fréquences qui ne s'intègrent pas correctement à l'intérieur de la douche finissent par s'éteindre et disparaître. De même, si nous tapons sur un tambour ou si nous soufflons dans une trompette, seules certaines fréquences peuvent vibrer à sa surface ou dans ses tuyaux. C'est la base de la musique.

En comparant les résonances prédites par les ondes de Schrödinger avec des éléments réels, on a découvert une remarquable correspondance biunivoque. Les physiciens, qui pendant des décennies sont restés perplexes dans leurs tentatives de comprendre l'atome, étaient désormais en mesure de jeter un coup d'œil à l'intérieur de l'atome lui-même. Lorsqu'on compare ces modèles d'ondes à la centaine d'éléments chimiques classés par Dimitri Mendeleïev et d'autres, on peut expliquer les propriétés chimiques des éléments en utilisant des mathématiques pures.

Il s'agit là d'une avancée stupéfiante. Le physicien Paul Dirac a écrit de manière prophétique : « Les lois fondamentales nécessaires au traitement mathématique d'une grande partie de la physique et de l'ensemble de la chimie sont ainsi parfaitement connues, et la difficulté réside uniquement dans le fait que l'application de ces lois conduit à des équations trop complexes pour être résolues[2]. »

L'atome quantique

Le tableau périodique des éléments, soigneusement élaboré par les chimistes au fil des siècles, peut désormais être expliqué à l'aide d'une simple équation, en résolvant les résonances des ondes électroniques lorsqu'elles tourbillonnent autour du noyau de l'atome.

Pour comprendre comment le tableau périodique émerge de l'équation de Schrödinger, imaginons l'atome comme un hôtel. Chaque étage comporte un nombre différent de pièces, et chaque chambre peut accueillir jusqu'à deux électrons. De plus, les chambres doivent être occupées dans un certain ordre, c'est-à-dire que la chambre du premier étage doit être occupée avant que le deuxième étage puisse être réservé. Au premier étage, nous disposons d'une chambre ou d'une « orbitale » appelée 1S, qui peut accueillir un ou deux électrons. La chambre 1S correspond à l'hydrogène dans le cas d'un électron et à l'hélium dans le cas de deux électrons.

Au deuxième étage, nous disposons de deux types de chambres, appelées « orbitales 2S et 2P ». Dans la chambre 2S, nous pouvons accueillir deux électrons, mais nous avons également trois chambres P, étiquetées Px, Py et Pz, dont chacune contient deux électrons. Cela signifie que nous pouvons avoir jusqu'à huit électrons au deuxième étage. Ces chambres, une fois occupées, correspondent à leur tour au lithium, au béryllium, au bore, au carbone, à l'azote, à l'oxygène, au fluor et au néon.

Lorsqu'un électron n'a pas de partenaire dans sa chambre, il peut alterner entre différents hôtels disposant de chambres libres. Ainsi, lorsque deux atomes se rapprochent l'un de l'autre, l'onde d'un électron non apparié peut être partagée entre les atomes, de sorte que l'onde électronique va et vient entre les deux. Cela crée une liaison, formant une molécule.

Les lois de la chimie peuvent être expliquées à mesure que l'on remplit les chambres de l'hôtel. À l'étage le plus bas, si l'on a deux électrons dans l'orbitale S, alors l'orbitale 1S est pleine. Cela signifie que l'hélium, qui n'a que deux électrons, ne peut former aucune liaison chimique ; il est donc chimiquement inerte et ne forme aucune molécule. De même, si nous avons huit électrons au deuxième étage, nous remplissons tous les orbitaux, de sorte que le néon ne peut pas non plus former de molécules. De cette manière, nous pouvons expliquer pourquoi il existe des gaz inertes tels que l'hélium, le néon et le krypton.

Cela contribue également à expliquer la chimie de la vie. L'élément organique le plus important est le carbone, qui possède quatre liaisons et peut donc créer des hydrocarbures, les éléments constitutifs de la vie. En regardant le tableau, on voit que le carbone possède quatre orbitales vides au deuxième étage, ce qui lui permet de se lier à quatre autres atomes d'oxygène, d'hydrogène, etc., pour former des protéines et même de l'ADN. Les molécules de notre corps sont des sous-produits de ce simple phénomène.

Le fait est qu'en déterminant le nombre d'électrons à chaque étage, on peut prédire simplement et élégamment de nombreuses propriétés chimiques du tableau périodique en utilisant des mathématiques pures. De cette manière, l'ensemble du tableau périodique peut être largement prédit à partir des premiers principes.

Chacun des plus de cent éléments du tableau peut être grossièrement décrit par les électrons dans diverses résonances circulant autour du noyau, comme on remplit des chambres d'hôtel, étage par étage.

Ce fut stupéfiant de constater qu'une seule équation pouvait expliquer les éléments qui composent l'univers tout entier, y compris la vie elle-même. Soudain, l'univers était plus simple qu'on ne le pensait.

La chimie a, en quelque sorte, été réduite à la physique.

Les ondes de probabilité

Aussi spectaculaire et puissante que soit l'équation de Schrödinger, il restait une question importante, mais fort embarrassante : si l'électron est une onde, qu'est-ce qui « ondule » ?

La réponse a divisé la communauté des physiciens en deux camps, les opposant pendant des décennies. Elle a déclenché l'un des débats les plus controversés de toute l'histoire de la science, remettant en question notre conception même de l'existence. Aujourd'hui encore, des conférences sont organisées pour débattre de toutes les nuances mathématiques et des implications philosophiques de cette scission. Il s'avère que l'un des sous-produits de ce débat est l'ordinateur quantique.

Le physicien Max Born a mis le feu aux poudres en postulant que la matière est certes constituée de particules, « mais que la probabilité de trouver une particule est déterminée par une onde ».

Cela a aussitôt divisé la communauté des physiciens en deux camps, avec d'un côté les représentants de la « vieille » garde (dont Planck, Einstein, de Broglie et Schrödinger, tous dénonçant cette nouvelle interprétation), et de l'autre Werner Heisenberg et Niels Bohr, qui ont créé l'interprétation de Copenhague de la mécanique quantique.

Cette nouvelle interprétation était excessive, même pour Einstein. Elle signifiait qu'on ne pouvait calculer que des probabilités, jamais des certitudes. On ne savait jamais précisément où se trouvait une particule ; on ne pouvait que calculer la probabilité qu'elle se trouve à un endroit. Dans un certain sens, les électrons peuvent se trouver à deux endroits en même temps. Werner Heisenberg, qui a proposé une formulation alternative, mais équivalente de la mécanique quantique, a appelé cela le « principe d'incertitude ».

Sous leurs yeux, c'est toute la science qui se trouvait bouleversée. Auparavant, les mathématiciens avaient été confrontés au théorème de l'incomplétude, et désormais les physiciens devaient se confronter au principe d'incertitude. À l'instar des mathématiques, la physique était en quelque sorte incomplète.

Grâce à cette nouvelle interprétation, il était enfin possible d'exprimer les principes de la théorie quantique. Voici un résumé (extrêmement simplifié) des bases de la mécanique quantique :

1. On commence par la fonction d'onde $\Psi(x)$, qui décrit un électron situé au point x.
2. On insère l'onde dans l'équation de Schrödinger $H\Psi(x) = i\,(h/2\pi)\,\partial_t\Psi(x)$. (H, connu sous le nom d'opérateur hamiltonien, correspond à l'énergie du système.)
3. Chaque solution de cette équation est assortie d'un indice *n*, donc en général, $\Psi(x)$ est une somme ou une superposition de tous ces états multiples.
4. Lorsqu'une mesure est effectuée, la fonction d'onde « s'effondre », ne laissant qu'un seul état $\Psi(x)_n$, c'est-à-dire

que toutes les autres ondes sont mises à zéro. La probabilité de trouver l'électron dans cet état est donnée par la valeur absolue de $\Psi(x)_n$.

Ces règles simples permettent en principe de déduire tout ce que l'on sait sur la chimie et la biologie. Ce qui est controversé à propos de la mécanique quantique est contenu dans les troisième et quatrième affirmations. La troisième affirmation stipule que dans le monde subatomique, un électron peut exister simultanément comme la somme de différents états, ce qui est impossible dans la mécanique newtonienne. En fait, avant qu'une mesure ne soit effectuée, l'électron existe dans ce monde intermédiaire sous la forme d'un ensemble d'états différents.

Mais l'affirmation la plus cruciale et la plus choquante est la quatrième, selon laquelle ce n'est qu'après qu'une mesure a été effectuée que l'onde « s'effondrera » finalement et donnera la bonne réponse, donc la probabilité de trouver l'électron dans cet état. On ne peut pas savoir dans quel état se trouve l'électron tant qu'une mesure n'a pas été effectuée.

C'est ce qu'on appelle le « problème de la mesure ».

Pour réfuter cette dernière affirmation, Einstein aurait dit : « Dieu ne joue pas aux dés avec l'univers. » Mais selon la légende, Niels Bohr aurait répliqué : « Arrêtez de dire à Dieu ce qu'il doit faire. »

Ce sont précisément les postulats trois et quatre qui ont permis l'apparition des ordinateurs quantiques. L'électron est désormais décrit comme la somme simultanée de différents états quantiques, et c'est ce qui confère aux ordinateurs quantiques leur puissance de calcul. Tandis que les ordinateurs conventionnels ne totalisent que des 0 et des 1, les ordinateurs quantiques totalisent tous les états quantiques Ψn(x) entre 0 et 1, ce qui augmente considérablement le nombre d'états et donc leur portée et leur puissance.

Curieusement, Schrödinger, dont les équations sont à l'origine de la mécanique quantique, s'est mis à critiquer cette version de sa propre théorie. Il regrettait d'avoir quelque chose à voir avec elle. Il pensait qu'un simple paradoxe démontrant l'absurdité de cette interprétation radicale la détruirait à jamais, et cela a commencé par un chat.

Le chat de Schrödinger

Le chat de Schrödinger est l'animal le plus célèbre de toute l'histoire de la physique. Schrödinger croyait qu'elle démolirait cette hérésie une fois pour toutes. Imaginez, a-t-il écrit, qu'il y ait un chat dans une boîte scellée contenant une fiole de gaz toxique. Cette fiole est reliée à un marteau, lui-même relié à un compteur Geiger posé à côté d'une certaine quantité d'uranium. Si un atome d'uranium se désintègre, il active le compteur Geiger, qui déclenche le marteau, libérant ainsi le poison et tuant le chat.

Voici maintenant la question qui a déconcerté les plus grands physiciens du monde au cours du siècle dernier : *Avant que vous n'ouvriez la boîte, le chat est-il mort ou vivant ?*

Un newtonien déclarerait que la réponse est évidente : la logique veut que le chat soit ou mort ou vivant, mais pas les deux à la fois. On ne peut être que dans un seul état à la fois. Avant même d'ouvrir la boîte, le sort du chat était déjà prédéterminé.

Cependant, Werner Heisenberg et Niels Bohr avaient une interprétation radicalement différente.

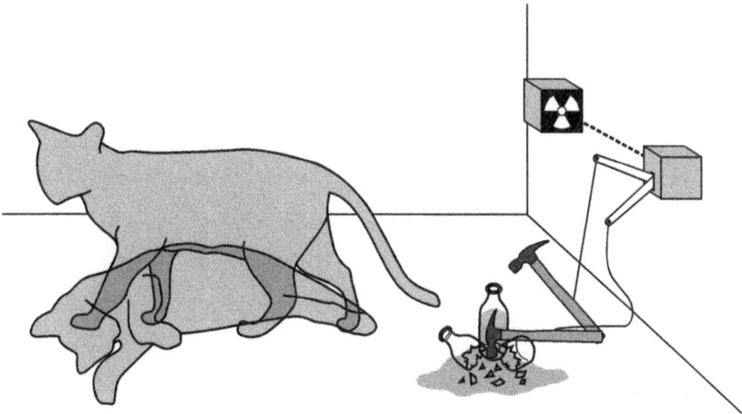

Figure 4 : Le chat de Schrödinger
En mécanique quantique, pour décrire un chat dans une boîte scellée contenant une fiole de gaz toxique, et un marteau pouvant être déclenché par un compteur Geiger, il faut additionner la fonction d'onde d'un chat mort avec celle d'un chat vivant. Avant que vous n'ouvriez la boîte, le chat n'est ni mort ni vivant. Le chat est dans une superposition de deux états. Aujourd'hui encore, les physiciens débattent de la question de savoir comment le chat peut être à la fois mort et vivant.

Ils affirmaient que le chat est mieux représenté par la somme de deux ondes : celle du chat vivant et celle du chat mort. Lorsque la boîte est encore scellée, le chat ne peut exister que comme la superposition ou la somme de deux ondes représentant simultanément un chat mort et un chat vivant.

Mais le chat est-il mort ou vivant ? Tant que la boîte est scellée, cette question n'a aucun sens. *Dans le monde quantique les choses n'existent pas dans des états définis, mais seulement comme la somme de tous les états possibles.* Finalement, lorsqu'on ouvre la boîte et qu'on observe le chat, l'onde s'effondre miraculeusement et révèle que le chat est soit mort, soit vivant, mais non pas les deux.

Ainsi, le processus de mesure relie le monde quantique et le monde macroscopique.

Tout cela a de profondes implications philosophiques. Pendant de nombreux siècles, les scientifiques se sont opposés à ce qu'on appelle le « solipsisme », l'idée selon laquelle des philosophes tels que George Berkeley croyaient que les objets n'existent pas réellement tant qu'on ne les observe pas. Cette philosophie peut être résumée ainsi : « Être, c'est être perçu. » Si un arbre tombe dans la forêt, mais que personne n'est présent pour l'entendre, alors peut-être qu'il n'est jamais tombé. La réalité, dans cette représentation, est une construction humaine. Ou, comme l'a dit un jour le poète John Keats : « Rien ne devient réel tant qu'on n'en a pas fait l'expérience. »

La théorie quantique a toutefois compliqué la situation. Dans la théorie quantique, avant que l'on regarde un arbre, ce dernier peut exister dans tous les états possibles, par exemple sous forme de bois de chauffage, de matériau de construction, de cendres, de cure-dents, de maison ou de sciure. Cependant, lorsqu'on regarde réellement l'arbre, toutes les ondes représentant ces états s'effondrent miraculeusement en un seul objet, l'arbre ordinaire.

Mais puisqu'un observateur requiert une conscience, cela signifie que, d'une certaine manière, la conscience détermine l'existence. Les adeptes de Newton étaient consternés par le retour du solipsisme dans la physique.

Einstein détestait cette idée. À l'instar de Newton, il croyait en la « réalité objective », ce qui signifie que les objets existent dans des états définis et bien définis, de sorte qu'il est impossible de se trouver à deux endroits en même temps. C'est ce qu'on appelle également le « déterminisme newtonien » : l'idée selon laquelle, comme nous l'avons vu précédemment, il est possible de déterminer avec précision l'avenir à l'aide des lois physiques fondamentales.

Einstein se moquait souvent de la théorie quantique. Chaque fois que des invités venaient chez lui, il leur demandait de regarder la Lune. Et il leur demandait alors : « La Lune existe-t-elle parce qu'une souris la regarde ? »

Monde quantique contre monde macroscopique

Le mathématicien John von Neumann, qui a contribué au développement de la physique de la théorie quantique, était d'avis qu'il existait un « mur » invisible qui séparait le monde quantique du monde macroscopique. Chacun des deux obéissait à des lois physiques différentes, mais il était possible de prouver que l'on pouvait déplacer librement le mur, dans un sens ou dans l'autre, tandis que le résultat de toute expérience restait le même. En d'autres termes, le monde quantique et le monde macroscopique obéissaient à deux ensembles différents de lois physiques, mais cela n'affectait pas les mesures, car l'endroit précis où l'on choisissait de séparer le monde quantique du monde macroscopique n'avait pas d'importance.

Lorsqu'on lui demandait d'expliquer la signification de ce mur, il répondait : « Il suffit de s'y habituer. »

Mais aussi extravagante que puisse paraître la théorie quantique, son succès expérimental est incontestable. Beaucoup de ses prédictions (par exemple les propriétés des électrons et des photons dans ce qu'on appelle l'« électrodynamique quantique ») correspondent aux données avec une précision d'une partie sur dix milliards, ce qui en fait la théorie la plus aboutie de tous les temps.

L'atome, qui avait été l'objet le plus mystérieux de l'univers, révélait soudain ses secrets les plus intimes. La génération suivante de physiciens ayant adopté la théorie quantique s'est vu décerner une myriade de prix Nobel. Pas une seule expérience n'a contredit la théorie quantique.

L'univers était indéniablement un univers quantique.

Mais Einstein a résumé les succès de la théorie quantique en déclarant : « Plus la théorie quantique réussit, plus elle paraît absurde. »

Ce que les détracteurs de la mécanique quantique ont le plus contesté était cette séparation artificielle entre le monde macroscopique dans lequel nous vivons et l'étrange et absurde monde quantique. Les critiques affirmaient qu'il devait y avoir un continuum fluide entre le monde quantique et le monde macroscopique. En réalité, il n'y a pas de « mur ».

Par exemple, si nous pouvions hypothétiquement vivre dans un monde entièrement quantique, cela signifierait que toute notre conception du sens commun serait fausse. Par exemple :

- Nous pouvons être à deux endroits en même temps.
- Nous pouvons disparaître et réapparaître ailleurs.
- Nous pouvons traverser des murs et franchir des barrières sans effort, c'est ce qu'on appelle le *tunneling* ou l'« effet tunnel ».
- Les personnes décédées dans notre univers pourraient être vivantes dans un autre.
- Lorsque nous traversons une pièce, nous empruntons simultanément le nombre infini de chemins possibles à travers la pièce, aussi bizarres soient-ils.

Comme le dirait Bohr : « Quiconque n'est pas choqué par la théorie quantique ne la comprend pas. »

Tout cela est digne de *La Quatrième Dimension*. Mais miraculeusement, c'est précisément ce que font les électrons, à ceci près qu'ils le font principalement à l'intérieur de l'atome, où nous ne pouvons pas les voir se livrer à cette gymnastique. C'est pourquoi nous avons des lasers, des transistors, des ordinateurs numériques et Internet. Isaac Newton serait choqué s'il pouvait voir d'une manière ou d'une autre toutes les girations atomiques que les électrons effectuent pour rendre les ordinateurs et Internet possibles. Mais le monde moderne s'effondrerait si nous interdisions la théorie quantique et si nous fixions la constante de Planck à zéro. Tous les appareils électroniques miraculeux de votre salon fonctionnent précisément parce que les électrons peuvent réaliser ces tours fantastiques.

Mais nous ne voyons jamais ces effets dans notre vie, parce que nous sommes constitués de milliards et de milliards d'atomes, où ces effets quantiques se compensent mutuellement, et parce que la taille de ces fluctuations quantiques est la constante de Planck *h*, donc un très petit nombre.

L'intrication

En 1930, Einstein a trouvé que la coupe était pleine. Lors de la sixième conférence Solvay à Bruxelles, il a décidé d'affronter et de défier Niels Bohr, le principal partisan de la mécanique quantique. Cela allait être le choc des Titans, avec les plus grands physiciens de l'époque débattant du destin même de la physique et de la nature de la réalité. C'était le sens même de l'existence qui était en jeu. Le physicien Paul Ehrenfest a écrit : « Je n'oublierai jamais le spectacle de ces deux adversaires quittant le club universitaire. Einstein, de stature majestueuse, marchant calmement tout en affichant un discret sourire ironique, et Bohr, trottant à ses côtés, extrêmement contrarié[3]. » Plus tard, Bohr fut tellement dépité qu'on put le voir marmonner : « Einstein… Einstein… Einstein… »

Le physicien John Archibald Wheeler a raconté : « Ce fut le plus grand débat de l'histoire intellectuelle que je connaisse. En trente ans, je n'ai jamais entendu parler d'un débat entre deux grandes personnalités sur une aussi longue période et sur une question plus profonde, avec des conséquences plus importantes pour la compréhension de ce monde étrange qui est le nôtre[4]. »

À maintes reprises, Einstein a bombardé Bohr sur les paradoxes de la théorie quantique. Il fut impitoyable. Bohr était temporairement abasourdi par chaque salve de critiques, mais le lendemain, il reprenait ses esprits et apportait une réponse convaincante et imparable. Un jour, Einstein a surpris Bohr avec un autre paradoxe concernant la lumière et la gravité. Il semblait que Bohr avait finalement été battu, échec et mat. Mais ironiquement, il a réussi à trouver la faille dans le raisonnement d'Einstein en citant la propre théorie de la gravité de ce dernier.

Le verdict de la plupart des physiciens était que Bohr avait réfuté avec succès tous les arguments avancés par Einstein lors de la célèbre conférence Solvay. Mais Einstein, probablement irrité par cet échec, allait tenter une fois de plus de renverser la théorie quantique.

Cinq ans plus tard, il lança sa dernière contre-attaque. Avec ses étudiants Boris Podolsky et Nathan Rosen, il fit une dernière et vaillante tentative de briser une fois pour toutes la théorie quantique. L'article EPR, du nom de ses auteurs, devait porter le coup de grâce à la théorie quantique.

Un sous-produit imprévu de ce défi fatidique allait être l'ordinateur quantique.

Imaginons, disaient-ils, deux électrons cohérents entre eux, donc vibrant à l'unisson, c'est-à-dire avec la même fréquence, mais décalés d'une phase constante. Il est bien connu que les électrons ont un spin (c'est la raison pour laquelle nous avons des aimants). Si nous avons deux électrons avec un spin total de zéro, et si nous laissons un électron tourner, disons, dans le sens des aiguilles d'une montre, alors l'autre électron tourne dans le sens inverse des aiguilles d'une montre, car le spin net est zéro.

Séparons maintenant les deux électrons. La somme des spins des deux électrons doit toujours être zéro, même si un électron se trouve désormais de l'autre côté de la galaxie. Mais il est impossible de savoir comment il tourne avant d'effectuer une mesure. Étrangement, si nous mesurons le spin d'un électron et que nous constatons qu'il tourne dans le sens des aiguilles d'une montre, nous savons aussitôt que son partenaire de l'autre côté de la galaxie doit tourner dans le sens inverse des aiguilles d'une montre. Cette information a voyagé instantanément entre les deux électrons, plus vite que la vitesse de la lumière. En d'autres termes, lorsqu'on sépare ces deux électrons, un cordon ombilical invisible émerge entre eux, permettant à la communication de circuler à travers ce cordon plus rapidement que la vitesse de la lumière.

Mais, affirmait Einstein, puisque rien ne peut aller plus vite que la vitesse de la lumière, cela constitue une violation de la relativité restreinte et, par conséquent, la mécanique quantique est incorrecte. Einstein pensait que c'était là l'argument déterminant qui réfutait la théorie quantique. Il a conclu son argumentation en affirmant que « l'action fantomatique à distance » provoquée par l'intrication n'est qu'une illusion.

Figure 5 : L'intrication
Lorsque deux atomes sont côte à côte, ils peuvent vibrer de manière cohérente, à l'unisson, avec la même fréquence, mais décalés d'une phase constante. Cependant, si nous les séparons et que nous agitons l'un d'eux, ils restent cohérents, et les informations relatives à la perturbation peuvent voyager entre eux plus rapidement que la vitesse de la lumière. (Mais cela ne contrevient pas à la relativité, puisque l'information qui franchit la barrière lumineuse est aléatoire.) C'est l'une des raisons pour lesquelles les ordinateurs quantiques sont tellement puissants, car ils calculent simultanément à partir de tous ces états mixtes.

Einstein croyait avoir porté le coup de grâce qui invaliderait une fois pour toutes la théorie quantique. Malgré tous les succès expérimentaux de la théorie quantique, le paradoxe dit EPR est resté non résolu pendant des décennies, car il était trop difficile à mettre en œuvre en laboratoire. Mais au fil des années, cette expérience a finalement été réalisée de plusieurs manières, en 1949, 1975 et 1980, et à chaque fois, la théorie quantique s'est avérée correcte.

(Mais cela signifie-t-il que l'information peut voyager plus vite que la lumière, contrevenant ainsi à la relativité restreinte ? C'est Einstein qui a eu le dernier mot. Non, même si l'information qui voyageait entre les deux électrons était transmise instantanément, il s'agissait aussi d'une information aléatoire, et par conséquent inutile. Cela signifie qu'il est impossible d'envoyer des codes utiles contenant un message plus rapidement que la lumière en utilisant l'expérience EPR. Si on analyse réellement le signal EPR, on ne trouve que du charabia. Ainsi, l'information peut voyager instantanément entre des particules cohérentes, mais l'information utile qui transporte un message ne peut pas voyager plus vite que la lumière.)

Aujourd'hui, ce principe est appelé l'« intrication » : c'est l'idée selon laquelle lorsque deux objets sont cohérents entre eux (vibrant de la même manière), ils restent cohérents même s'ils sont séparés par de grandes distances.

L'intrication a des implications majeures pour les ordinateurs quantiques. Cela signifie que, même si les qubits d'un ordinateur quantique sont séparés, ils peuvent toujours interagir entre eux, ce qui est à l'origine de la fantastique capacité de calcul des ordinateurs quantiques.

Cela explique en grande partie pourquoi les ordinateurs quantiques sont si uniques et utiles. Un ordinateur numérique ordinaire est d'une certaine manière comparable à plusieurs comptables travaillant indépendamment dans un bureau, chacun effectuant un calcul séparément et se transmettant leurs réponses de l'un à l'autre. Mais un ordinateur quantique est comparable à une salle remplie de comptables en interaction, chacun calculant simultanément et, surtout, chacun communiquant avec les autres *via* l'intrication. C'est pourquoi nous pouvons dire qu'ils résolvent ensemble ce problème de manière cohérente.

La tragédie de la guerre

Malheureusement, ce passionnant débat intellectuel a été interrompu par la Seconde Guerre mondiale. Soudain, les discussions scientifiques sur la théorie quantique sont devenues extrêmement sérieuses, car l'Allemagne nazie et les États-Unis ont tous deux lancé des programmes d'urgence pour développer la bombe atomique. La Seconde Guerre mondiale a eu des conséquences dévastatrices pour la communauté des physiciens.

Témoin de la fuite massive de physiciens juifs d'Allemagne, Planck a personnellement rencontré Adolf Hitler, pour le supplier de mettre fin à la persécution des physiciens juifs, car elle était en train d'anéantir la physique allemande. Cependant, Hitler s'est mis en colère contre Planck et lui a crié dessus.

Plus tard, Planck a déclaré : « On ne peut pas discuter avec un tel homme. » Malheureusement, l'un des fils de Planck, Erwin, a ensuite participé à un complot visant à assassiner Hitler. Il a été arrêté et torturé. Planck a tenté de sauver la vie de son fils en faisant directement appel à Hitler. Mais Erwin a été exécuté en 1945.

Les nazis ont mis à prix la tête d'Einstein. Sa photo a fait la couverture d'un magazine nazi, avec la mention : « Pas encore pendu ». Il a fui l'Allemagne en 1933 pour ne plus jamais y revenir.

Erwin Schrödinger, qui a été témoin du passage à tabac d'un juif par les nazis dans les rues de Berlin, a tenté de s'interposer, mais il a été lui-même roué de coups par les SS. Secoué, il a quitté l'Allemagne et a accepté un poste à l'université d'Oxford. Mais il y a suscité la polémique, parce qu'il était venu avec sa femme et sa maîtresse. On lui a ensuite proposé un poste à Princeton, mais les historiens supposent qu'il l'a refusé en raison de ses conditions de vie peu orthodoxes. Il s'est finalement installé en Irlande.

Niels Bohr, l'un des fondateurs de la mécanique quantique, a dû se réfugier aux États-Unis pour sauver sa vie et a failli mourir au cours de sa fuite de l'Europe.

Werner Heisenberg, peut-être le plus grand physicien quantique d'Allemagne, a été chargé du développement de la bombe atomique pour les nazis. Cependant, son laboratoire a dû déménager à plusieurs reprises, car il a été bombardé par les Alliés. Après la guerre, il a été arrêté par les Alliés. (Heureusement, Heisenberg ne connaissait pas un nombre clé : la probabilité de fission de l'atome d'uranium. C'est la raison pour laquelle il n'est pas parvenu à construire la bombe atomique et les nazis n'ont jamais développé d'arme nucléaire.)

Au lendemain de la tragédie de la guerre, les gens ont commencé à prendre conscience de l'énorme puissance du quantum, qui s'était déchaînée dans les cieux d'Hiroshima et de Nagasaki. Soudain, la mécanique quantique n'était plus seulement un jouet de physiciens, mais quelque chose qui pouvait percer les secrets de l'univers et déterminer le destin de l'espèce humaine.

Mais juste après la guerre a émergé une invention quantique qui allait modifier le tissu même de la civilisation moderne : le transistor. Peut-être que l'énorme puissance de l'atome pourrait être utilisée pour ramener la paix.

4.

L'ÉMERGENCE DES ORDINATEURS QUANTIQUES

Le transistor est un paradoxe.

En général, plus une invention est grande, plus elle est puissante. D'énormes avions de ligne à deux étages peuvent transporter une multitude de passagers à l'autre bout du monde en quelques heures. Les fusées sont aujourd'hui des inventions imposantes capables d'envoyer sur Mars des charges utiles de plusieurs tonnes. Le Grand Collisionneur de hadrons, long de près de 27 kilomètres, a coûté plus de 10 milliards de dollars et pourrait un jour percer le secret du Big Bang. Sa circonférence est si vaste que l'anneau du GCH pourrait contenir plusieurs fois la ville de Genève.

Pourtant, le transistor, qui constitue peut-être l'invention la plus importante du XXe siècle, est si petit que des milliards d'entre eux peuvent tenir sur l'ongle d'une main. Il n'est pas exagéré de dire qu'il a révolutionné tous les aspects de la société humaine.

C'est pourquoi une taille réduite est parfois préférable. Par exemple, l'objet le plus complexe de l'univers connu, le cerveau humain, est posé sur vos épaules. Constitué de 100 milliards de neurones, chacun connecté à environ 10 000 autres neurones, le cerveau humain dépasse en complexité tout ce que la science connaît.

Ainsi, une puce électronique composée de milliards de transistors et le cerveau humain peuvent tous deux être tenus dans votre main, alors qu'il s'agit des objets les plus sophistiqués que nous connaissions.

Pourquoi cela ? Leur taille incroyablement petite cache le fait qu'ils sont capables de stocker et de traiter de formidables quantités d'informations. De plus, la manière dont ces informations sont stockées ressemble à une machine de Turing, ce qui leur confère une énorme puissance de calcul. Une puce électronique est le cœur d'un ordinateur numérique avec une bande d'entrée finie (bien que les machines de Turing puissent en principe avoir une bande infinie). Et le cerveau est une machine d'apprentissage ou un réseau neuronal qui se modifie constamment à mesure qu'il apprend de nouvelles choses. Une machine de Turing peut être modifiée pour pouvoir elle aussi apprendre comme un réseau neuronal.

Mais si la puissance du transistor vient du fait qu'il est microscopique, une autre question se pose : jusqu'à quelle taille peut-on réduire un ordinateur ? Quel est le plus petit transistor ?

La naissance du transistor

Trois physiciens ont remporté en 1956 le prix Nobel pour la création de ce dispositif révolutionnaire, trois scientifiques des Laboratoires Bell : John Bardeen, Walter Brattain et William Shockley. Aujourd'hui, une réplique du premier transistor de l'histoire est exposée dans une vitrine du Smithsonian Museum de Washington. Il s'agit d'un dispositif rudimentaire et d'apparence incongrue, mais des délégations de scientifiques du monde entier s'en approchent avec une révérence silencieuse, et certains s'inclinent même devant lui, comme s'il s'agissait d'une divinité. Bardeen, Brattain et Shockley ont utilisé une nouvelle forme quantique de la matière, appelée « semi-conducteur ». (Les métaux sont des conducteurs qui permettent la libre circulation des électrons. Les isolants, tels que le verre, le plastique ou le caoutchouc, ne conduisent pas l'électricité. Les semi-conducteurs se situent entre les deux et peuvent à la fois transporter et arrêter le flux d'électrons.)

Le transistor exploite cette propriété capitale. Il est le successeur de l'ancien tube à vide ingénieusement utilisé par Turing et par d'autres. Comme nous l'avons vu, un tube à vide et un transistor peuvent être grossièrement comparés à une vanne contrôlant le débit d'eau dans un tuyau. Avec une petite vanne, on peut contrôler le débit beaucoup plus important de l'eau qui traverse un tuyau. On peut soit la fermer, ce qui correspond à zéro, soit la laisser ouverte, ce qui correspond à un. De cette manière, il est possible de contrôler avec précision le débit d'eau dans une série complexe de tuyaux. Si l'on remplace maintenant la vanne par un transistor et les conduites d'eau par des fils conducteurs d'électricité, l'on peut créer un ordinateur numérique transistorisé.

Même si un transistor ressemble à un tube à vide, c'est là que s'arrêtent les similitudes. Les tubes à vide sont réputés être rudimentaires et capricieux. (Enfant, je me souviens avoir dû démonter mon vieux téléviseur, retirer tous les tubes à la main et tester péniblement chacun d'entre eux au supermarché pour voir lequel allait exploser.) Ils étaient encombrants, peu fiables et se dégradaient rapidement.

En revanche, un transistor constitué de fines tranches de silicium peut être robuste, bon marché et de taille microscopique. Il peut être produit en série de la même manière qu'un T-shirt est fabriqué aujourd'hui.

Les T-shirts sont généralement fabriqués à partir d'un gabarit en plastique dans lequel est découpée l'image souhaitée. Le gabarit est placé sur le T-shirt, puis une bombe aérosol pulvérise de la peinture sur le gabarit. Lorsqu'on retire le gabarit, l'image est transférée sur le T-shirt.

Un transistor est fabriqué de la même manière. Tout d'abord, on commence par un gabarit sur lequel l'image des circuits souhaités a été gravée. Ensuite, on place le gabarit sur la plaquette de silicium. On applique ensuite un faisceau de rayons ultraviolets sur le gabarit, de sorte que l'image du gabarit est transférée sur la plaquette de silicium. Ensuite, on retire le gabarit et on ajoute de l'acide. La puce de silicium est spécialement traitée chimiquement afin que, lorsqu'on applique l'acide, ce dernier grave l'image souhaitée sur la plaquette.

L'avantage est que ces images peuvent être aussi petites que la longueur d'onde de la lumière ultraviolette, qui est un peu plus grande qu'un atome. Cela signifie qu'une puce typique utilisée dans un ordinateur peut contenir un milliard de transistors. Aujourd'hui, la production de transistors est une activité importante qui influence les économies de nations entières. Les usines de production de transistors les plus avancées coûtent chacune plusieurs milliards de dollars.

D'une certaine manière, on peut comparer une puce électronique aux rues d'une grande ville. Le flux constant de voitures est comparable à des électrons se déplaçant le long des circuits gravés. Les feux de circulation qui régulent le flux du trafic correspondent à des transistors. Un feu rouge qui arrête la circulation équivaut à un 0, tandis qu'un feu vert qui autorise la circulation équivaut à un 1.

Lorsque nous gravons de plus en plus de transistors sur une puce, c'est comme si nous réduisions la taille de chaque pâté de maisons pour augmenter le nombre de voitures et de feux de circulation. Mais il y a une limite à la densité des rues dans une zone donnée. Finalement, le pâté de maisons devient si petit que les voitures envahissent le trottoir. Cela entraîne des courts-circuits si les couches de silicium deviennent trop fines.

À mesure que la largeur des composants d'une puce de silicium approche de la taille d'un atome, le principe d'incertitude de Heisenberg entre en jeu et les positions des électrons deviennent incertaines, ce qui provoque des fuites et des courts-circuits. De plus, la chaleur générée par tant de transistors regroupés au même endroit est suffisante pour provoquer sa fonte.

En d'autres termes, tout doit finir, y compris l'ère du silicium. Une nouvelle ère pourrait bien être en train de s'ouvrir : l'ère quantique.

Et l'un des physiciens les plus célèbres du XXe siècle lui a ouvert la voie.

Le génie en action

Richard Feynman était un personnage unique en son genre. Il n'y aura probablement jamais d'autre physicien comme lui.

D'un côté, Feynman était un amuseur charismatique qui aimait divertir le public avec des facéties délirantes et des anecdotes ahurissantes sur son passé. Son accent prononcé lui donnait des airs de chauffeur de camion lorsqu'il racontait des histoires cocasses sur sa vie.

Il se targuait d'être un expert en crochetage de serrures et en forçage de coffres-forts, et à l'époque où il travaillait à Los Alamos, il avait même réussi à ouvrir le coffre-fort qui contenait le secret de la bombe atomique (déclenchant ainsi une alarme phénoménale). Toujours à la recherche d'expériences nouvelles et décalées, il s'est un jour enfermé dans un caisson hyperbare pour déterminer s'il pouvait quitter son corps et se voir flotter à distance. De plus, il adorait jouer de ses bongos à toute heure de la journée.

En l'écoutant, on en aurait presque oublié qu'il avait remporté le prix Nobel de physique en 1965 et qu'il était probablement l'un des plus grands physiciens de sa génération, ayant jeté les bases complexes d'une théorie relativiste de l'interaction entre électrons et photons. Cette théorie, appelée « électrodynamique quantique » ou « QED », est précise à une partie sur dix milliards ; ainsi, parmi toutes les différentes mesures quantiques qui ont été effectuées, c'est la plus réussie. D'autres physiciens écoutaient attentivement chacun des mots qu'il prononçait, dans l'espoir de recueillir des informations qui pourraient également leur valoir gloire et renommée.

La naissance de la nanotechnologie

Feynman était avant tout un visionnaire.

Constatant que les ordinateurs devenaient de plus en plus petits, il s'est posé une question fort simple : jusqu'à quel point peut-on miniaturiser un ordinateur ?

Il avait compris qu'à l'avenir, les transistors seraient miniaturisés au point qu'ils finiraient par atteindre la taille d'un atome. En fait, il pensait que la nouvelle frontière de la physique pourrait être la création de machines aussi petites que des atomes, ouvrant ainsi la voie à un domaine en pleine expansion aujourd'hui, que l'on appelle les « nanotechnologies ».

Quelle limite la mécanique quantique impose-t-elle aux pinces, aux marteaux et aux clés de la taille d'un atome ? Quelle est la limite ultime d'un ordinateur qui calcule sur des transistors de la taille d'un atome ?

Il s'est rendu compte que dans le domaine atomique, de nouvelles inventions fantastiques sont possibles. Les lois actuelles de la physique que nous utilisons à l'échelle macroscopique deviennent obsolètes à l'échelle atomique, et il nous faut ouvrir notre esprit à des possibilités totalement nouvelles. C'est en 1959 qu'il a exprimé ses idées pour la première fois, dans un discours qu'il a prononcé devant l'American Physical Society à Caltech, intitulé *There's Plenty of Room at the Bottom* (« Il y a beaucoup de place en bas ! »), anticipant la naissance d'une nouvelle science.

Dans ce discours pionnier, il a posé la question suivante : « Pourquoi ne pouvons-nous pas écrire l'intégralité des 24 volumes de l'*Encyclopédie* sur la tête d'une épingle ? »

Son idée de base était simple : créer de minuscules machines capables « d'agencer les atomes comme nous le souhaitons ». Tout outil que nous utilisons dans notre atelier serait miniaturisé à la taille des particules fondamentales. Mère Nature manipule les atomes à tout moment. Alors, pourquoi pas nous ?

Il a résumé sa conception des ordinateurs quantiques en ces termes : « La nature n'est pas classique, bon sang, et si vous voulez faire une simulation de la nature, vous feriez mieux de la faire en mécanique quantique. »

Il s'agit là d'une observation essentielle. Car les ordinateurs numériques classiques, aussi puissants soient-ils, ne pourront jamais simuler avec succès un processus quantique. (Bob Sutor, vice-président d'IBM, aime faire la comparaison suivante : pour qu'un ordinateur classique recrée une simulation univoque d'une molécule simple telle que la caféine, il lui faudrait 10^{48} bits d'information. Ce nombre énorme représente 10 % du nombre d'atomes qui composent la planète Terre. Par conséquent, les ordinateurs classiques ne sont pas capables de simuler efficacement même les molécules les plus simples.)

Dans son discours, Feynman a présenté un certain nombre d'idées étonnantes. Il a proposé un robot si petit qu'il pourrait flotter dans notre circulation sanguine et y traiter des problèmes de santé. Feynman appelait cela « avaler le docteur ». Ce robot fonctionnerait comme un globule blanc, parcourant le corps à la recherche de bactéries et de virus à éliminer. Il effectuerait également des opérations chirurgicales tout en circulant dans notre corps. La médecine serait donc pratiquée depuis l'intérieur du corps et non plus depuis l'extérieur. Il ne serait plus jamais nécessaire de faire d'incisions dans la peau ni de craindre de douleur ou d'infections, car la chirurgie serait pratiquée depuis l'intérieur.

Il était prophétique dans sa vision, affirmant même qu'un jour il serait possible d'inventer un supermicroscope permettant de « voir » les atomes. (Cela a été inventé plus tard, en 1981, quelques décennies après cette prédiction, et sous la forme de microscopes à effet tunnel.)

Sa vision était impressionnante au point que son discours a été largement ignoré des décennies durant. Et c'est tout à fait regrettable, car il était très en avance sur son temps. Pourtant, aujourd'hui, un grand nombre de ses prédictions se sont réalisées.

Il a même offert un prix de 1 000 dollars à quiconque réussirait à inventer l'une des deux choses suivantes : le premier défi consistait à miniaturiser une page d'un livre de manière que seul un microscope électronique puisse la voir. Le second prix de 1 000 dollars consistait à créer un moteur électrique pouvant tenir dans un cube de 0,039 7 centimètre de côté. (Plus tard, deux inventeurs ont réclamé les deux prix, alors qu'ils n'avaient pas satisfait aux conditions précises du concours.)

Une autre de ses prédictions a été rendue possible grâce à la découverte de nanomatériaux tels que le graphène, constitué d'une feuille de carbone d'un seul atome d'épaisseur. Le graphène a été découvert par Andre Geim et Konstantin Novoselov, deux scientifiques russes qui travaillaient à Manchester, en Angleterre, et qui ont constaté que le scotch pouvait décoller une fine couche de graphite. En effectuant ce même processus à plusieurs reprises, ils ont découvert qu'ils pouvaient finalement décoller une seule couche de carbone d'un atome d'épaisseur. Cette découverte simple, mais tout à fait remarquable, leur a valu le prix Nobel en 2010. Les atomes de carbone étant étroitement regroupés dans un réseau symétrique, il s'agit de la substance la plus dure connue de la science, plus dure que le diamant. Une feuille de graphène est tellement robuste que si l'on mettait un éléphant en équilibre au bout d'un crayon et si on mettait ce crayon en équilibre sur une feuille de graphène, elle ne se déchirerait pas.

De petites quantités de graphène sont faciles à fabriquer, mais il est extrêmement difficile de produire de grandes quantités de graphène pur. En principe, le graphène pur est suffisamment solide pour construire un gratte-ciel ou un pont si fin qu'il serait invisible. Une longue fibre de graphène pourrait être robuste au point de pouvoir soutenir un ascenseur spatial qui vous emmènerait dans l'espace en appuyant simplement sur un bouton, comme un ascenseur vers le ciel. (L'ascenseur spatial serait suspendu à un câble de graphène qui, comme une balle qui tourne autour d'une ficelle, ne tombe jamais, car il tournerait autour de la Terre en raison de la rotation de la planète.) De plus, le graphène est conducteur d'électricité. En fait, certains des plus petits transistors au monde peuvent être fabriqués à partir de quantités minimes de graphène.

Feynman a également identifié les énormes progrès qui pourraient être réalisés grâce à un ordinateur quantique qui disposerait d'une énorme puissance de calcul. Nous avons vu plus tôt que si l'on ajoute un seul qubit supplémentaire à un ordinateur quantique, sa puissance est multipliée par deux. Ainsi, un ordinateur quantique composé de 300 atomes aurait 2^{300} fois la puissance d'un ordinateur quantique doté d'un seul qubit.

L'intégrale des chemins de Feynman

Une autre réalisation de Feynman a changé le cours de la physique : il a trouvé une nouvelle manière surprenante de reformuler toute la théorie de la mécanique quantique.

Tout a commencé à l'époque où il était encore au lycée. Il adorait faire des calculs et résoudre des énigmes. L'une de ses caractéristiques était sa capacité à calculer rapidement et de plusieurs manières différentes la réponse à une énigme. S'il lui arrivait de rester bloqué dans une direction, il avait recours à des astuces mathématiques pour résoudre le problème d'une autre manière. Il était célèbre pour avoir déclaré que le but de tout physicien « est de prouver le plus tôt possible qu'il a tort ». En d'autres termes, il faut ravaler sa fierté et admettre que l'on se trouve peut-être dans une impasse, et le prouver le plus tôt possible, afin de pouvoir passer à l'idée suivante.

(En tant que chercheur en physique, je songe souvent à cette affirmation. À un certain moment, les physiciens peuvent être amenés à admettre que leur idée favorite est peut-être fausse et qu'ils devraient rapidement tenter une nouvelle approche.)

Comme le jeune Feynman était toujours en avance sur sa classe en sciences, son professeur au lycée a trouvé des moyens astucieux pour le divertir, afin qu'il ne s'ennuie pas. Il lui proposait des défis avec des leçons de physique curieuses, mais passionnantes.

Un jour, son professeur lui a fait découvrir ce qu'on appelle le « principe de moindre action », qui permet une réinterprétation radicale de toute la physique classique. L'enseignant lui a fait remarquer que si un ballon dévale une colline, il peut rouler d'un nombre infini de manières, et pourtant, il n'emprunte en réalité qu'un seul chemin. Comment sait-il quel chemin prendre ?

Trois cents ans plus tôt, Newton avait répondu à cette question. Il aurait dit : calculer les forces agissant sur le ballon à un instant donné, puis utiliser mes équations pour déterminer où il se déplacera à l'instant suivant. Répéter ensuite le processus. En reliant tous ces instants successifs de temps, microseconde après microseconde, on peut retracer tout son parcours.

Même aujourd'hui, trois cents ans plus tard, c'est ainsi que les physiciens prédisent le mouvement des étoiles, des planètes, des fusées, des boulets de canon et des balles de baseball. C'est la base fondamentale de la physique newtonienne. Presque toute la physique classique fonctionne de cette façon. Et la mathématique consistant à additionner tous ces mouvements incrémentaux s'appelle le « calcul infinitésimal », également inventé par Newton.

Mais ensuite, le professeur a proposé une manière étrange de voir les choses. Il a dit : dessinez *toutes* les trajectoires possibles que le ballon peut emprunter, même les plus étranges. Certaines de ces trajectoires peuvent être absurdes, par exemple un voyage sur la Lune ou sur Mars. Certaines peuvent même aller jusqu'aux confins de l'univers. Pour chaque trajectoire, calculez ce qu'on appelle l'« action ». (L'action est similaire à l'énergie du système. C'est l'énergie cinétique moins l'énergie potentielle.) La trajectoire du ballon sera alors celle qui présente la plus petite valeur pour l'action. En d'autres termes, l'on pourrait dire que la balle « détecte » toutes les trajectoires possibles, même les plus folles, puis « décide » de choisir celle où l'action est la plus faible.

En effectuant le calcul, on obtient exactement la même réponse que Newton. Feynman en a été stupéfait. Cette simple démonstration permettait de résumer toute la physique newtonienne sans équations différentielles compliquées : il suffisait de trouver la trajectoire comportant le moins d'action. Feynman était ravi, car il disposait désormais de deux méthodes équivalentes pour résoudre toute la mécanique classique.

En d'autres termes, dans l'ancien modèle newtonien, la trajectoire d'un ballon est uniquement déterminée par les forces agissant sur le ballon à ce point précis de l'espace et du temps. Les points éloignés n'affectent absolument pas le ballon. Mais dans ce nouveau schéma, le ballon est soudain « conscient » de toutes les trajectoires possibles qu'il peut emprunter et « décide » de prendre celle qui implique le moins d'action. Comment le ballon peut-il « savoir » analyser ces milliards de trajectoires et sélectionner la bonne ?

(Par exemple, pourquoi un ballon tombe-t-il par terre ? Newton dirait qu'une force gravitationnelle le pousse vers le sol, microseconde par microseconde. Une autre explication consiste à dire que la balle « détecte » tous les chemins possibles, puis décide de prendre celui de moindre action ou énergie, donc celui qui va tout droit vers le bas.)

Des années plus tard, lorsque Feynman effectuait ses travaux qui lui ont valu le prix Nobel, il est revenu sur cette approche qui datait du lycée. Le principe de moindre action fonctionnait pour la physique newtonienne classique. Pourquoi ne pas généraliser cet étrange résultat à la théorie quantique ?

La somme quantique de tous les chemins

Il s'est rendu compte que cela signifierait une énorme puissance de calcul pour un ordinateur quantique. Imaginons un labyrinthe. Une souris classique qui se trouverait à l'intérieur essaierait fastidieusement de nombreux chemins possibles, les uns après les autres, en séquence, ce qui est extrêmement lent. Mais si l'on place une souris quantique dans un labyrinthe, elle détecte simultanément tous les chemins possibles. Appliqué à un ordinateur quantique, ce principe augmente sa puissance de manière exponentielle.

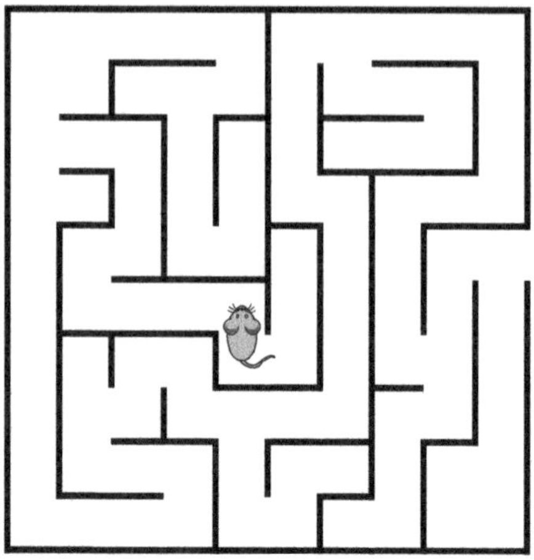

Figure 6 : La somme de tous les chemins
Une souris placée dans un labyrinthe classique doit choisir une direction à chaque intersection, il s'agit donc d'une seule décision à la fois. Mais une souris quantique placée dans un labyrinthe peut, d'une certaine manière, analyser simultanément tous les chemins possibles. C'est l'une des raisons pour lesquelles les ordinateurs quantiques sont exponentiellement plus puissants que les ordinateurs classiques ordinaires.

En conséquence, Feynman a réécrit la théorie quantique en fonction du principe de moindre action. Dans cette vision, les particules subatomiques « détectent » tous les chemins possibles. Sur chaque chemin, il a placé un facteur lié à l'action et à la constante de Planck. Ensuite, il a effectué la somme ou l'intégration de tous les chemins possibles. C'est ce qu'on appelle désormais l'« approche de l'intégrale de chemin » : elle consiste à additionner les données de tous les chemins qu'un objet peut emprunter.

À son grand étonnement, il a découvert qu'il pouvait en dériver l'équation de Schrödinger. En effet, il a compris qu'il pouvait résumer *toute* la physique quantique par ce simple principe.

Ainsi, des décennies après que Schrödinger a introduit son équation d'onde comme par magie, sans aucune dérivation, Feynman a réussi à unifier l'intégralité de la mécanique quantique, y compris l'équation de Schrödinger, en utilisant cette approche de l'intégrale de chemin.

Généralement, lorsque j'enseigne la mécanique quantique à des doctorants en physique, je commence par présenter l'équation de Schrödinger comme si elle sortait de nulle part, comme du chapeau d'un magicien. Lorsque les étudiants me demandent d'où vient cette équation, je hausse simplement les épaules et je leur réponds que l'équation existe, un point c'est tout. Mais plus tard dans le cours, lorsque nous discutons enfin des intégrales de chemin, je leur explique que toute la théorie quantique peut être reformulée à l'aide des intégrales de chemin de Feynman, en additionnant l'action de tous les chemins possibles, aussi farfelus soient-ils.

Non seulement j'utilise les intégrales de chemin de Feynman dans mon travail professionnel, mais il m'arrive également d'y penser chez moi, lorsque je traverse une pièce. Lorsque je me déplace sur un tapis, j'éprouve un sentiment étrange et inquiétant en songeant que de nombreuses copies de moi-même marchent également sur ce même tapis, et que chacune pense qu'elle est la seule à traverser la pièce. Certaines de ces copies sont même allées sur Mars, puis en sont revenues.

En tant que physicien, je travaille avec des versions relativistes de l'équation de Schrödinger, appelée « théorie quantique des champs », c'est-à-dire la théorie quantique des particules subatomiques à haute énergie. La toute première chose que je fais lorsque je calcule avec la théorie quantique des champs est de me conformer au principe de Feynman et de commencer par l'action.

Je calcule ensuite tous les chemins possibles pour obtenir les équations du mouvement. Ainsi, l'approche de l'intégrale de chemin de Feynman a en un certain sens englouti toute la théorie quantique des champs.

Mais cette méthode n'est pas qu'une astuce ; elle a également de profondes implications pour la vie sur Terre. Nous avons vu précédemment que les ordinateurs quantiques doivent être maintenus à un niveau de température proche du zéro absolu. Mais Mère Nature peut réaliser de merveilleuses réactions quantiques à température ambiante (par exemple la photosynthèse ou la fixation de l'azote pour les engrais). En physique classique, il y a tellement de bruit et de bousculades entre les atomes à température ambiante que de nombreux processus chimiques devraient être impossibles dans ces conditions. En d'autres termes, la photosynthèse contrevient aux lois de Newton.

Alors, comment Mère Nature résout-elle le problème de la décohérence, le problème le plus épineux des ordinateurs quantiques, pour permettre que la photosynthèse ait lieu à température ambiante ?

En faisant la somme de tous les chemins. Comme Feynman l'a montré, les électrons peuvent « détecter » tous les chemins possibles pour accomplir leur travail miraculeux. En d'autres termes, la photosynthèse, et par conséquent la vie elle-même, pourrait bien être un sous-produit de l'approche de l'intégrale de chemin de Feynman.

La machine quantique de Turing

En 1981, Feynman a déclaré que seul un ordinateur quantique peut véritablement simuler un processus quantique. Mais Feynman n'a pas précisé comment un ordinateur quantique pourrait être construit. Le suivant à reprendre le flambeau a été David Deutsch, de l'université d'Oxford. Entre autres réalisations, il a pu répondre à la question : peut-on appliquer la mécanique quantique à une machine de Turing ? Feynman avait fait allusion à ce problème, mais il n'avait jamais écrit les équations d'une machine quantique de Turing. Deutsch a ensuite fourni tous les détails. Il a même conçu un algorithme qui pourrait fonctionner sur cette hypothétique machine quantique de Turing.

Comme nous l'avons vu, une machine de Turing est un appareil classique simple, basé sur un processeur qui transforme le nombre d'une bande infiniment longue en un autre nombre et qui par conséquent effectue une série d'opérations mathématiques. La beauté d'une machine de Turing réside dans le fait qu'elle résume toutes les propriétés d'un ordinateur numérique sous une forme simple et compacte, qui peut ensuite être rigoureusement étudiée par des mathématiciens. L'étape suivante consiste à ajouter la théorie quantique à l'invention de Turing, ce qui permettrait aux scientifiques d'étudier de manière rigoureuse les propriétés étranges des ordinateurs quantiques. Deutsch pensait que, dans une machine quantique de Turing, on remplace un bit classique par un qubit quantique. Cela entraîne plusieurs changements importants.

Premièrement, les manipulations de base de la machine de Turing (par exemple le remplacement d'un 0 par un 1 et *vice versa*, et le déplacement de la bande vers l'avant ou vers l'arrière) restent sensiblement les mêmes. Mais les bits sont radicalement modifiés. Ils ne sont plus 0 ou 1. En fait, ils peuvent utiliser l'étrange propriété quantique de superposition (la capacité de se trouver dans deux états distincts en même temps) pour créer un qubit, qui peut prendre des valeurs comprises entre 0 et 1. Et comme tous les qubits d'une machine quantique de Turing sont intriqués, ce qui se produit sur un qubit peut influencer d'autres qubits distants. Enfin, pour obtenir un nombre à la fin du calcul, il faut « effondrer l'onde », afin que les qubits nous renvoient un ensemble de 0 ou de 1. Ainsi, nous pouvons obtenir de l'ordinateur quantique des nombres réels et des réponses réelles.

De la même manière que Turing a été en mesure de rendre rigoureux le domaine des ordinateurs numériques en introduisant les règles précises des machines de Turing, Deutsch a contribué à rendre rigoureux les fondements des ordinateurs quantiques. En définissant les bases de la manipulation des qubits, il a contribué à standardiser le travail sur les ordinateurs quantiques.

Les univers parallèles

Mais Deutsch n'est pas seulement connu pour avoir développé le concept des ordinateurs quantiques, il a également pris au sérieux les graves questions philosophiques qu'ils soulèvent. Dans l'interprétation habituelle de Copenhague de la mécanique quantique, il est nécessaire de faire une observation pour finalement déterminer où se trouve un électron. Avant qu'une observation soit effectuée, l'électron se trouve dans un mélange flou de plusieurs états. Mais lorsque l'état de l'électron est mesuré, la fonction d'onde

« s'effondre » comme par magie en un seul état physique. C'est ainsi que l'on obtient des réponses numériques d'un ordinateur quantique.

Mais cet « effondrement » obsède les physiciens quantiques depuis un siècle. Ce processus d'« effondrement » de l'onde semble tellement « extraterrestre », tellement compliqué et artificiel, et pourtant, c'est le processus crucial qui permet de quitter le monde quantique et d'entrer dans notre monde macroscopique. Pourquoi attire-t-il l'attention juste au moment où nous décidons de le regarder ? C'est le pont entre le monde quantique et le monde macroscopique, mais c'est un pont qui présente d'énormes trous philosophiques.

Pourtant, cela fonctionne. Et c'est absolument indéniable.

Mais de nombreux scientifiques éprouvent un certain malaise à l'idée que toute notre connaissance du monde repose sur des fondations incertaines, comme des dunes qui pourraient un jour être emportées par le vent. Au cours des dernières décennies, de nombreuses propositions ont été faites pour clarifier ce problème.

La plus choquante de ces propositions est probablement celle qui a été formulée en 1956 par Hugh Everett, un étudiant diplômé. Rappelons que la théorie quantique peut être résumée en quatre grands principes. Le dernier est le point de friction, où l'on « effondre » la fonction d'onde pour décider dans quel état se trouve le système. La proposition d'Everett est aussi audacieuse que controversée : sa théorie consiste simplement à *abandonner la dernière affirmation selon laquelle l'onde « s'effondre », de sorte qu'elle ne s'effondre jamais.* Chaque solution possible continue d'exister dans sa propre réalité, engendrant ainsi, selon la théorie, « des mondes multiples ».

À l'instar d'une rivière qui se divise en de nombreux bras plus petits, les différentes ondes de l'électron continuent de se propager allègrement, se divisant et se redivisant encore et encore, se ramifiant pour toujours dans d'autres univers. En d'autres termes, il existe un nombre infini d'univers parallèles dont aucun ne s'effondre jamais. Chaque branche de ce multivers semble réelle comme les autres, mais elles représentent *tous* les états quantiques possibles.

Le monde quantique et le monde macroscopique obéissent donc aux mêmes équations, puisqu'il n'y a plus d'effondrement ni de « mur » qui les sépare.

Par exemple, songeons à une vague océanique. À l'intérieur, elle se compose en réalité de milliers de vagues plus petites. L'interprétation de Copenhague consiste à sélectionner une seule de ces vagues plus petites et à rejeter le reste. Mais l'interprétation d'Everett, pour sa part, consiste à laisser toutes les vagues exister. Ensuite, les vagues continueront à se ramifier en vagues plus petites, qui à leur tour se ramifieront en encore plus de vagues.

Cette idée est très commode. Il n'y a pas lieu de craindre que les vagues « s'effondrent », car cela ne se produit jamais. Cette formulation est donc plus simple que l'interprétation standard de Copenhague. Elle est claire, élégante et remarquablement simple.

De nombreux mondes

Toutefois, les théories d'Everett et de Deutsch remettent en question la nature même de la réalité. La théorie des mondes multiples bouleverse notre conception même de l'existence. Ses conséquences sont stupéfiantes.

Par exemple, songez à toutes les fois où vous avez dû prendre une décision cruciale dans votre vie, par exemple pour quel emploi postuler, qui épouser, avoir ou non des enfants. On peut passer des heures lors d'un après-midi de farniente à imaginer tout ce qui aurait pu se passer. La théorie des mondes multiples stipule qu'il existe un univers parallèle contenant une copie de vous-même, vivant une histoire de vie totalement différente. Dans un univers, vous pourriez être un milliardaire envisageant votre prochaine aventure qui fera la une des journaux. Dans un autre univers, vous pourriez être un sans-abri qui se demande comment se procurer son prochain repas. Ou peut-être vivez-vous quelque part entre les deux, accomplissant un travail ennuyeux et fastidieux avec un revenu faible et régulier, mais sans avenir. Dans chaque univers, vous insistez sur le fait que votre univers est le vrai et que tous les autres sont faux. Imaginez maintenant cela à un niveau quantique. Chaque action atomique individuelle divise notre univers en multiples de lui-même.

Dans son poème *The Road Not Taken* (« La route que je n'ai pas prise »), Robert Frost parle d'un sujet auquel tout le monde a songé dans ses rêveries. Nous nous demandons ce qui aurait pu se passer à certains moments de notre vie où nous avons fait des choix cruciaux. Ces décisions capitales peuvent affecter nos vies à jamais. Il a écrit :

Deux routes se séparaient dans un bois jaune,
Et regrettant de ne pouvoir les emprunter toutes deux
Et de n'être qu'un seul voyageur, j'en suivis l'une
Du regard aussi loin que je pus,
Jusqu'à l'endroit où elle tourna dans les sous-bois.

Il a terminé son poème en affirmant que sa décision a eu des conséquences épiques sur sa vie, que le chemin le moins fréquenté a été un pivot. Il a conclu :

Je conterai ceci en soupirant,
D'ici des siècles et des siècles, quelque part :
Deux routes se séparaient dans un bois,
Et pour ma part, j'ai suivi la moins fréquentée
Et c'est cela qui changea tout.

Cela ne s'étend pas seulement à votre vie, mais au monde entier. Dans la série télévisée *Le Maître du Haut Château*, basée sur le roman de Philip K. Dick, l'univers s'est divisé en deux. Dans l'un des deux, un assassin tente de tuer Franklin D. Roosevelt, mais son arme s'enraie et Roosevelt survit, menant ensuite les Alliés à la victoire pendant la Seconde Guerre mondiale. Mais dans un autre univers, l'arme ne rate pas son tir et le président est tué. Un vice-président faible prend la relève et les États-Unis sont vaincus. Les nazis occupent alors la côte est des États-Unis, tandis que l'armée impériale japonaise s'empare de la côte ouest.

Ce qui sépare ces univers très différents et divergents est l'enrayage d'une seule balle. Mais les projectiles peuvent rater leur tir en raison de minuscules imperfections de leur propulseur chimique, peut-être causées par des défauts quantiques dans la structure moléculaire de l'explosif. Ainsi, un seul événement quantique peut séparer ces deux univers.

Malheureusement, l'idée d'Everett était si radicale et insolite qu'elle a été systématiquement ignorée par les physiciens pendant des décennies[1]. Ce n'est que récemment qu'elle a connu un regain d'intérêt et que les physiciens redécouvrent ses travaux.

Les nombreux mondes d'Everett

Hugh Everett III est né en 1930 dans une famille de militaires. Son père, qui a participé à son éducation après le divorce de ses parents, était lieutenant-colonel au sein de l'état-major pendant la Seconde Guerre mondiale. Après la guerre, il a été affecté en Allemagne de l'Ouest, où Hugh l'a rejoint.

Dès son plus jeune âge, il a manifesté un grand intérêt pour la physique. Il a même écrit une lettre à Einstein, qui a répondu à sa question sur un problème philosophique de longue date en ces termes :

Cher Hugh,

Il n'existe ni force irrésistible ni corps indéplaçable. Mais il semblerait qu'il existe un garçon têtu qui a victorieusement forcé sa voie à travers d'étranges difficultés créées par lui-même dans ce but.

Cordialement, A. Einstein.

À Princeton, il a enfin pu se consacrer à ses intérêts scientifiques, centrés sur deux domaines. Premièrement, la manière dont la science pourrait affecter les affaires militaires, par exemple en utilisant la théorie des jeux pour comprendre la guerre. Et deuxièmement, il a tenté de comprendre les paradoxes de la mécanique quantique. Son directeur de thèse était John Archibald Wheeler, celui-là même qui avait encadré Richard Feynman. Wheeler était l'un des « grands anciens » de la physique et avait travaillé avec Bohr et Einstein.

Everett n'était pas satisfait de l'interprétation traditionnelle de Copenhague de la mécanique quantique, selon laquelle la fonction d'onde « s'effondre » mystérieusement et détermine l'état du monde macroscopique dans lequel nous vivons.

Sa solution était radicale, mais également simple et élégante. Wheeler a immédiatement compris l'importance du travail de son élève, mais il était aussi réaliste. Il savait que cette théorie serait sèchement rejetée par l'establishment. Ainsi, à plusieurs reprises, Wheeler a demandé à Everett d'atténuer sa théorie, afin qu'elle ne paraisse pas aussi extravagante. Everett n'a pas du tout apprécié cela, mais comme il n'était qu'un étudiant diplômé, il a accepté d'effectuer ces modifications. Wheeler a parfois tenté de discuter de la théorie de son étudiant avec d'autres éminents physiciens, mais il a généralement reçu un accueil glacial.

En 1959, Wheeler a même organisé une rencontre entre Everett et Niels Bohr lui-même à Copenhague. Ce fut la dernière tentative de Wheeler pour faire reconnaître les travaux de son élève. Mais il était comme un agneau se jetant dans la fosse aux lions. La rencontre a été un désastre. Le physicien belge Léon Rosenfeld, qui était présent, a déclaré qu'Everett était « indescriptiblement [*sic*] stupide et incapable de comprendre les choses les plus simples de la mécanique quantique[2] ».

Everett se souviendra plus tard que cette rencontre a été « un enfer… et condamnée dès le départ ». Même Wheeler, qui avait tenté de donner à la théorie d'Everett une audience équitable parmi les meilleurs physiciens, a finalement abandonné la théorie, affirmant qu'elle portait « trop de bagages ».

Avec tous les plus grands noms de la physique alliés contre lui, il était très improbable qu'il parvienne à décrocher un emploi en physique théorique. Il a donc repris ses études militaires et a obtenu un emploi au sein du Groupe d'évaluation des systèmes d'armes du Pentagone (Pentagon's Weapons Systems Evaluation Group). C'est à partir de là qu'il a mené des recherches top secret sur les missiles Minuteman, la guerre nucléaire et les retombées radioactives, ainsi que sur les applications militaires de la théorie des jeux.

La renaissance des univers parallèles

Pendant les années où il a travaillé sur la guerre nucléaire, ses idées ont commencé à se propager lentement dans la communauté des physiciens. Un problème est survenu lorsque ces derniers ont tenté d'appliquer la mécanique quantique à l'univers tout entier, c'est-à-dire de créer une théorie quantique de la gravité.

En mécanique quantique, on commence par une onde qui décrit comment un électron peut se trouver en même temps dans plusieurs états parallèles. À la fin, l'observateur effectue une mesure depuis l'extérieur et réduit la fonction d'onde. Mais nous rencontrons des problèmes lorsqu'il s'agit d'appliquer ce processus à l'univers entier.

Einstein considérait l'univers comme une sorte de sphère en expansion. Nous vivons à la surface de cette sphère. C'est ce qu'on appelle la « théorie du Big Bang ». Mais si l'on applique la théorie quantique à l'univers tout entier, cela signifie que l'univers, tout comme l'électron, doit exister dans de nombreux états parallèles.

Par conséquent, si l'on tente d'appliquer la superposition à l'univers entier, *on se retrouve forcément avec des univers parallèles*, comme l'avait prédit Everett. En d'autres termes, le point de départ de la mécanique quantique est que l'électron peut se trouver dans deux états en même temps. Si nous appliquons la mécanique quantique à l'univers tout entier, cela signifie que l'univers doit également exister dans des états parallèles, c'est-à-dire dans des univers parallèles. Les univers parallèles sont donc inévitables.

Ainsi, des univers parallèles émergent nécessairement lorsque l'on tente de décrire l'univers entier en termes quantiques. Au lieu d'électrons parallèles, nous avons désormais des univers parallèles.

Mais cela laisse ouverte la question suivante : pouvons-nous visiter ces univers parallèles ? Pourquoi ne voyons-nous pas cette collection infinie d'univers parallèles, dont certains pourraient ressembler au nôtre, tandis que d'autres pourraient être étranges et absurdes ? (Et voici une question que l'on me pose souvent : cela signifie-t-il qu'Elvis est toujours vivant dans un autre univers ? La science moderne répond : peut-être.)

Des univers parallèles dans votre salon

Steve Weinberg, lauréat du prix Nobel de physique en 1979, m'a un jour expliqué comment comprendre mentalement la théorie des mondes multiples sans provoquer de court-circuit dans notre esprit. Imaginez, m'a-t-il dit, que vous êtes assis tranquillement dans votre salon, avec les ondes radio de diverses stations de radio du monde entier qui remplissent l'air. En principe, votre salon reçoit des centaines de signaux provenant de différentes stations de radio. Mais votre radio n'est réglée que sur une seule fréquence ; elle ne peut capter qu'une seule station, car vous ne vibrez plus en synchronisation avec les autres. En d'autres termes, votre radio s'est « décohérée » des autres ondes radio qui remplissent votre salon. Votre salon regorge de stations de radio différentes, mais vous ne pouvez pas les entendre, parce que vous n'êtes pas à leur écoute ou en cohérence avec elles.

Et maintenant, m'a-t-il dit, remplacez les ondes radio par des ondes quantiques d'électrons et d'atomes. Dans votre salon, il y a des ondes d'univers parallèles, c'est-à-dire des ondes de dinosaures, d'extraterrestres, de pirates, de volcans. Toutefois, vous ne pouvez plus interagir avec elles, car vous en avez décohéré. Vous ne vibrez plus à l'unisson avec les ondes de dinosaures. Ces univers parallèles ne se trouvent pas nécessairement dans l'espace ou dans une autre dimension. Ils pourraient se trouver dans votre salon. Il est donc possible d'entrer dans un univers parallèle, mais lorsque l'on calcule les chances que cela se produise, on constate qu'il faut attendre un temps incroyablement long pour que cela se produise.

Les personnes décédées dans notre univers pourraient en réalité être bien vivantes dans un univers parallèle, directement dans notre salon. Mais il est quasiment impossible d'interagir avec elles, car nous ne sommes plus en cohérence avec elles. Elvis est donc peut-être vivant, mais il enchaîne ses tubes dans un autre univers parallèle.

La probabilité d'entrer dans ces univers parallèles est quasiment nulle. Le mot-clé est « quasiment ». En mécanique quantique, tout se réduit à une probabilité. Par exemple, nous demandons parfois à nos doctorants de calculer la probabilité qu'ils se réveillent sur Mars le lendemain. En physique classique, la réponse est « jamais », car nous ne pouvons pas échapper à la barrière gravitationnelle qui nous maintient enracinés sur Terre. Mais dans le monde quantique, il est possible de calculer la probabilité de franchir la barrière gravitationnelle par un « tunnel » et de se réveiller sur Mars. (Lorsqu'on effectue réellement le calcul, on constate qu'il faut attendre plus longtemps que la durée de vie de l'univers pour que cela se produise, de sorte que demain, vous vous retrouverez très probablement dans votre lit.)

David Deutsch prend ces concepts ahurissants au sérieux. « Pourquoi les ordinateurs quantiques sont-ils si puissants ? » demande-t-il. Parce que les électrons calculent simultanément dans des univers parallèles. Ils interagissent et interfèrent les uns avec les autres *via* une intrication. Ils peuvent ainsi rapidement surpasser un ordinateur traditionnel qui calcule dans un seul univers.

Pour démontrer cela, il utilise un laser portable qu'il conserve dans son bureau. Il s'agit simplement d'une feuille de papier percée de deux trous. Il envoie un faisceau laser à travers les deux trous et trouve un magnifique motif d'interférence de l'autre côté. Cela est dû au fait que l'onde a traversé les deux trous simultanément et a interféré avec elle-même de l'autre côté, créant ainsi un motif d'interférence.

Cela n'a rien de nouveau.

Mais maintenant, dit-il, réduisez progressivement l'intensité du faisceau laser jusqu'à presque zéro. À la fin, on n'a plus de front d'onde, mais juste un seul photon passant à travers les deux trous. Or comment un seul photon de lumière peut-il traverser simultanément les deux trous ?

Selon l'interprétation habituelle de Copenhague, avant de mesurer le photon, celui-ci existe en réalité sous la forme de la somme de deux ondes, une pour chaque trou. Isoler un seul photon n'a aucun sens tant qu'il n'a pas été mesuré. Une fois qu'il a été mesuré, on sait par quel trou il est passé.

Everett n'aimait pas cette image, car elle signifiait qu'on ne pourrait jamais répondre à la question : par quel trou le photon est-il entré avant que nous le mesurions ? Appliquons maintenant cela aux électrons. Dans la théorie des mondes multiples d'Everett, l'électron est une particule ponctuelle qui est effectivement passée par un seul trou, mais dans un univers parallèle, il existe un autre électron jumeau qui est passé par l'autre trou. Ces deux électrons, dans deux univers différents, ont ensuite interagi l'un avec l'autre par intrication pour modifier la trajectoire de l'électron afin de créer le motif d'interférence.

En conclusion, un seul photon ne peut passer que par une seule fente, mais il peut néanmoins créer un motif d'interférence, car le photon peut interagir avec son équivalent se déplaçant dans un univers parallèle.

(Il est remarquable de noter que les physiciens débattent aujourd'hui encore de diverses interprétations de « l'effondrement » de la fonction d'onde. Mais aujourd'hui, non seulement les physiciens, mais aussi les écoliers sont épris de cette idée, car beaucoup de leurs superhéros préférés de bandes dessinées vivent dans le multivers. Lorsque leur superhéros préféré est dans le pétrin, son homologue d'un univers parallèle vient parfois à sa rescousse. La physique quantique est donc devenue un sujet d'actualité, même pour les enfants.)

Résumé de la théorie quantique

Résumons maintenant toutes les caractéristiques étranges de la théorie quantique qui rendent les ordinateurs quantiques possibles.

1. *Superposition*. Avant que vous observiez un objet, ce dernier existe dans de nombreux états possibles. Un électron peut donc se trouver à deux endroits en même temps. Cela augmente

considérablement la puissance d'un ordinateur, car l'on dispose d'un plus grand nombre d'états avec lesquels calculer.

2. *Intrication.* Lorsque deux particules sont en cohérence et qu'on les sépare, elles peuvent encore s'influencer. Cette interaction a lieu instantanément. Cela permet aux atomes de communiquer entre eux, même lorsqu'ils sont séparés. Cela signifie que la puissance des ordinateurs augmente de façon exponentielle à mesure que l'on ajoute de plus en plus de qubits qui peuvent interagir les uns avec les autres, bien plus rapidement que les ordinateurs ordinaires.

3. *Somme des chemins.* Lorsqu'une particule se déplace entre deux points, elle parcourt tous les chemins possibles reliant ces deux points. Le chemin le plus probable est le chemin classique non quantique, mais tous ces autres chemins contribuent également au chemin quantique final de la particule. Cela signifie que même des chemins extrêmement improbables peuvent se concrétiser. Peut-être que les chemins des molécules qui ont créé la vie sont devenus réels grâce à cet effet, rendant la vie possible.

4. *Effet tunnel.* Lorsqu'elle est confrontée à une grande barrière énergétique, une particule ne parvient normalement pas à la pénétrer. Mais en mécanique quantique, il existe une probabilité, faible, mais limitée, qu'elle puisse « creuser un tunnel » ou pénétrer à travers la barrière. C'est peut-être la raison pour laquelle les réactions chimiques complexes de la vie peuvent se dérouler à température ambiante, même sans grandes quantités d'énergie.

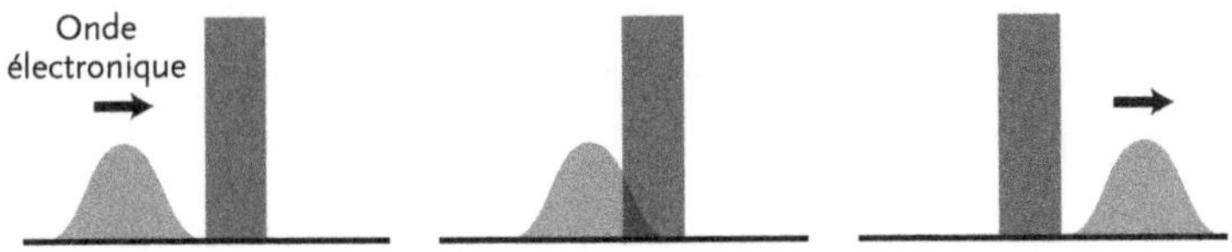

Figure 7 : Effet tunnel
Normalement, il est impossible pour une personne de traverser un mur de briques. Mais en mécanique quantique, il existe une probabilité faible, mais limitée, qu'elle puisse le « traverser par un tunnel ». Dans le monde subatomique, l'effet tunnel est monnaie courante et pourrait expliquer comment peuvent avoir lieu des réactions chimiques exceptionnelles qui rendent la vie possible.

La découverte de Shor

Jusque dans les années 1990, les ordinateurs quantiques étaient encore essentiellement un jouet pour les théoriciens. Ils n'existaient que dans l'esprit d'un groupe restreint, mais brillant de scientifiques, de vrais croyants et d'universitaires.

Mais au début des années 1990, le travail de Peter Shor chez AT&T a tout changé. Loin d'être une anecdote mineure évoquée avec désinvolture devant le distributeur de café, les ordinateurs quantiques sont soudain passés à l'ordre du jour des principaux gouvernements du monde. Les analystes de la sécurité, qui n'ont pas nécessairement besoin d'une formation en physique, sont désormais invités à décrypter les mystères de la théorie quantique.

Tous ceux qui ont vu un film de James Bond savent que le monde, avec sa multitude d'intérêts nationaux rivaux, voire hostiles, regorge d'espions et de codes secrets. C'est peut-être une exagération hollywoodienne, mais les joyaux de la Couronne de ces agences de sécurité sont les codes qu'elles emploient pour protéger leurs secrets nationaux les plus inestimables. Rappelons que le fait que Turing ait réussi à casser le code nazi Enigma a constitué un tournant historique, contribuant à raccourcir la durée de la guerre et à modifier le cours de l'histoire de l'humanité.

Jusque-là, les travaux sur les ordinateurs quantiques étaient hautement spéculatifs et restaient l'apanage des ingénieurs en électronique les plus ésotériques. Mais Shor a montré qu'il est possible pour un ordinateur quantique de casser n'importe quel code numérique actuellement utilisé, mettant ainsi en péril l'économie mondiale qui exige un secret absolu lors du transfert de milliards de dollars *via* Internet.

Le principal code pour les transmissions secrètes est la norme RSA et repose sur la factorisation d'un très grand nombre. Par exemple, commençons par 2 nombres de 100 chiffres chacun. Si on multiplie l'un par l'autre, on obtient 1 nombre approchant les 200 chiffres. Multiplier 2 nombres est une tâche facile.

Mais si quelqu'un vous donnait ce nombre à 200 chiffres pour commencer, et vous demandait de le factoriser (trouver les 2 nombres qui ont été multipliés ensemble pour le former), cela pourrait prendre des siècles, voire plus, pour y parvenir avec un ordinateur numérique. C'est ce qu'on appelle une « fonction de trappe ». Dans un sens, lors de la multiplication de 2 nombres, la fonction de trappe est facile. Mais dans l'autre sens, elle est très difficile. Les ordinateurs classiques et quantiques peuvent factoriser un grand nombre. En réalité, un ordinateur classique peut en principe calculer tout ce qu'un ordinateur quantique peut calculer, et *vice versa*, mais si les données sont trop complexes, la tâche peut dépasser les ordinateurs classiques.

Le principal avantage d'un ordinateur quantique est le temps. Bien que les ordinateurs classiques et quantiques soient tous deux capables d'effectuer certaines tâches, le temps qu'il faut aux ordinateurs classiques pour résoudre un problème difficile peut les rendre totalement inadaptés.

Le temps nécessaire à un ordinateur classique pour factoriser un grand nombre est prohibitif, ce qui rend impossible la percée de nos secrets. Mais un ordinateur quantique peut déchiffrer le code après un certain laps de temps, qui est encore assez long, mais peut-être juste assez court pour être utile.

Ainsi, lorsque des pirates tentent de s'introduire dans votre ordinateur, celui-ci leur demande de factoriser un nombre, pouvant contenir 200 chiffres. Compte tenu du temps que prendra ce processus, les pirates vont probablement abandonner. Si en revanche vous souhaitez qu'un destinataire précis lise la transmission, il vous suffit de lui indiquer au préalable les deux chiffres plus petits. Il pourra alors facilement déverrouiller le programme informatique protégeant le message.

L'algorithme RSA semble sécurisé pour l'instant, mais à l'avenir, il sera peut-être possible d'utiliser des ordinateurs quantiques pour factoriser ce nombre à 200 chiffres.

Pour voir comment cela fonctionne, examinons l'algorithme de Shor. Au fil des siècles, les mathématiciens ont conçu des algorithmes pour les aider à diviser un nombre en facteurs premiers, c'est-à-dire des nombres dont les seuls facteurs sont 1 et eux-mêmes. Par exemple, $16 = 2 \times 2 \times 2 \times 2$, car 2 ne peut être divisé que par lui-même et par 1.

L'algorithme de Shor commence par ces techniques standard connues des mathématiciens classiques pour factoriser un nombre arbitraire. Puis, vers la fin du processus, on effectue ce qu'on appelle une « transformée de Fourier ». Cela signifie faire la somme d'un facteur complexe, pour que le calcul se déroule normalement.

Mais dans le cas quantique, il nous faut additionner de très nombreux états, de sorte qu'il nous faut effectuer une transformée de Fourier quantique. Le résultat final montre que le calcul peut être effectué en un temps record, car nous avons beaucoup plus d'états avec lesquels travailler.

En d'autres termes, un ordinateur classique et un ordinateur quantique factorisent quasiment de la même manière, à la différence près que l'ordinateur quantique calcule simultanément de nombreux états, ce qui accélère considérablement le processus.

Considérons que N représente le nombre que nous souhaitons factoriser. Pour un ordinateur numérique ordinaire, le temps nécessaire pour factoriser un nombre augmente de manière exponentielle, comme $t \sim e^N$, multiplié par quelques facteurs sans importance. Le temps de calcul peut ainsi atteindre rapidement des durées astronomiques, comparables à l'âge de l'univers. Cela rend la factorisation d'un grand nombre possible, mais très peu réalisable sur un ordinateur conventionnel.

Mais si nous effectuons le même calcul en utilisant un ordinateur quantique, le temps de factorisation n'augmente que comme $t \sim N^n$, c'est-à-dire seulement comme un polynôme, car les ordinateurs quantiques sont infiniment plus rapides qu'un ordinateur numérique.

Mettre en échec l'algorithme de Shor

Lorsque la communauté du renseignement a pris pleinement conscience des implications de cette avancée, elle a commencé à prendre des mesures pour y faire face.

Tout d'abord, le National Institute of Standards and Technology (Institut national des normes et technologies), qui établit les normes techniques pour le gouvernement nord-américain, a publié une déclaration sur les ordinateurs quantiques, affirmant que la véritable menace que représentent les ordinateurs quantiques ne sera pas réelle avant plusieurs années. Mais le moment est venu de commencer à y songer. D'ici quelque temps, il sera peut-être trop tard pour réorganiser tout un secteur à brève échéance, lorsque les ordinateurs quantiques commenceront à déchiffrer les codes.

Ensuite, il suggère une mesure simple qui peut être prise par les entreprises pour faire partiellement face à cette menace. La manière la plus simple de traiter l'algorithme de Shor est simplement d'augmenter le nombre à factoriser. À terme, les ordinateurs quantiques pourront peut-être encore « casser » un code RSA modifié, mais cela retardera tout pirate informatique et rendra peut-être le coût de cette opération prohibitif.

Toutefois, la manière la plus directe de résoudre ce problème consiste à concevoir des fonctions de trappe plus sophistiquées. L'algorithme RSA est trop simple pour dérouter un ordinateur quantique, c'est pourquoi le rapport du NIST mentionne plusieurs nouveaux algorithmes plus complexes que le code RSA initial. Cependant, ces nouvelles fonctions de trappe ne sont pas faciles à mettre en œuvre. Il reste à déterminer si elles pourront stopper les ordinateurs quantiques.

Le gouvernement a exhorté les entreprises et les agences à prendre des mesures pour se préparer à ce cataclysme numérique. Aux États-Unis, le NIST a publié des lignes directrices sur la manière de préparer le terrain afin de lutter contre cette nouvelle menace pour la sécurité nationale.

Mais dans le pire des cas, les gouvernements et les grandes institutions pourraient employer le dernier recours, qui consiste à utiliser la cryptographie quantique pour vaincre les ordinateurs quantiques, c'est-à-dire utiliser la puissance du quantique contre lui-même.

Un Internet par laser

À l'avenir, les messages top secret pourraient être envoyés sur un canal Internet distinct, transportés par des faisceaux laser et non pas par des câbles électriques. Les faisceaux laser sont polarisés, ce qui signifie que les ondes vibrent dans un seul plan. Lorsqu'un criminel tente de s'introduire dans le faisceau laser, cela modifie la direction de polarisation du laser, ce qui est instantanément détecté par un moniteur. De cette façon, grâce aux lois de la théorie quantique, vous savez que quelqu'un s'est introduit dans votre communication.

Ainsi, si un criminel tente d'intercepter une transmission, cela déclenchera inévitablement la sonnette d'alarme. Cela nécessite cependant un Internet séparé, basé sur les lasers, pour transmettre les secrets nationaux les plus importants, et cela représenterait une solution coûteuse.

Cela pourrait signifier qu'à l'avenir, Internet pourrait comporter deux niveaux. Certaines organisations, telles que les banques, les grandes entreprises et les gouvernements, pourraient payer un supplément pour envoyer des messages sur un Internet par laser, dont la sécurité est garantie, tandis que « Monsieur Tout-le-Monde » utiliserait l'Internet ordinaire, qui ne comporte pas cette couche de protection supplémentaire et coûteuse.

Ce problème de sécurité a également donné naissance à une nouvelle technologie appelée « distribution quantique de clés » (*quantum key distribution*, ou QKD), qui transfère les clés de cryptage à l'aide de qubits intriqués, afin que l'on puisse détecter immédiatement si quelqu'un pirate votre réseau[3]. La société japonaise Toshiba a déjà prédit que la QKD pourrait générer jusqu'à 3 milliards de dollars de revenus d'ici la fin de cette décennie.

Pour le moment, ce sujet est en attente. Nombreux sont ceux qui espèrent que cette menace a été exagérée. Mais cela n'a pas empêché les plus grandes entreprises mondiales de se lancer dans une course pour déterminer quelle technologie dominera l'avenir.

Au-delà de la cybermenace, il y a des mondes totalement nouveaux à conquérir avec les ordinateurs quantiques, et les entreprises se bousculent désormais pour avoir la main sur cette technologie aussi émergente que passionnante.

Le vainqueur pourrait même être en mesure de façonner l'avenir.

5.

LA COURSE EST ENGAGÉE

Certains des plus grands noms de la Silicon Valley parient désormais sur le cheval qui remportera cette course. Il est encore trop tôt pour dire lequel ce sera, mais l'enjeu n'est rien de moins que l'avenir de l'économie mondiale.

Pour comprendre comment se déroule cette course, il est important de considérer qu'il existe plus d'une seule architecture informatique qui fonctionnera. Rappelons que la machine de Turing repose sur des principes généraux applicables à un large éventail de technologies. Ainsi, il est possible de fabriquer un ordinateur numérique à partir de conduites d'eau et de vannes. Le composant essentiel est un système capable de transporter des informations numériques caractérisées par une série de 0 et de 1, ainsi qu'un moyen de traiter ces informations.

De la même façon, les ordinateurs quantiques peuvent également avoir un large éventail de conceptions possibles. Fondamentalement, tout système quantique capable de superposer des états de 0 et de 1 et de les intriquer afin de pouvoir traiter cette information peut devenir un ordinateur quantique. Les électrons et les ions qui tournent vers le haut ou vers le bas pourraient servir à cet effet, tout comme les photons polarisés qui tournent dans le sens des aiguilles d'une montre ou dans le sens inverse. Étant donné que la théorie quantique régit toute la matière et l'énergie de l'univers, il existe potentiellement des milliers de manières de construire un ordinateur quantique. Au cours d'un après-midi de farniente, un physicien peut imaginer d'innombrables façons de représenter la superposition de 0 et de 1 pour créer un tout nouvel ordinateur quantique.

Alors, à quoi ressemblent ces différentes conceptions et quels sont les avantages et les inconvénients de chacune ? Comme nous l'avons vu, les entreprises et les gouvernements investissent des milliards dans cette technologie, et la conception qu'ils choisiront peut déterminer celui qui dominera cette course. Pour le moment, IBM est en tête du peloton avec 433 qubits, mais comme dans une course de chevaux, le classement final peut changer à tout moment.

Nom	Producteur	Qubits
Osprey	IBM	433
Jiuzhang	China	76
Bristlecone	Google	72
Sycamore	Google	53
Tangle Lake	Intel	49

IBM a lancé l'ordinateur quantique Osprey de 433 qubits en novembre 2022 et l'ordinateur quantique Condor de 1 121 qubits en décembre 2023. Dario Gil, vice-président senior d'IBM et directeur de sa division de recherche, a déclaré : « Nous pensons que nous serons bientôt en mesure de faire la démonstration de la supériorité des ordinateurs quantiques – en particulier de leur utilité pratique. C'est notre but[1]. » Et justement, IBM a déclaré publiquement que son objectif était de construire à terme un ordinateur quantique de 1 million de qubits.

Alors, comment fonctionne leur conception de pointe et comment se présente la concurrence ?

L'ordinateur quantique supraconducteur

À l'heure actuelle, l'ordinateur quantique supraconducteur est la référence de la puissance de calcul. En 2019, Google a été le premier à se lancer en annonçant qu'il avait atteint la suprématie quantique avec son processeur quantique supraconducteur Sycamore.

Cependant, IBM n'était pas loin derrière et a ensuite pris de l'avance avec son processeur quantique Eagle, qui a franchi la barrière des 100 qubits en 2021 et a depuis lors développé le processeur Osprey de 433 qubits.

Figure 8 : L'ordinateur quantique
Un ordinateur quantique comme celui présenté ici ressemble souvent à un grand lustre. La majeure partie du matériel complexe de cette photo est constituée des tuyaux et des pompes nécessaires pour refroidir le cœur jusqu'à une température proche du zéro absolu. Le véritable cœur d'un ordinateur quantique peut être aussi petit qu'une pièce de 25 cents, et est situé au bas de la photo.

Les ordinateurs quantiques supraconducteurs présentent un énorme avantage : ils peuvent utiliser une technologie courante, développée par l'industrie informatique numérique. Les entreprises de la Silicon Valley ont consacré des décennies à maîtriser l'art de graver de minuscules circuits sur des plaquettes de silicium. Au sein de chaque puce, il est possible de représenter les chiffres 0 et 1 par la présence ou l'absence d'électrons dans le circuit.

L'ordinateur quantique supraconducteur repose lui aussi sur cette technologie. Lorsqu'on abaisse la température à une fraction de degré au-dessus du zéro absolu, les circuits suivent la mécanique quantique, c'est-à-dire qu'ils deviennent cohérents, de sorte que la superposition des électrons n'est pas perturbée. Ensuite, en réunissant différents circuits, on peut les intriquer, afin que les calculs quantiques soient possibles.

En revanche, l'inconvénient de cette approche est qu'un ensemble complexe de tubes et de pompes est nécessaire pour refroidir la machine. Cela en augmente également le coût et engendre la possibilité de nouvelles complications et erreurs. La moindre vibration ou impureté peut faire disparaître la cohérence des circuits. Une personne qui éternue à proximité peut faire échouer une expérience.

Les scientifiques mesurent cette sensibilité par ce qu'on appelle le « temps de cohérence », c'est-à-dire la durée pendant laquelle les atomes continuent de vibrer ensemble de manière cohérente. En général, plus la température est basse, plus le mouvement des atomes dans l'environnement est lent et plus le temps de cohérence est long. Le refroidissement des machines à des températures encore plus basses que celles de l'espace maximise le temps de cohérence.

Cependant, comme il est impossible d'atteindre le zéro absolu, des erreurs se glisseront inévitablement dans le calcul. Tandis qu'il n'y a pas à s'en soucier pour un ordinateur numérique ordinaire, cela devient un casse-tête majeur pour l'ordinateur quantique. Cela signifie que l'on ne peut pas se fier totalement aux résultats, et cela pourrait constituer un problème sérieux si des milliards de dollars de transactions sont en jeu.

Une solution à ce problème consiste à sécuriser chaque qubit avec une série de qubits, ce qui crée une redondance et réduit les erreurs du système. Par exemple, admettons qu'un ordinateur quantique effectue un calcul avec 3 qubits soutenant chaque qubit et produise la chaîne de nombres 101 ; étant donné que les valeurs ne correspondent pas toutes, il est fort probable que le chiffre central soit erroné et doive être remplacé par un 1. La redondance peut réduire les erreurs dans le résultat final, mais au prix d'une augmentation considérable du nombre de qubits dans le système.

Certains ont suggéré qu'il faudrait peut-être 1 000 qubits pour sécuriser un seul qubit, afin que cet ensemble de qubits puisse corriger les erreurs qui s'infiltrent dans le calcul. Mais cela signifie que pour un ordinateur quantique de 1 000 qubits, il faut 1 million de qubits.

Il s'agit d'un chiffre énorme qui amènera la technologie à ses limites, mais Google estime qu'un processeur de 1 million de qubits pourrait être réalisable d'ici dix ans.

L'ordinateur quantique à piège à ions

L'ordinateur quantique à piège à ions est lui aussi un candidat. Si l'on prend un atome électriquement neutre et qu'on lui retire quelques électrons, on obtient un ion chargé positivement. Un ion peut être suspendu dans un piège constitué d'une série de champs électriques et magnétiques, et lorsque plusieurs ions sont intégrés, ils vibrent comme des qubits cohérents. Par exemple, si l'axe des électrons tourne vers le haut, l'état est un 0. S'il tourne vers le bas, c'est un 1. Ainsi, le résultat dû aux étranges effets du monde quantique est une superposition de deux états.

Ensuite, des faisceaux de micro-ondes ou de laser peuvent frapper ces ions, les renversant et les faisant changer d'état. Ces faisceaux agissent donc comme un processeur, transformant une configuration d'atomes en une autre, tout comme le processeur d'un ordinateur numérique fait basculer les transistors entre les états « on » et « off ».

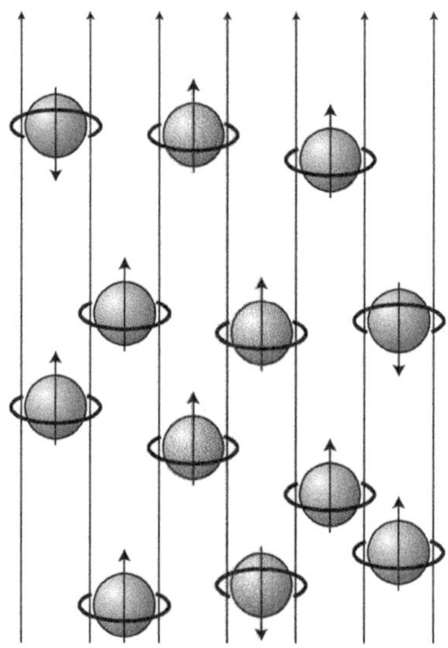

Figure 9 : L'ordinateur quantique à ions
Les atomes peuvent tourner à la manière d'une toupie et être alignés sur un champ magnétique. Si un atome tourne vers le haut, il peut représenter le chiffre 0. S'il tourne vers le bas, il peut représenter un 1. Mais les atomes peuvent aussi exister dans une superposition de ces deux états. Un calcul est effectué en frappant ces atomes avec un laser, qui peut inverser les rotations et échanger les 0 et les 1, permettant ainsi d'effectuer un calcul.

C'est peut-être la manière la plus transparente de voir comment un ordinateur quantique émerge d'une série d'électrons aléatoires. Honeywell est l'un des principaux promoteurs de ce modèle.

Dans un ordinateur quantique à piège à ions, les atomes sont maintenus dans un état proche du vide, suspendus par un ensemble complexe de champs électriques et magnétiques capables d'absorber des mouvements aléatoires. Le temps de cohérence peut donc être beaucoup plus long que dans un ordinateur quantique supraconducteur, et l'ordinateur à ions peut effectivement fonctionner à des températures plus élevées que ses rivaux. Mais un problème réside cependant dans la mise à l'échelle, c'est-à-dire lorsqu'on tente d'augmenter le nombre de qubits. La mise à l'échelle est assez difficile, car il faut continuellement réajuster les champs électriques et magnétiques pour maintenir la cohérence, ce qui représente un processus fort complexe.

Les ordinateurs quantiques photoniques

Peu de temps après que Google a affirmé avoir atteint la suprématie quantique, les Chinois ont annoncé qu'ils avaient franchi une barrière encore plus élevée en effectuant en deux cents secondes un calcul qui exigerait un demi-milliard d'années de la part d'un ordinateur numérique.

Lorsque le physicien quantique Fabio Sciarrino de l'université La Sapienza de Rome a appris la nouvelle, il s'est souvenu : « Ma première impression a été : waouh[2] ! » Leur ordinateur quantique, au lieu de calculer sur des électrons, calcule sur des faisceaux de lumière laser.

L'ordinateur quantique photonique exploite le fait que la lumière peut vibrer dans différentes directions, c'est-à-dire dans des états polarisés. Par exemple, un faisceau lumineux peut vibrer verticalement vers le haut et le bas, ou latéralement, vers la gauche et la droite. (Si l'on achète des lunettes de soleil avec des verres polarisés pour atténuer l'éblouissement du Soleil à la plage, on profite de ce principe. Par exemple, le verre polarisé peut comporter une série de rainures parallèles dans le sens vertical, ce qui bloque la vibration de la lumière du Soleil dans le sens horizontal.) Ainsi, le chiffre 0 ou 1 peut être représenté par une lumière vibrant dans différentes directions polarisées.

L'ordinateur quantique photonique commence par envoyer un faisceau laser sur un séparateur de faisceaux, qui est un simple morceau de verre finement poli à un angle de 45 degrés. En le frappant, le faisceau laser se divise en deux, la moitié allant vers l'avant et l'autre moitié étant réfléchie latéralement. L'aspect important ici est que les deux faisceaux sont chacun cohérents et vibrent à l'unisson l'un avec l'autre.

Puis les deux faisceaux cohérents peuvent frapper deux miroirs polis, qui réfléchissent ensuite les deux faisceaux vers un point commun, où les deux photons sont intriqués l'un dans l'autre. C'est ainsi que l'on peut créer un qubit. Ainsi, le faisceau résultant est désormais une superposition de deux photons intriqués. Imaginons maintenant le plateau d'une table composé de centaines de séparateurs de faisceaux et de miroirs, qui intriquent une série de photons cohérents. C'est ainsi que l'ordinateur quantique optique réalise ses prouesses miraculeuses. L'ordinateur photonique chinois a été capable de calculer avec 76 photons intriqués se déplaçant dans 100 canaux.

Mais les ordinateurs photoniques présentent un sérieux inconvénient : ils sont constitués d'un ensemble incommode de miroirs et de séparateurs de faisceaux qui peuvent facilement occuper énormément d'espace. Pour chaque problème, il faut réorganiser l'ensemble complexe de miroirs et le séparateur de faisceaux dans une configuration différente. Ce n'est pas une machine polyvalente que l'on peut programmer pour effectuer des calculs instantanés. Après chaque calcul, il faut la démonter et en réorganiser précisément les composants, ce qui est très chronophage. De plus, comme les photons n'interagissent pas facilement avec d'autres photons, il est difficile de créer des qubits de complexité croissante.

Cependant, l'utilisation de photons plutôt que d'électrons présente plusieurs avantages pour un ordinateur quantique. Tandis que les électrons réagissent fortement avec la matière ordinaire parce qu'ils sont chargés (de sorte que les perturbations de l'environnement peuvent être assez importantes), les photons ne sont pas chargés et subissent donc beaucoup moins de bruit venant de l'environnement. En fait, les faisceaux lumineux peuvent traverser d'autres faisceaux lumineux avec un minimum de perturbations. Les photons sont aussi beaucoup plus rapides que les électrons, et voyagent dix fois plus vite que les signaux électriques.

Mais le grand avantage de l'ordinateur photonique, qui pourrait à terme contrebalancer d'autres facteurs, est qu'il peut fonctionner à température ambiante. Il n'y a nul besoin de pompes ni de tubes coûteux pour abaisser la température jusqu'à un niveau proche du zéro absolu, ce qui fait rapidement grimper les coûts.

Comme les ordinateurs photoniques fonctionnent à température ambiante, leur temps de cohérence est assez court. Mais cela est compensé par le fait que les faisceaux laser peuvent avoir une énergie élevée, de sorte que les calculs peuvent être effectués beaucoup plus vite que le temps de cohérence, si bien que les molécules de l'environnement apparaissent comme si elles se déplaçaient au ralenti. Cela réduit le nombre d'erreurs générées par les interactions avec l'environnement. À long terme, les avantages liés à des taux d'erreur plus faibles et à des coûts réduits pourraient dépasser ceux d'autres types d'ordinateurs quantiques.

Récemment, une start-up canadienne dénommée Xanadu a présenté son ordinateur quantique photonique, qui possède un avantage certain. Il est basé sur une puce minuscule (et non pas sur une table remplie de matériel optique) qui manipule la lumière laser infrarouge à travers un labyrinthe microscopique de séparateurs de faisceaux. Contrairement à la conception chinoise, la puce Xanadu est programmable, et son ordinateur est disponible sur Internet. Cependant, elle ne dispose que de 8 qubits et nécessite encore des congélateurs supraconducteurs. Mais comme l'a déclaré Zachary Vernon de Xanadu : « Pendant longtemps, la photonique a été considérée comme un outsider dans la course à l'informatique quantique… Avec ces résultats… il devient manifeste que la photonique n'est pas un outsider, mais bien l'un des principaux compétiteurs[3]. » L'avenir nous le dira.

Les ordinateurs photoniques sur silicium

Récemment, une nouvelle entreprise s'est jointe à la course et a suscité de vives controverses. PsiQuantum, une toute nouvelle start-up, a convaincu les investisseurs de sa conception d'ordinateur photonique sur silicium et a surpris Wall Street en obtenant une valorisation stupéfiante de 3,1 milliards de dollars. Elle a réussi cela sans jamais produire de prototype ni de projet de démonstration montrant que ce système fonctionne réellement.

Le grand avantage des ordinateurs photoniques sur silicium serait qu'ils peuvent utiliser les méthodes éprouvées et perfectionnées par l'industrie des semi-conducteurs. De fait, PsiQuantum a conclu un partenariat avec GlobalFoundries, l'un des trois principaux fabricants de puces les plus en avance au monde. Cette alliance avec une société de haute technologie réputée a valu à cette jeune entreprise une reconnaissance immédiate à Wall Street.

L'une des raisons pour lesquelles PsiQuantum a suscité autant d'attention médiatique est qu'elle a présenté le plan d'avenir le plus ambitieux à ce jour. L'entreprise affirme que d'ici le milieu de ce siècle, elle créera un ordinateur optique sur silicium de 1 million de qubits qui aura des applications pratiques. Elle estime que ses concurrents, qui se sont concentrés sur les ordinateurs quantiques dotés d'environ 100 qubits, sont beaucoup trop conservateurs, car ils se concentrent sur de modestes avancées graduelles. Elle espère avancer à pas de géant dans l'avenir, et dépasser ses rivaux plus prudents et timides.

L'une des clés de son programme réside dans la double nature du silicium. Le silicium peut non seulement être utilisé pour fabriquer des transistors et donc contrôler le flux d'électrons, mais il peut également être utilisé pour transmettre la lumière, car il est transparent à certaines fréquences du rayonnement infrarouge. Cette double nature est cruciale pour l'intrication des photons.

L'un des principaux arguments de vente est la capacité de résoudre le problème de la correction des erreurs. Comme des erreurs s'infiltrent dans tout calcul en raison des interactions avec l'environnement, il faut intégrer la redondance dans le système en créant des qubits redondants. Avec 1 million de qubits, on estime pouvoir commencer à contrôler ces erreurs, afin que de véritables calculs pratiques puissent être effectués sur l'ordinateur.

5. Les ordinateurs quantiques topologiques

Le concurrent inattendu de cette course est la conception de Microsoft, qui utilise des processeurs topologiques.

Comme nous l'avons vu, un problème majeur auquel sont confrontés plusieurs des systèmes précédents est que la température doit être maintenue proche du zéro absolu. Mais selon la théorie quantique, il existe un autre moyen que les pièges à ions et les systèmes photoniques pour créer un ordinateur quantique. Un système peut rester stable à température ambiante s'il conserve certaines propriétés topologiques particulières constamment préservées. Imaginons un morceau de corde circulaire avec un nœud dedans. Si vous n'êtes pas autorisé à couper la corde, peu importe vos efforts, le nœud ne pourra pas en être retiré. La topologie de la corde (la forme, dans ce cas le nœud) ne pourra être modifiée par aucune manipulation autre que sa coupe. De même, les physiciens tentent de trouver des systèmes physiques qui préservent la topologie du système, quelle que soit la température. S'ils étaient découverts, cela réduirait considérablement les coûts et augmenterait la stabilité d'un ordinateur quantique. Avec un tel système, des qubits cohérents pourraient être créés à partir de ces configurations topologiques.

En 2018, des physiciens de l'université de technologie de Delft, aux Pays-Bas, ont annoncé avoir découvert un matériau doté de ces propriétés, les nanofils d'antimoniure d'indium. Ce matériau est né d'une série complexe d'interactions entre de nombreuses substances constitutives et était donc « émergent ». Il a été appelé « quasi-particule mode zéro de Majorana ». Les médias l'ont présenté comme un matériau magique qui serait stable, y compris à température ambiante. Microsoft a même généreusement sorti son chéquier et a entrepris d'installer un nouveau laboratoire quantique sur le campus.

Alors qu'il semblait qu'un progrès de la plus haute importance avait été réalisé, un autre groupe a annoncé qu'il ne parvenait pas à reproduire ce résultat. Après un examen attentif, le groupe de Delft a annoncé qu'il s'était peut-être un peu trop empressé d'interpréter ses résultats et a rétracté sa publication.

Les enjeux sont si élevés que même les physiciens commencent à croire leurs communiqués de presse. Cependant, d'autres objets topologiques sont encore à l'étude, tels que les anyons, si bien que cette approche est toujours considérée comme viable.

6. Les ordinateurs quantiques D-Wave

Il existe actuellement un dernier type d'ordinateur quantique qu'on appelle « recuit quantique », développé par la société D-Wave, basée au Canada. Bien qu'elle n'utilise pas toute la puissance des ordinateurs quantiques, la société D-Wave affirme pouvoir produire des machines pouvant atteindre 5 600 qubits, bien au-delà du nombre trouvé dans d'autres modèles concurrents, et envisage de proposer des ordinateurs avec plus de 7 000 qubits dans quelques années. Jusqu'à présent, un certain nombre d'entreprises de premier plan ont acheté des ordinateurs D-Wave, qui sont vendus sur le marché libre entre 10 et 15 millions de dollars. Citons notamment Lockheed Martin, Volkswagen, la société japonaise NEC, le Los Alamos National Laboratory et la NASA. Apparemment, les ordinateurs quantiques D-Wave excellent dans un domaine : l'optimisation. Les entreprises souhaitant optimiser certains paramètres de leur activité (par exemple réduction des déchets, maximisation de l'efficacité, augmentation des profits) ont investi dans cette technologie. Les ordinateurs D-Wave peuvent optimiser les données en utilisant des champs magnétiques et électriques pour manipuler les courants circulant dans des fils supraconducteurs, jusqu'à ce qu'ils atteignent l'état d'énergie le plus bas.

En résumé, il existe une concurrence intense entre les entreprises et même entre les gouvernements pour gagner une longueur d'avance sur cette nouvelle technologie. Le rythme des progrès dans ce domaine a été stupéfiant. Chaque grande entreprise informatique possède son propre programme d'ordinateur quantique. Des prototypes ont déjà fait leurs preuves et sont même vendus sur le marché.

Mais le prochain grand défi pour les ordinateurs quantiques consiste à résoudre des problèmes pratiques du monde réel qui pourraient modifier les orientations de secteurs entiers de l'industrie. Les scientifiques et les ingénieurs se concentrent sur des problèmes qui dépassent de loin la portée des ordinateurs numériques.

L'objectif est d'utiliser les ordinateurs quantiques pour résoudre les plus gros problèmes scientifiques et technologiques.

L'un des objectifs de la recherche est de découvrir les processus quantiques à l'origine de la vie, ce qui contribuera à percer le mystère de la photosynthèse, à nourrir la planète, à fournir de l'énergie à la société et à guérir des maladies incurables.

DEUXIÈME PARTIE

LES ORDINATEURS QUANTIQUES ET LA SOCIÉTÉ

6.

L'ORIGINE DE LA VIE

Chaque culture a sa propre mythologie sur l'origine de la vie. Les gens se sont souvent demandé ce qui pourrait bien expliquer la richesse et la diversité glorieuses qui règnent sur Terre. Dans la Bible, par exemple, Dieu a créé les cieux et la Terre en six jours. Il a créé l'homme à son image à partir de poussière, puis lui a insufflé la vie. Il a créé toutes les plantes et tous les animaux pour servir l'humanité.

Dans la mythologie grecque, il n'y avait au début qu'un Chaos sans forme et vide. Mais de cet immense vide sont nés des dieux, tels Gaïa, déesse de la Terre, Éros, dieu de l'amour, et Éther, dieu de la lumière. L'union de Gaïa et d'Uranus, le dieu du firmament, donna alors naissance aux créatures qui ont peuplé la Terre.

L'origine de la vie est probablement l'un des plus grands mystères de tous les temps. Cette question a été au cœur des discussions religieuses, philosophiques et scientifiques plus qu'aucune autre. Tout au long de l'histoire, bon nombre des penseurs parmi les plus éminents ont cru qu'il existait une mystérieuse « force vitale », capable d'animer ce qui est inanimé. En fait, de nombreux scientifiques croyaient à ce qu'on appelle la « génération spontanée », selon laquelle la vie pouvait surgir d'elle-même comme par magie à partir de la matière inanimée.

Au cours du XIXe siècle, les scientifiques ont réussi à rassembler de nombreux indices sur l'origine de la vie. Des expériences minutieuses menées par Louis Pasteur et d'autres ont montré de manière concluante que la vie ne pouvait pas être générée spontanément, contrairement à la croyance générale. Il a montré qu'en faisant bouillir de l'eau, on pouvait créer un environnement stérile qui empêcherait les organismes de se développer spontanément.

Aujourd'hui encore, il reste de nombreuses lacunes dans notre compréhension de l'apparition de la vie sur Terre, il y a près de quatre milliards d'années. En fait, les ordinateurs numériques sont inutiles pour analyser au niveau atomique les processus biologiques et chimiques fondamentaux qui pourraient nous éclairer sur ce problème. Même le processus moléculaire le plus simple peut très vite dépasser les capacités d'un ordinateur numérique. Cependant, la mécanique quantique pourrait aider à expliquer bon nombre de ces lacunes et à percer les mystères de la vie. Les ordinateurs quantiques sont parfaitement adaptés à la résolution de ce problème et commencent maintenant à découvrir certains des secrets les plus profonds de la vie au niveau moléculaire.

Deux découvertes

Deux découvertes monumentales ont été faites dans les années 1950 et ont déterminé le programme des recherches suivantes sur les origines de la vie. La première s'est produite en 1952, lorsqu'un étudiant diplômé, Stanley Miller, qui travaillait sous la direction d'Harold Urey à l'université de Chicago, a réalisé une expérience toute simple. Il a commencé par un flacon d'eau, auquel il a ajouté un mélange toxique de produits chimiques, notamment du méthane, de l'ammoniac, de l'eau, de l'hydrogène et d'autres substances, qui, selon lui, imitaient l'atmosphère hostile de la Terre primitive. Afin d'ajouter de l'énergie au système (simulant peut-être des éclairs ou le rayonnement UV du Soleil), il a ajouté une petite étincelle électrique. Puis il s'est éloigné de l'expérience durant une semaine.

À son retour, il a trouvé un liquide rouge à l'intérieur du flacon. Après un examen attentif, il s'est rendu compte que cette coloration était causée par des acides aminés, qui sont les constituants de base des protéines de notre corps. En d'autres termes, les ingrédients de base de la vie se sont constitués sans aucune interférence extérieure.

Depuis lors, cette expérience simple a été répétée et modifiée des centaines de fois, offrant aux scientifiques un aperçu révélateur des réactions chimiques lointaines qui ont pu engendrer la vie. On peut par exemple imaginer que les substances chimiques toxiques trouvées dans les cheminées hydrothermales au fond des océans auraient pu fournir les éléments de base nécessaires à la création des premières substances chimiques de la vie et que ces cheminées volcaniques auraient pu ensuite fournir l'énergie nécessaire pour transformer ces substances chimiques en acides aminés nécessaires à la vie. En effet, certaines des cellules les plus primitives de la planète se trouvent à proximité de ces cheminées volcaniques sous-marines.

Aujourd'hui, nous constatons à quel point il est facile de créer les éléments constitutifs de la vie. Des acides aminés ont été découverts dans des nuages de gaz éloignés de plusieurs années-lumière ou à l'intérieur de météorites venues de l'espace. Les acides aminés à base de carbone pourraient constituer les germes de la vie dans tout l'univers. Et tout cela grâce aux simples propriétés de liaison de l'hydrogène, du carbone et de l'oxygène, comme le prédit l'équation de Schrödinger.

Ainsi, il devrait être possible d'appliquer la mécanique quantique pour découvrir, étape par étape, les processus quantiques à l'origine de la vie sur Terre. La théorie quantique élémentaire nous aide à comprendre pourquoi l'expérience de Miller a été si concluante et pourrait ouvrir la voie à des découvertes plus fondamentales dans le futur.

Premièrement, en utilisant la mécanique quantique, on peut calculer l'énergie nécessaire pour rompre les liaisons chimiques du méthane, de l'ammoniac, etc., afin de créer des acides aminés. Les équations de la mécanique quantique nous montrent qu'une étincelle électrique comme celle de l'expérience de Miller possède suffisamment d'énergie pour réaliser cela. De plus, cela nous montre que si l'énergie d'activation nécessaire pour rompre ces liaisons chimiques était beaucoup plus importante, la vie ne serait jamais apparue.

Deuxièmement, nous observons que le carbone possède six électrons. Deux d'entre eux se trouvent dans l'orbitale de premier niveau et les quatre autres se trouvent individuellement dans les quatre espaces des orbitales de deuxième niveau. Cela laisse de la place pour quatre liaisons chimiques. Un élément à quatre liaisons est rare parmi les éléments chimiques du tableau périodique. Mais les règles de la mécanique quantique permettent à cette structure de créer de longues chaînes complexes de carbone, d'oxygène et d'hydrogène, créant ainsi les acides aminés.

Troisièmement, ces réactions chimiques ont lieu dans l'eau, H_2O, qui agit comme un creuset où différentes molécules se rencontrent et forment des substances chimiques plus complexes.

En utilisant la mécanique quantique, on constate que la molécule d'eau a la forme de la lettre L, et on peut calculer que les deux atomes d'hydrogène forment un angle de 104,5 degrés l'un par rapport à l'autre. Cela signifie que la molécule d'eau a une charge électrique nette inégalement répartie autour de la molécule. Cette charge électrique est suffisamment importante pour briser les liaisons faibles d'autres substances chimiques, de sorte que l'eau peut dissoudre de nombreux éléments chimiques.

Ainsi, nous voyons que la mécanique quantique de base peut créer les conditions nécessaires à la vie. Mais la question suivante est : pouvons-nous aller au-delà de l'expérience de Miller et voir si la théorie quantique peut créer de l'ADN ? Et au-delà de cela, les ordinateurs quantiques peuvent-ils être appliqués au génome humain pour déchiffrer les secrets de la maladie et du vieillissement ?

Qu'est-ce que la vie ?

La deuxième découverte provient directement de la mécanique quantique. En 1944, Erwin Schrödinger, déjà célèbre pour son équation d'onde, a écrit un livre capital, intitulé *What Is Life?* (« Qu'est-ce que la vie ? »), Dans ce document, il affirme de manière étonnante que la vie elle-même est un sous-produit de la mécanique quantique et que le schéma directeur de la vie est codé dans une molécule inconnue. À une époque où de nombreux scientifiques croyaient encore qu'une mystérieuse « force vitale » animait toute matière vivante, il a affirmé que la vie pouvait être expliquée par une application de la physique quantique. En examinant les solutions de son équation d'onde, il a émis l'hypothèse que la vie pourrait naître des mathématiques pures, sous la forme d'un code transmis par cette mystérieuse molécule.

C'était une idée choquante. Mais deux jeunes scientifiques, le physicien Francis Crick et le biologiste James Watson, y ont vu un défi. Si la base de la vie pouvait être trouvée dans une molécule, alors leur tâche serait de découvrir cette molécule et de prouver qu'elle porte le code de la vie.

« À partir du moment où j'ai lu *Qu'est-ce que la vie ?* de Schrödinger, je me suis mis en tête de découvrir le secret du gène[1] », se souvient Watson. Ils ont considéré que la molécule de la vie, telle qu'envisagée par Schrödinger, devait être cachée dans le matériel génétique du noyau de la cellule, dont une grande partie est composée d'une substance chimique appelée « ADN ». Mais comme les molécules organiques telles que l'ADN sont petites (même plus petites que la longueur d'onde de la lumière visible) au point d'être invisibles, leur tâche semblait ardue. Alors, pour trouver cette molécule mythique, ils ont choisi une méthode indirecte, utilisant le processus de cristallographie aux rayons X, une technique basée sur la théorie quantique.

Contrairement à la lumière visible, les rayons X peuvent avoir une longueur d'onde aussi petite que celle des atomes. Si les rayons X sont ensuite projetés à travers un cristal constitué de milliards et de milliards de molécules disposées dans un certain maillage, les rayons X diffusés forment un motif d'interférence distinct, qui peut être photographié. Après un examen attentif, un physicien qualifié peut étudier les plaques photographiques pour déterminer quel motif cristallin a produit ces images.

En jetant un coup d'œil aux photographies aux rayons X de l'ADN prises par Rosalind Franklin, Crick et Watson ont vu un motif qui, selon eux, devait avoir été créé par une double hélice.

Sachant que la structure globale de l'ADN est une double hélice, comme deux escaliers qui s'enroulent l'un autour de l'autre, ils ont pu reconstituer toute la structure de l'ADN, atome par atome.

La mécanique quantique leur a donné les angles formés par des liaisons contenant des atomes de carbone, d'hydrogène et d'oxygène. Ainsi, comme des enfants construisant un jeu de Lego, ils ont pu reconstruire la structure atomique complète de l'ADN et expliquer comment il était capable de se copier lui-même et de fournir les instructions nécessaires à tout développement biologique.

Cette découverte a modifié la nature même de la biologie et de la médecine. Au siècle précédent, Charles Darwin avait été capable de dessiner l'Arbre de Vie, dont toutes les branches représentent la riche diversité des formes. Cet immense Arbre de Vie a été mis en mouvement par une seule molécule. Et, comme l'avait imaginé Schrödinger, tout cela peut être considéré comme une conséquence des mathématiques.

Lorsqu'ils ont décodé la molécule d'ADN, ils ont découvert qu'elle était constituée de quatre groupes d'atomes, appelés « acides nucléiques ». Ces quatre acides nucléiques, appelés A, C, T et G, sont disposés dans une séquence linéaire pour former deux longues lignes parallèles, qui s'entrelacent ensuite à la manière d'un escalier en colimaçon pour créer la molécule d'ADN. (Un brin d'ADN est invisible, mais s'il était déployé, cette molécule unique mesurerait environ 2 mètres de long.) Quand vient le moment de la reproduction, les deux brins d'ADN se déroulent et se séparent en deux brins d'acides nucléiques. Ensuite, chaque brin agit comme un modèle, attrapant les autres atomes dans le bon ordre, de sorte que chaque brin simple redevienne un brin double. C'est ainsi que la vie peut se reproduire.

Nous disposions désormais de l'architecture permettant de créer la molécule d'ADN en utilisant les mathématiques de la théorie quantique. Mais déterminer la forme de base de la molécule d'ADN était, dans un certain sens, la partie la plus facile. La partie la plus difficile consiste à déchiffrer les milliards de codes cachés au sein de la molécule.

C'est comme si vous essayiez de comprendre la musique et que vous ayez enfin appris à jouer quelques notes sur le clavier d'un piano. Cela ne fait pas de vous un Mozart. Apprendre quelques notes n'est que le début d'un très long voyage.

Physique et biotechnologie

L'une des personnes qui ont joué un rôle de premier plan dans cet effort visant à séquencer tous nos gènes est Walter Gilbert, biochimiste de Harvard et lauréat du prix Nobel de chimie. Lorsque je l'ai interviewé, il m'a avoué que ce domaine ne faisait pas partie de son plan de carrière initial. En effet, il avait commencé à travailler à Harvard en tant que professeur de physique, étudiant le comportement des particules subatomiques générées dans de puissants accélérateurs. Travailler sur la biologie était la dernière chose à laquelle il aurait songé.

Mais peu à peu, il s'est mis à réfléchir autrement. Tout d'abord, il s'est rendu compte à quel point il serait difficile d'obtenir un poste à Harvard avec autant de concurrence. Le domaine de la physique des particules comptait de nombreux chercheurs brillants avec lesquels il devrait rivaliser. Or son épouse travaillait pour James Watson, qu'il avait rencontré auparavant à l'université de Cambridge. Il s'est donc familiarisé avec le travail de pionnier réalisé dans le nouveau domaine de la biotechnologie, qui était en plein essor, avec un fourmillement d'idées et de découvertes. Intrigué, il s'est retrouvé à partager son temps entre les équations obscures des particules élémentaires et les travaux de biologie.

C'est alors qu'il a fait le plus gros pari de sa carrière.

En tant que professeur de physique, il a fait le grand écart en passant de la physique théorique des particules élémentaires à la biologie. Mais son pari a été gagnant, puisqu'en 1980, il a remporté le prix Nobel de chimie. Entre autres réalisations, il a été l'un des premiers à développer une technique rapide de lecture de la molécule d'ADN, gène par gène.

Il faut dire que sa formation en physique lui a été très utile. Traditionnellement, la plupart des départements de biologie étaient peuplés de spécialistes d'un animal ou d'une plante. Certains passaient leur vie à trouver et à donner des noms aux espèces nouvellement découvertes. Mais soudain, des découvertes ont été réalisées par les physiciens quantiques utilisant le calcul avancé. Sa maîtrise du langage hermétique et complexe de la mécanique quantique l'a aidé à faire la découverte qui a modifié notre compréhension des bases moléculaires de la vie.

Il a ensuite contribué à donner une impulsion au projet de décryptage du génome humain. En 1986, lors d'un discours à Cold Spring Harbor à New York, il a évalué le coût de cette entreprise ambitieuse et sans précédent à 3 milliards de dollars. « Le public était abasourdi, se souvient Robert Cook-Deegan, auteur de *The Gene Wars* ("La guerre des gènes"). Les prévisions de Gilbert ont provoqué un tollé. » De l'avis de beaucoup, ce montant était incroyablement faible. Lorsqu'il a fait cette surprenante prédiction, seule une poignée de gènes avaient été séquencés. De nombreux scientifiques pensaient même que le génome humain resterait à jamais inaccessible.

Mais ce montant a été retenu pour le budget approuvé par le Congrès pour le projet de décryptage du génome humain. La technologie progressait si vite que le projet a été achevé plus tôt que prévu et en deçà du budget, du jamais-vu à Washington. (Je lui ai demandé comment il était arrivé à ce montant. Il s'était rendu compte qu'il y avait trois milliards de paires de bases dans notre ADN, et il a estimé que le séquençage d'une paire de bases finirait par coûter 1 dollar.)

Gilbert a même prédit qu'à l'avenir, « vous pourrez vous rendre dans une pharmacie et obtenir votre propre séquence d'ADN sur un CD, que vous pourrez ensuite analyser chez vous sur votre Macintosh… [Vous] pourrez sortir un CD de [votre] poche et déclarer "Voici un être humain ; c'est moi !" ».

Une personne qui a été profondément influencée par tout cela est Francis Collins, l'ancien directeur des National Institutes of Health. Il est aujourd'hui l'un des médecins les plus influents de la médecine. Des millions de personnes l'ont vu à la télévision parler des derniers rebondissements de la pandémie de Covid-19.

J'ai demandé à Collins comment il avait été amené à s'intéresser à la biologie, alors qu'au départ, il avait étudié la chimie. Il m'a avoué que la biologie lui avait toujours semblé terriblement « désordonnée », avec tant de noms arbitraires pour tant d'animaux et de plantes. Il trouvait que tout cela n'avait ni queue ni tête. Dans la chimie, il voyait l'ordre, la discipline et des modèles qui pouvaient être étudiés et reproduits. Il a donc enseigné la chimie physique, en utilisant l'équation de Schrödinger pour expliquer le fonctionnement interne des molécules.

Toutefois, il a fini par se rendre compte qu'il s'était trompé de domaine. La chimie physique était bien établie, avec des principes et des concepts parfaitement connus.

C'est alors qu'il a commencé à reconsidérer la biologie. Tandis qu'en biologie, les scientifiques donnaient d'étranges noms grecs à d'obscurs insectes et animaux, le domaine de la biotechnologie débordait de nouvelles idées et de nouveaux concepts. C'était un territoire inexploré et vierge pour les nouveaux arrivants.

Il a consulté d'autres personnes, dont Walter Gilbert, qui lui a raconté comment il était passé de la physique des particules élémentaires au séquençage de l'ADN. Ce dernier a encouragé Collins à faire de même.

Collins a donc franchi le Rubicon et ne l'a jamais regretté. Il se souvient : « Je me suis dit : “Oh mon Dieu, c'est ici que se déroule le véritable âge d'or !” Je redoutais d'enseigner la thermodynamique à un groupe d'étudiants qui détestaient radicalement ce sujet. Alors que ce qui se passait en biologie ressemblait à la mécanique quantique dans les années 1920… J'ai été absolument stupéfié. »

Très vite, Collins s'est fait un nom. En 1989, il a découvert la mutation génétique responsable de la mucoviscidose. Il a découvert qu'elle est causée par la délétion de seulement trois paires de bases dans l'ADN (de ATCTTT à ATT).

Il est devenu l'administrateur médical le plus important des États-Unis. Mais il a insufflé son propre style à Washington. Il se rendait au travail à moto. Et il n'a jamais caché ses convictions religieuses. Il a même écrit un best-seller : *De la génétique à Dieu – La confession de foi d'un des plus grands scientifiques.*

Les trois étapes de la biotechnologie

En un sens, Gilbert et Collins représentent certaines des étapes du développement de ce domaine.

Première étape : cartographie du génome

Lors de la première étape, Walter Gilbert et d'autres ont réussi à mener à bien le projet du génome humain, l'une des entreprises scientifiques les plus importantes de tous les temps. Toutefois, le catalogue du génome humain ressemble à un dictionnaire comportant vingt mille entrées, mais aucune définition. En soi, c'est une réalisation monumentale, mais elle est également inutile.

Deuxième étape : détermination de la fonction des gènes

Au cours de la deuxième étape, Francis Collins et d'autres ont tenté de rédiger des définitions pour ces gènes. En séquençant des maladies, des tissus, des organes, etc., on parvient à répertorier de manière fastidieuse la façon dont ces gènes fonctionnent. C'est un processus extrêmement lent, mais peu à peu, le dictionnaire se remplit.

Troisième étape : modification et amélioration du génome

Mais maintenant, nous entrons progressivement dans la troisième étape, où nous pouvons utiliser ce dictionnaire pour devenir nous-mêmes des écrivains. Cela signifie utiliser des ordinateurs quantiques pour déchiffrer le fonctionnement de ces gènes au niveau moléculaire, afin de pouvoir concevoir de nouvelles thérapies et créer de nouveaux outils pour lutter contre les maladies incurables. Une fois que nous aurons compris comment ces maladies infligent leurs dommages au niveau moléculaire, nous pourrons peut-être utiliser ces connaissances pour concevoir de nouvelles techniques permettant de les neutraliser ou de les guérir.

Le paradoxe de la vie

Tandis que nous tentons de retracer l'origine de la vie, nous sommes encore et toujours confrontés à un paradoxe flagrant. Comment des événements chimiques aléatoires ont-ils pu créer les molécules extrêmement complexes de la vie et en si peu de temps ?

Les géologues estiment que la Terre a 4,6 milliards d'années. Pendant près d'un milliard d'années, elle était en fusion, donc trop chaude pour accueillir la vie. En raison des impacts répétés de météorites et des éruptions volcaniques, les anciens océans ont probablement bouilli à plusieurs reprises, rendant la vie impossible. Mais il y a 3,8 milliards d'années, la Terre s'est peu à peu suffisamment refroidie au point de permettre la formation d'océans. Étant donné que l'on pense que l'ADN est apparu il y a environ 3,7 milliards d'années, cela signifie qu'en quelques centaines de millions d'années, l'ADN a soudain fait son apparition, accompagné des processus chimiques qui lui permettent d'utiliser de l'énergie et de se reproduire.

Certains scientifiques estiment que cela est impossible. Fred Hoyle, l'un des grands pionniers de la cosmologie, pensait qu'étant donné la rapidité avec laquelle l'ADN semblait être apparu, il n'y avait pas eu assez de temps pour que la vie se forme sur Terre, de sorte qu'elle provenait forcément de l'espace. On sait que les roches et les nuages de gaz dans l'espace lointain contiennent des acides aminés, alors peut-être que la vie est apparue ailleurs.

C'est ce qu'on appelle la « théorie de la panspermie » et récemment, de nouvelles preuves ont ravivé l'intérêt qu'elle suscite. En examinant la teneur en minéraux et les minuscules bulles d'air emprisonnées à l'intérieur de météorites, on constate une concordance exacte avec les roches trouvées sur Mars par nos sondes spatiales. Sur les 60 000 météorites découvertes jusqu'à présent, au moins 125 d'entre elles ont été identifiées de manière concluante comme provenant de Mars.

Par exemple, une météorite appelée ALH 84001 est tombée sur le pôle Sud il y a treize mille ans. Elle a probablement été projetée dans l'espace par un impact de météorite il y a seize millions d'années, puis elle a dérivé jusqu'à finalement tomber sur Terre. L'analyse microscopique de l'intérieur de cette météorite révèle la présence de certaines structures ressemblant à des vers. (Même aujourd'hui, il y a un débat sur la question de savoir si ces structures sont d'anciennes créatures multicellulaires fossilisées ou un phénomène naturel.) Si les roches peuvent voyager de Mars à la Terre, alors, pourquoi pas l'ADN ?

On pense aujourd'hui qu'il pourrait y avoir des dizaines d'astéroïdes dérivant entre Mars, Vénus, la Lune et la Terre, où les impacts de météorites ont été suffisamment importants pour envoyer des roches dans l'espace et finir par atterrir sur une autre planète. On ne peut pas exclure que l'ADN provienne d'ailleurs que de la Terre.

Il existe cependant une autre explication à cette énigme.

Comme nous l'avons vu, la théorie quantique permet à plusieurs mécanismes d'accélérer considérablement un processus chimique. La méthode de l'intégrale de chemin dont nous avons parlé précédemment fait la somme de tous les chemins possibles dans une réaction chimique, y compris les plus improbables.

Des chemins qui sont interdits par les règles newtoniennes habituelles sont possibles avec la mécanique quantique. Certains d'entre eux pourraient conduire à la création de structures moléculaires complexes.

Nous savons aussi que les enzymes peuvent accélérer les processus chimiques. Elles peuvent réunir des substances chimiques pour qu'elles réagissent rapidement, puis abaisser le seuil énergétique, afin qu'elles puissent traverser la barrière énergétique. Cela signifie que même des réactions chimiques hautement improbables peuvent devenir réalité. Des réactions qui semblent contrevenir à la conservation de l'énergie peuvent être autorisées en vertu de la théorie quantique.

En d'autres termes, la mécanique quantique pourrait expliquer pourquoi la vie est apparue si tôt sur la planète Terre. Avec l'avènement des ordinateurs quantiques, on espère que bon nombre des lacunes dans notre compréhension de la vie pourront être comblées.

Chimie computationnelle et biologie quantique

Les progrès fulgurants des ordinateurs quantiques ont donné naissance à de nouvelles sciences appelées « chimie computationnelle » et « biologie quantique ». Enfin, les ordinateurs quantiques permettent de créer des modèles réalistes de molécules, permettant aux scientifiques de voir, atome par atome, nanoseconde par nanoseconde, comment se déroulent les réactions chimiques.

Par exemple, imaginons que nous utilisons un livre de recettes pour préparer un repas. Il est pratique de simplement suivre ses instructions, étape par étape, mais nous n'avons aucune idée de la manière dont les saveurs et les ingrédients interagissent pour obtenir un délicieux repas. Si nous nous écartons du livre de recettes, il nous faudra procéder par essais, erreurs et tâtonnements. Cela prendrait du temps et nous conduirait à de nombreuses impasses. Mais c'est à peu près ainsi que l'on fait de la chimie aujourd'hui.

Imaginons maintenant que nous puissions analyser tous les ingrédients au niveau moléculaire. En principe, il pourrait être possible de créer de nouvelles recettes délicieuses à partir de principes de base, si l'on sait comment les molécules interagissent les unes avec les autres. C'est l'espoir des ordinateurs quantiques : pouvoir comprendre l'interaction des gènes, des protéines et des substances chimiques au niveau moléculaire.

Jeannette M. Garcia, chercheuse chez IBM, déclare : « À mesure que les molécules grossissent, elles sortent très rapidement du domaine de ce qu'il nous est possible de simuler avec des ordinateurs classiques[2]. »

Par ailleurs, elle a écrit que « prédire le comportement de molécules, même simples, avec une précision totale dépasse les capacités des ordinateurs les plus puissants. C'est là que l'informatique quantique offre une possibilité de progrès significatifs dans les années à venir[3] ». Elle fait remarquer que les ordinateurs numériques ne peuvent calculer de manière fiable que le comportement d'une paire d'électrons. Au-delà, le calcul dépasse les capacités de n'importe quel ordinateur classique, à moins que des approximations drastiques ne soient faites.

Elle ajoute : « Les ordinateurs quantiques en sont désormais au point où ils peuvent commencer à modéliser les propriétés énergétiques et physiques de petites molécules, telles que l'hydrure de lithium, offrant ainsi la possibilité de modèles qui ouvriront des voies de découverte plus claires que celles dont nous disposons actuellement. »

Linghua Zhu de Virginia Tech déclare : « Les atomes sont quantiques, l'ordinateur est quantique, nous utilisons le quantique pour simuler le quantique. Lorsque nous utilisons des méthodes classiques, nous recourons toujours à des approximations, mais avec un ordinateur quantique, il est possible de savoir exactement comment chaque atome interagit avec les autres[4]. »

Prenons l'exemple d'un artiste qui tente de peindre une copie de la *Joconde*. Si on ne lui donne que des cure-dents, il en résultera un dessin rudimentaire. Des lignes droites ne peuvent pas restituer la complexité de la forme humaine. Mais si vous lui donnez un stylo à plume fine de différentes couleurs, il pourra créer une multitude de formes courbes qui pourront former une copie raisonnable de ce célèbre tableau. En d'autres termes, il faut des lignes courbes pour simuler des lignes courbes. De même, seul un ordinateur quantique peut appréhender la complexité des systèmes quantiques, tels que les substances chimiques et les éléments constitutifs de la vie.

Pour illustrer comment cela fonctionne, revenons à l'équation d'onde de Schrödinger, mentionnée au chapitre 3. Rappelons que nous avons introduit une quantité appelée H (le hamiltonien) qui représente l'énergie totale du système étudié. Cela signifie que, pour les grosses molécules, cette quantité est constituée de la somme d'un grand nombre de termes, tels que :

- l'énergie cinétique de chaque électron et de chaque noyau ;
- l'énergie électrostatique de chaque particule ;
- l'interaction entre toutes les particules ;
- les effets de la rotation.

Si nous étudions le système le plus simple possible – l'atome d'hydrogène avec un seul électron et un seul proton –, ce problème peut être résolu avec précision dans n'importe quel cours de physique de première année. La dérivation ne nécessite guère plus que des calculs de troisième année. Pourtant, pour un système aussi simple, nous obtenons une véritable mine d'or de résultats, par exemple l'ensemble des niveaux d'énergie de l'atome d'hydrogène.

Mais si nous n'avons que deux électrons représentant l'atome d'hélium, les choses se compliquent très rapidement, car nous avons désormais des interactions complexes entre les deux électrons. Pour trois électrons ou plus, cela devient vite incontrôlable pour les ordinateurs numériques. Un grand nombre d'approximations doivent donc être faites pour obtenir des résultats raisonnablement précis. Les ordinateurs quantiques pourraient être utiles à cet égard.

À titre d'exemple, en 2020, il a été annoncé que l'ordinateur Sycamore de Google a établi un nouveau record : il a été capable de simuler avec précision une chaîne de douze atomes d'hydrogène à l'aide de 12 qubits.

« C'est un résultat qui nous enthousiasme énormément, car il s'agit de plus du double du nombre de qubits et du nombre d'électrons de toutes les simulations de chimie quantique réalisées jusqu'ici, et avec le même niveau de précision[5] », a déclaré Ryan Babbush, membre de l'équipe qui a établi ce nouveau record.

L'ordinateur quantique a également été capable de modéliser une réaction chimique impliquant de l'hydrogène et de l'azote, même si l'on déplace l'emplacement de l'un des atomes d'hydrogène. Babbush a ajouté : « Cela montre qu'en réalité, cet appareil est un ordinateur quantique numérique totalement programmable qui peut être utilisé pour n'importe quelle tâche. »

Garcia a conclu : « Les ordinateurs de construction classique ne sont tout simplement pas capables de gérer le niveau de complexité de substances aussi courantes que la caféine. » Pour elle, l'avenir est quantique.

Mais ces premières réalisations n'ont fait qu'aiguiser l'appétit des scientifiques quantiques. Ils sont impatients de s'attaquer à des projets encore plus ambitieux, tels que la photosynthèse, qui constitue le fondement de la vie sur Terre. Le secret de la manière d'exploiter la lumière du Soleil pour créer cette abondance de fruits et de légumes que nous voyons tout autour de nous pourrait un jour être percé par les ordinateurs quantiques. C'est pourquoi la prochaine cible pourrait bien être la photosynthèse, l'un des processus quantiques les plus importants de la planète.

7.

POUR UN MONDE PLUS VERT

Lorsque je me promène dans une forêt dense par une belle journée de printemps, je suis absolument fasciné par cette végétation verdoyante, luxuriante et vibrante qui m'entoure et par l'explosion de fleurs délicates, partout où se posent mes yeux. Où que je regarde, je vois cet arc-en-ciel de couleurs vives. Je vois la vie jaillir de toute part, avec des plantes absorbant avidement la lumière du Soleil et convertissant cette énergie en toute cette abondance.

Mais je suis également bouleversé de réaliser que je suis témoin d'un phénomène qui se déroule depuis plus de 3 milliards d'années, un processus qui rend littéralement possible une vie complexe sur Terre. Le moteur de la vie sur cette planète est la photosynthèse, un processus d'une simplicité trompeuse par lequel les plantes convertissent le dioxyde de carbone, la lumière du Soleil et l'eau en sucre et en oxygène. Il est stupéfiant de réaliser que la photosynthèse crée 15 000 tonnes de biomasse par seconde, qui permettent de recouvrir la Terre d'une végétation verdoyante.

La vie serait inconcevable sans la photosynthèse et pourtant, malgré tous les progrès scientifiques, les biologistes ne savent toujours pas exactement comment ce processus vital se déroule.

Certains d'entre eux pensent que, comme la capture d'un photon d'énergie par photosynthèse est efficace à près de 100 %, il s'agit forcément d'un processus de mécanique quantique. (Mais si l'on calcule l'efficacité globale de la transformation de la lumière en produit final de combustible et de biomasse, qui nécessite une série d'étapes complexes et de réactions chimiques élaborées, alors l'efficacité finale chute à 1 %.) Si un jour, les ordinateurs quantiques parviennent à élucider le secret de la photosynthèse, il deviendra possible de fabriquer des cellules photovoltaïques avec une efficacité presque parfaite, faisant ainsi de l'ère solaire une réalité. Nous pourrions également augmenter le rendement des cultures pour nourrir une planète affamée. Peut-être pourrait-on modifier la photosynthèse pour permettre aux plantes de prospérer même dans des environnements hostiles. Ou, si un jour nous entreprenons la colonisation de Mars, il sera peut-être possible de modifier la photosynthèse, afin que la végétation puisse prospérer sur la planète rouge.

Une voie de recherche étonnante est la photosynthèse artificielle, qui pourrait un jour nous donner une « feuille artificielle », une forme de photosynthèse plus polyvalente qui pourrait rendre les plantes globalement plus efficaces. Nous oublions quelquefois que la photosynthèse est le produit final de milliards d'années de processus chimiques totalement aléatoires et chaotiques, et qu'elle a développé ces propriétés remarquables par pur hasard. Ainsi, une fois que les ordinateurs quantiques auront élucidé le mystère de la photosynthèse au niveau quantique, nous pourrons peut-être améliorer et modifier la manière dont les plantes poussent. Des milliards d'années d'évolution végétale pourraient être concentrées en quelques mois sur un ordinateur quantique.

Par exemple, Graham Fleming, du Kavli Energy NanoScience Institute de Berkeley, déclare : « Je veux vraiment savoir comment la nature fonctionne dans les premières étapes de la photosynthèse. Nous pourrions alors exploiter ces connaissances pour créer des systèmes artificiels présentant toutes les caractéristiques positives des systèmes naturels sans qu'ils aient à produire de graines, à maintenir la vie ou à se défendre contre les insectes qui les dévorent[1]. »

Tout au long de l'histoire, les plantes sont restées un mystère. Elles semblaient s'épanouir d'elles-mêmes, n'ayant besoin d'eau qu'occasionnellement. Depuis l'Antiquité, on croyait que les plantes poussaient en mangeant le sol. Ce n'est qu'au milieu du XVIIe siècle que cette vision a changé. Jan van Helmont, un scientifique belge, a mesuré le poids d'une plante et de son sol. À sa grande surprise, il a constaté que le poids du sol ne changeait absolument pas avec le temps. Il en a conclu que les plantes poussaient grâce à l'eau.

Plus tard, le chimiste Joseph Priestley a mené des expériences plus approfondies, dont une dans laquelle il a placé une plante dans un bocal de verre avec une bougie. Il a constaté que la bougie s'éteignait rapidement si elle était laissée seule, mais qu'elle pouvait continuer à brûler en présence de la plante, car cette dernière utilisait le dioxyde de carbone présent dans l'air et fournissait de l'oxygène à la bougie.

Au début du XIXe siècle, les biologistes ont commencé à rassembler toutes les pièces du puzzle, ce qui leur a permis de comprendre que les plantes ont besoin de lumière du Soleil, d'eau et de dioxyde de carbone, et qu'elles produisent de l'oxygène au cours de ce processus.

La photosynthèse est vitale pour la Terre au point qu'elle a littéralement remodelé l'atmosphère de la planète. Lorsque la Terre s'est formée, son atmosphère était principalement composée de dioxyde de carbone, provenant du dégazage d'anciens volcans. Nous observons cela dans les atmosphères de Mars et de Vénus, qui sont constituées de dioxyde de carbone quasiment pur en raison de leurs volcans.

Mais lorsque la photosynthèse est apparue sur Terre, elle a converti le dioxyde de carbone en l'oxygène que nous respirons aujourd'hui. Ainsi, chaque respiration me rappelle cette transition capitale survenue il y a des milliards d'années.

Dans les années 1950, les scientifiques ont reconstitué ce qu'on appelle le « cycle de Calvin » : les processus chimiques complexes par lesquels le dioxyde de carbone et l'eau se transforment en hydrates de carbone. En utilisant diverses techniques, notamment l'analyse au carbone 14, ils ont réussi à retracer le mouvement de substances chimiques spécifiques pendant leur parcours dans la plante.

Grâce à ces moyens, les biologistes ont peu à peu réussi à comprendre l'histoire de la vie des plantes. Mais une étape leur manquait toujours. Comment les plantes captent-elles l'énergie des photons de lumière ? Qu'est-ce qui déclenche cette longue chaîne d'événements, qui commence par la capture de l'énergie solaire ? Aujourd'hui encore, cela reste un mystère. Mais les ordinateurs quantiques pourraient aider à le résoudre.

La mécanique quantique de la photosynthèse

De nombreux scientifiques pensent que la photosynthèse est un processus quantique. Elle commence lorsque des photons, de discrets paquets de lumière, heurtent une feuille contenant de la chlorophylle. Cette molécule spéciale absorbe la lumière rouge et bleu, mais non pas la lumière verte, qui est renvoyée dans l'environnement. Ainsi, la couleur des plantes est due au fait qu'elles n'absorbent pas le vert. (Si la nature avait créé des plantes qui absorbent autant de lumière que possible, les plantes seraient noires et non pas vertes.)

Lorsque la lumière heurte une feuille, on pourrait s'attendre à ce qu'elle soit éparpillée dans toutes les directions et perdue à jamais. Mais c'est ici que la magie quantique se produit. Le photon de la lumière impacte la chlorophylle, ce qui crée des vibrations énergétiques sur la feuille, appelées « excitons », qui se déplacent le long de la surface de la feuille. Finalement, ces excitons pénètrent dans ce qu'on appelle un « centre de collecte » à la surface de la feuille, où l'énergie des excitons est utilisée pour convertir le dioxyde de carbone en oxygène.

Selon la deuxième loi de la thermodynamique, lorsque l'énergie passe d'une forme à une autre, une grande partie de cette énergie est perdue dans l'environnement. On s'attend donc à ce qu'une grande partie de l'énergie du photon se dissipe lorsqu'il heurte la molécule de chlorophylle et disparaisse ainsi au cours de ce processus sous forme de chaleur perdue.

Au lieu de cela, miraculeusement, l'énergie de l'exciton est transportée jusqu'au centre de collecte, quasiment sans aucune perte d'énergie. Pour des raisons encore inconnues, ce processus est efficace à presque 100 %.

Ce phénomène par lequel les photons créent des excitons qui se regroupent dans des centres de collecte s'apparente à un tournoi de golf où chaque joueur tire ses balles au hasard dans toutes les directions. Puis, comme par magie, toutes ces balles changent de direction et tombent chacune dans le trou en un seul coup.

Cela ne devrait pas se produire, mais ce phénomène peut en réalité être mesuré en laboratoire.

Selon une théorie, ce voyage de l'exciton est rendu possible par les intégrales de chemin, dont nous avons vu plus tôt qu'elles ont été introduites par Richard Feynman. Rappelons que Feynman a réécrit les lois de la théorie quantique en termes de chemins. Lorsqu'un électron se déplace d'un point à un autre, il détecte tous les chemins possibles entre ces deux points. Ensuite, il calcule une probabilité pour chaque itinéraire. Par conséquent, l'électron est en quelque sorte « conscient » de tous les chemins possibles reliant ces points. Cela signifie que l'électron « détecte » le chemin le plus efficace.

Et puis il y a un second mystère : le processus de photosynthèse se déroule à température ambiante, où les mouvements aléatoires des atomes dans l'environnement devraient détruire toute cohérence entre les excitons. Normalement, les ordinateurs quantiques doivent être refroidis à une température proche du zéro absolu, afin de minimiser ces mouvements chaotiques, mais les plantes fonctionnent parfaitement à des températures normales. Comment est-ce possible ?

La photosynthèse artificielle

Une manière de prouver ou de réfuter expérimentalement l'existence des effets quantiques consiste à rechercher des indices de cohérence, le signe révélateur des effets quantiques lorsque les atomes vibrent à l'unisson. Normalement, on s'attendrait à trouver un fatras chaotique de vibrations individuelles désordonnées, mais si l'on détecte des vibrations en phase les unes avec les autres, cela signalerait immédiatement la présence d'effets quantiques.

En 2007, Graham Fleming a rapporté avoir été témoin de ce phénomène insaisissable. Il a pu annoncer la découverte de la cohérence dans la photosynthèse, parce qu'il utilisait un spectroscope multidimensionnel spécial ultrarapide, capable de générer des impulsions lumineuses d'une durée d'une femtoseconde (un millionième de milliardième de seconde). Il avait besoin de ces lasers exceptionnellement rapides pour détecter des faisceaux lumineux cohérents avant que des collisions aléatoires avec l'environnement ne détruisent la cohérence. Du point de vue du laser, les atomes de l'environnement étaient quasiment figés dans le temps et pouvaient donc être largement ignorés. Il a montré que les ondes lumineuses pouvaient exister simultanément dans deux ou plusieurs états quantiques. Cela signifie que la lumière peut explorer en même temps plusieurs voies vers le centre de réaction. Cela pourrait expliquer pourquoi les excitons parviennent à trouver le centre de réaction quasiment 100 % du temps.

K. Birgitta Whaley, une collègue de Fleming à Berkeley, ajoute : « L'exciton "choisit" effectivement le chemin le plus efficace… à partir d'un menu quantique de chemins possibles. Cela nécessite que tous les états possibles de la particule en déplacement soient superposés en un seul état quantique cohérent pendant des dixièmes de femtosecondes[2]. »

Cela pourrait également expliquer comment la photosynthèse réussit à fonctionner à température ambiante, sans tous ces tuyaux et tubes que l'on trouve dans un laboratoire de physique.

Les ordinateurs quantiques sont parfaitement adaptés à la réalisation de ces calculs quantiques. Si cette approche utilisant les intégrales de chemin est valable, cela signifie que nous pouvons désormais modifier la dynamique de la photosynthèse pour résoudre divers problèmes. Au lieu de mener des milliers d'expériences avec des plantes, ce qui prendrait énormément de temps, il serait possible d'effectuer ces expériences virtuellement.

Par exemple, il pourrait être possible de cultiver des plantes plus performantes ou de produire plus de fruits et de légumes, augmentant le rendement des agriculteurs.

D'autre part, l'alimentation humaine dépend essentiellement de quelques céréales, comme le riz et le blé, de sorte qu'un fléau soudain qui s'attaquerait à nos céréales pourrait perturber toute la chaîne alimentaire. Nous serions impuissants si un seul de nos aliments de base était soudain menacé.

En se concentrant sur la création d'une « feuille artificielle » capable de réaliser une photosynthèse artificielle, les scientifiques nous aideraient à être moins dépendants de cet important processus naturel.

La feuille artificielle

Lorsque nous discutons des plus grands problèmes de la planète, le CO_2 est généralement présenté comme l'un des méchants de l'histoire. Le CO_2 capte l'énergie du Soleil et provoque le réchauffement de la Terre. Et si nous pouvions recycler ce gaz à effet de serre pour le rendre inoffensif ? Nous pourrions alors également être en mesure de créer des substances chimiques commercialement intéressantes à partir du CO_2 recyclé. Des scientifiques suggèrent que la lumière du Soleil pourrait faire exactement cela. Cette nouvelle technologie prélèverait le CO_2 de l'air et le combinerait avec la lumière du Soleil et l'eau pour créer du combustible et d'autres précieuses substances chimiques, à la manière d'une feuille, mais artificiellement. La combustion de ce combustible créerait davantage de CO_2, qui pourrait ensuite se recombiner avec la lumière du Soleil et l'eau pour créer davantage de combustible, dans un processus de recyclage incessant sans gain net de CO_2. Le CO_2, considéré comme le méchant, deviendrait ainsi une ressource utile.

Pour que ce recyclage fonctionne, il faudrait procéder en deux étapes.

Pour commencer, la lumière du Soleil serait utilisée pour décomposer l'eau en hydrogène et en oxygène. L'hydrogène ainsi produit pourrait ensuite être utilisé dans des piles à combustible pour alimenter des voitures propres à hydrogène. L'un des problèmes des voitures électriques est qu'elles utilisent des batteries qui, à leur tour, obtiennent leur énergie principalement à partir de centrales alimentées au charbon et au pétrole. Bien que la batterie électrique par elle-même ne pollue pas, l'électricité provient à l'origine de centrales pétrolières polluantes. Il y a donc actuellement un coût caché lié à l'utilisation de batteries électriques. Cependant, les piles à combustible brûlent de l'hydrogène et de l'oxygène, et le déchet qu'elles produisent est de l'eau. Ainsi, les piles à combustible fonctionnent proprement, sans aucun recours aux centrales au pétrole ou au charbon. Toutefois, l'infrastructure industrielle basée sur les piles à combustible est bien moins développée que celle basée sur les batteries électriques.

Ensuite, l'hydrogène produit par la dissociation de l'eau peut être combiné avec du CO_2 pour produire du carburant et de précieux hydrocarbures. Ce carburant, à son tour, peut être brûlé, et du CO_2 est à nouveau produit, mais il peut être recombiné avec de l'hydrogène et par conséquent recyclé. Cela pourrait engendrer un nouveau cycle dans lequel le CO_2 pourrait être continuellement réutilisé, afin de ne pas s'accumuler dans l'atmosphère, stabilisant ainsi la quantité de ce gaz à effet de serre tout en fournissant de l'énergie.

« Notre objectif est de fermer le cycle du combustible carboné[3] », déclare Harry Atwater, directeur du Joint Center for Artificial Photosynthesis (JCAP), une branche du ministère nord-américain de l'Énergie qui finance la recherche sur la photosynthèse artificielle. « C'est un concept audacieux. »

En cas de succès, cela signifierait un changement de paradigme dans la lutte contre le réchauffement climatique. Le CO_2 ne serait plus qu'un rouage dans un système plus vaste qui maintient la société en mouvement. Les ordinateurs quantiques pourraient jouer un rôle déterminant dans le recyclage du carbone. Dans le magazine *Forbes*, le chercheur quantique Ali El Kaafarani déclare : « Les ordinateurs quantiques pourraient accélérer la découverte de nouveaux catalyseurs de CO_2 qui garantiraient un recyclage efficace du dioxyde de carbone tout en produisant des gaz utiles tels que l'hydrogène et le monoxyde de carbone[4]. »

Bien que cela puisse paraître un rêve, la première avancée a eu lieu en 1972, quand Akira Fujishima et Kenichi Honda ont démontré que la lumière peut être utilisée pour diviser l'eau en hydrogène et en oxygène, en utilisant une électrode en dioxyde de titane et une autre en platine. Même si son efficacité n'a été que de 0,1 %, cette preuve de principe a montré qu'il était possible de créer une feuille artificielle.

Depuis lors, les chimistes ont tenté de modifier cette expérience pour en diminuer le coût, le platine étant très cher. Au JCAP, par exemple, les chimistes ont pu utiliser la lumière pour diviser l'eau avec une efficacité de 10 %, en utilisant une électrode constituée d'un semi-conducteur et des catalyseurs en nickel.

Le plus difficile est maintenant de franchir la dernière étape et de trouver un moyen peu coûteux de combiner l'hydrogène avec le CO_2 pour créer du combustible. C'est difficile, car le CO_2 est une molécule remarquablement stable. Le chimiste de Harvard Daniel Nocera pense avoir trouvé un moyen viable d'y parvenir. Il utilise une bactérie, la *Ralstonia eutropha*, qui est capable de combiner l'hydrogène avec le CO_2 pour créer du combustible et de la biomasse, avec une efficacité de 11 %. Nocera déclare : « Nous avons réalisé une photosynthèse artificielle complète qui est 10 à 100 fois meilleure que dans la nature... Ce n'est plus nécessairement un problème de chimie. Ce n'est même pas un problème de technologie[5]. » Pour lui, le grand problème est désormais résolu. Maintenant, c'est une question économique : est-ce que l'industrie et le gouvernement soutiendront le recyclage du CO_2, malgré son coût ?

Pamela Silver, de l'université Harvard, qui travaille sur ce projet, note que l'utilisation de microbes pour compléter le cycle du carbone peut sembler étrange au premier abord, mais les microbes sont déjà utilisés à l'échelle industrielle pour la fermentation du sucre dans l'industrie vinicole.

Peidong Yang, chimiste à l'université de Californie à Berkeley, utilise également des bactéries issues de la bio-ingénierie, mais d'une manière différente. Il utilise la lumière pour dissocier l'eau en hydrogène et en oxygène à l'aide de minuscules nanofils semi-conducteurs, puis il fait croître sur ces nanofils des bactéries qui utilisent ensuite l'hydrogène pour créer diverses substances chimiques utiles telles que le butanol et le gaz naturel.

Les ordinateurs quantiques peuvent faire progresser la technologie vers un niveau supérieur. Jusqu'à présent, une grande partie des progrès dans ce domaine ont été réalisés par essais et erreurs, de sorte qu'il a fallu des centaines d'expériences avec des substances chimiques complexes. Par exemple, le processus d'utilisation de l'hydrogène pour transformer le CO_2 en combustible est un processus moléculaire complexe, qui nécessite le transfert de nombreux électrons et la rupture de nombreuses liaisons. Les ordinateurs quantiques pourraient être capables de reproduire ces processus chimiques dans une simulation et permettre aux chimistes de créer de nouvelles voies quantiques alternatives. Par exemple, le CO_2 est le produit final d'une série de réactions d'oxydation. Les ordinateurs quantiques pourraient être capables de modéliser des moyens de rompre les liaisons du CO_2 afin qu'elles puissent se recombiner avec l'hydrogène pour créer du combustible.

Si les ordinateurs quantiques franchissent l'étape finale de la création de la photosynthèse artificielle et de la feuille artificielle, ils pourraient ouvrir la voie à des industries totalement nouvelles, capables de fournir de nouvelles formes de panneaux solaires efficaces, des formes alternatives de cultures de plantes et de nouvelles formes de photosynthèse. Dans ce processus, il pourrait être possible d'utiliser des ordinateurs quantiques pour trouver des moyens de recycler le CO_2, ce qui contribuerait considérablement à la lutte contre le changement climatique.

Les ordinateurs quantiques pourraient donc jouer un rôle clé dans l'exploitation du potentiel de la photosynthèse, qui convertit l'énergie du Soleil en nourriture et en nutriments. Mais pour créer une abondance de nourriture, l'étape suivante consiste à disposer d'engrais pour nourrir les cultures et les aider à prospérer. Une fois de plus, les ordinateurs quantiques pourraient jouer un rôle déterminant pour franchir cette dernière étape cruciale afin de nourrir la planète.

Paradoxalement, l'homme qui a été le pionnier de cette dernière étape, permettant de nourrir des milliards de personnes et de rendre possible la civilisation moderne, est parfois décrit non pas comme l'un des plus grands scientifiques de tous les temps, mais comme un criminel de guerre.

8.

NOURRIR LA PLANÈTE

Au cours de l'histoire moderne, un homme a sauvé plus de vies que toute autre personne sur Terre, et pourtant, son nom est quasiment inconnu du grand public. On estime qu'environ la moitié de l'humanité est vivante aujourd'hui grâce à ses découvertes, mais il n'existe pas de biographies ni de documentaires chantant ses louanges. Fritz Haber, un chimiste allemand, a influencé la vie de tous les êtres humains sur la planète. Haber est l'homme qui a découvert comment fabriquer des engrais artificiels. Cinquante pour cent de la nourriture que nous consommons sont directement liés à ses recherches pionnières, mais sa contribution est rarement célébrée par les historiens.

Il a lancé la Révolution verte, perçant les secrets de la nature pour fabriquer des quantités presque illimitées d'engrais qui contribuent aujourd'hui à nourrir la planète. Il a changé l'histoire du monde lorsqu'il a découvert le processus chimique crucial par lequel l'azote pouvait être extrait de l'air pour créer des engrais. Là où autrefois les paysans devaient travailler dur sur des sols arides pour survivre misérablement, nous avons aujourd'hui des kilomètres de cultures vertes, à perte de vue. Au lieu de nations affamées avec des champs stériles et sans vie, nous avons des fermes luxuriantes qui produisent d'énormes richesses.

Mais son rôle dans l'histoire est terni par le fait que sa découverte étonnante peut également être utilisée pour créer des armes chimiques dévastatrices, notamment des explosifs à haute énergie et des gaz toxiques. Bien que des milliards de personnes sur cette planète doivent leur existence à cet homme, son travail a également tué des milliers de personnes qui ont péri sur les champs de bataille en raison des ravages provoqués par ses découvertes.

En outre, il nous faut nous accommoder du fait que le procédé Haber-Bosch, du nom de la technique qu'il a développée, est gourmand en énergie au point qu'il exerce une pression énorme sur l'approvisionnement en énergie, exacerbant la pollution et même le changement climatique.

Toutefois, le problème est que depuis une centaine d'années, personne n'a réussi à améliorer le procédé Haber-Bosch en raison de sa complexité au niveau moléculaire. On peut donc espérer que les ordinateurs quantiques nous offriront des alternatives améliorées ou des modifications du procédé Haber-Bosch afin que nous puissions nourrir la planète sans consommer autant d'énergie ni créer de problèmes environnementaux.

Mais pour apprécier le travail pionnier de Haber et l'importance qu'il y aurait à ce que des ordinateurs quantiques améliorent ses découvertes, il faut tout d'abord mesurer l'énorme contribution qu'il a apportée pour nous permettre d'échapper au lugubre destin autrefois prédit par Malthus.

Surpopulation et famine

En 1798, Thomas Robert Malthus a prédit qu'un jour, la production alimentaire pourrait ne plus être capable de répondre à la croissance démographique humaine, ce qui entraînerait une famine et des décès massifs. Selon lui, tous les animaux sont engagés dans une lutte incessante pour leur survie, et chaque fois que leur nombre dépasse la capacité de charge de leur habitat, beaucoup meurent de faim. Les humains ne sont pas différents. Nous sommes nous aussi soumis à cette loi d'airain selon laquelle l'humanité ne peut prospérer que tant qu'il y a suffisamment de nourriture. Mais comme les populations peuvent croître de manière exponentielle, tandis que l'approvisionnement alimentaire n'augmente que lentement, la population pourrait finir par déborder l'approvisionnement alimentaire disponible. Cela signifie qu'il pourrait y avoir des émeutes, une famine massive, suivies de guerres brutales où les nations se battraient pour obtenir des ressources.

Dans les années 1800, il était devenu de plus en plus évident que cette prophétie redoutée pourrait se réaliser. Après avoir été relativement stable pendant des milliers d'années, la population humaine a connu un boom d'une ampleur sans précédent. L'avènement de la révolution industrielle et de l'ère des machines a rendu possible une expansion rapide de la population.

(J'ai vu une illustration concrète de ce phénomène lorsque j'étais à l'école primaire. Dans le cadre d'une expérience, nous avons pris une boîte de Petri pleine de nutriments, puis avons placé des bactéries au milieu de la boîte. En quelques jours, nous avons constaté que les bactéries se développaient de manière exponentielle et qu'elles créaient une grande colonie circulaire de cellules, et puis soudain, elles se sont arrêtées. Je me suis demandé pourquoi les bactéries avaient cessé de croître. C'est alors que je me suis rendu compte que la colonie de bactéries se développait rapidement en consommant tous les nutriments, puis mourait en conséquence de l'épuisement des réserves alimentaires. Cette lutte à mort pour la nourriture et la croissance était donc une lutte malthusienne dans une boîte de Petri.)

Aujourd'hui, l'approvisionnement alimentaire mondial est fortement dépendant des engrais. L'ingrédient essentiel des engrais est l'azote, présent dans nos molécules de protéines et d'ADN. Paradoxalement, l'azote est le produit chimique le plus abondant dans l'air que nous respirons, car il en constitue quelque 80 %. Pour une raison mystérieuse, de simples bactéries qui peuvent se développer le long des racines des légumineuses (par exemple sur les arachides et les haricots) sont capables d'extraire l'azote de l'air et de le « fixer » avec des molécules de carbone, d'oxygène et d'hydrogène pour créer de l'ammoniac, l'ingrédient essentiel nécessaire à la fabrication d'engrais.

Ces bactéries ont réussi à maîtriser un processus chimique déconcertant. Bien que les bactéries communes puissent extraire sans effort l'azote de l'air pour créer des engrais vitaux, les chimistes ne parviennent toujours pas à imiter aussi efficacement Mère Nature.

La raison en est que l'azote que nous respirons dans l'air est en réalité du N_2, c'est-à-dire deux atomes d'azote très étroitement liés par trois liaisons chimiques covalentes. Ces liaisons sont si fortes que les processus chimiques normaux ne peuvent les briser. Les chimistes se voient donc confrontés à cet épineux dilemme. L'air que nous respirons est plein d'azote indispensable à la vie, ce qui devrait en principe permettre de produire de l'engrais, or cela se produit sous une forme inappropriée et donc inutile.

C'est comme un homme qui meurt de soif dans un océan d'eau salée. Il est entouré d'eau, mais il n'y a pas une seule goutte qu'il puisse boire.

Il est plus facile de comprendre ce problème en examinant l'atome de Schrödinger. L'azote possède sept électrons, qui peuvent remplir les deux espaces disponibles dans les orbitales 1S du premier niveau d'énergie, et cinq électrons dans le deuxième niveau. Pour remplir toutes les orbitales des deux premiers niveaux, il faut dix électrons. (Rappelons que les électrons orbitent par paires et que le premier étage de l'hôtel comporte une chambre contenant deux électrons, tandis que le second en comporte quatre contenant chacune deux électrons.) Cela signifie qu'au deuxième étage, deux électrons se trouvent dans l'orbitale 2S, et les trois autres se trouvent individuellement dans les orbitales Px, Py et Pz. Il y a donc trois électrons non appariés. Par une combinaison avec un deuxième atome d'azote, on obtient trois électrons partagés entre deux atomes, ce qui permet d'atteindre les dix électrons nécessaires pour remplir les deux premières orbitales et, surtout, d'obtenir une triple liaison extrêmement forte.

La science pour la guerre et la paix

C'est ici qu'interviennent les travaux de Fritz Haber. Il s'est passionné pour la chimie dès son enfance et réalisait souvent lui-même des expériences. Son père avait un commerce florissant qui importait des colorants et des pigments, et Fritz donnait parfois un coup de main dans l'usine chimique de son père. Il faisait partie d'une génération montante de Juifs européens qui réussissaient dans les affaires et la science, mais il s'est finalement converti au christianisme. Cependant, il était avant tout un nationaliste, extrêmement désireux d'aider l'Allemagne grâce à ses connaissances en chimie.

Il s'est focalisé sur un certain nombre de mystères chimiques, notamment sur la manière d'exploiter l'azote présent dans l'air pour en faire des produits utiles, tels que des engrais et des explosifs. Il s'est rendu compte que la seule manière de séparer les deux atomes d'azote était d'appliquer une pression et une température énormes. Selon sa théorie, les liens entre les atomes d'azote peuvent être rompus par la force brute. Il est entré dans l'histoire en trouvant la bonne combinaison magique en laboratoire. En chauffant l'azote gazeux présent dans l'air à 300 degrés Celsius et en le comprimant avec une pression de 200 à 300 fois la pression atmosphérique, il devient possible de briser la molécule d'azote et de la recombiner avec l'hydrogène pour former de l'ammoniac, donc du NH_3. Pour la première fois dans l'histoire, la chimie a pu être utilisée pour nourrir la population mondiale en constante augmentation.

Ce travail de pionnier lui a valu le prix Nobel en 1918. Aujourd'hui, environ la moitié des molécules d'azote présentes dans votre corps sont une conséquence directe de la découverte de Haber, de sorte que l'on peut dire que son héritage durable est gravé dans vos atomes. La population mondiale compte aujourd'hui plus de huit milliards d'habitants et nous ne pourrions pas la nourrir sans ses travaux.

Son procédé est toutefois terriblement gourmand en énergie, car il exige que l'azote soit comprimé et chauffé à des pressions et à des températures énormes, à tel point qu'il consomme 2 % de la production mondiale d'énergie.

Mais les engrais n'étaient pas le seul sujet de préoccupation de Haber. En tant que nationaliste allemand, il était un fervent partisan de l'armée allemande pendant la Première Guerre mondiale ; or l'énergie stockée dans la molécule d'azote pouvait être exploitée pour créer des engrais vitaux tout comme des explosifs mortels. (Même les terroristes amateurs connaissent ce processus. Une bombe utilisant des fertilisants, capable de détruire un immeuble entier, est constituée d'engrais ordinaires saturés de mazout.) Ainsi, Haber a utilisé un autre sous-produit de son procédé, les nitrates, pour contribuer à la vaste machine de guerre allemande, créant des armes chimiques explosives en plus des gaz toxiques qui allaient faire de nombreuses victimes innocentes.

Ironiquement, l'homme dont la maîtrise de la chimie a permis de faire croître la population mondiale a aussi condamné à mort des milliers d'innocents. Il est également connu comme le père de la guerre chimique.

Mais il a également vécu un événement tragique. Son épouse, qui était pacifiste, s'est suicidée, probablement en raison de son opposition à ses recherches sur la guerre chimique et les gaz toxiques. Malgré ses décennies de soutien au gouvernement et à l'armée allemande, il a senti la vague d'antisémitisme déferler sur le pays dans les années 1930. Bien qu'il fût juif converti au christianisme, il quitta le pays pour chercher refuge ailleurs et mourut en 1934 suite à des problèmes de santé. Pendant la Seconde Guerre mondiale, l'armée nazie a utilisé du gaz Zyklon, un gaz toxique développé et perfectionné par Haber, pour tuer un grand nombre de membres de sa propre famille dans des camps de concentration.

ATP : la batterie de la nature

Les scientifiques qui souhaitent appliquer les ordinateurs quantiques au remplacement du procédé Haber-Bosch inefficace savent qu'ils doivent comprendre comment la fixation de l'azote est effectuée par Mère Nature.

Pour rompre la liaison azotée, la méthode de Haber consistait à appliquer des températures élevées et une pression énorme depuis l'extérieur. C'est ce qui la rend si inefficace. Mais la nature accomplit cette tâche à température ambiante, sans fours ni compresseurs à haute température. Comment un simple plant d'arachide peut-il faire ce qui nécessite généralement une énorme usine chimique ?

Dans la nature, la source fondamentale d'énergie se trouve dans une molécule appelée « ATP » (adénosine triphosphate) ; c'est le moteur de la vie, la batterie de la nature. Chaque fois que vous fléchissez vos muscles, que vous respirez ou que vous digérez des aliments, vous utilisez l'énergie de l'ATP pour alimenter vos tissus. La molécule d'ATP est si élémentaire qu'on la retrouve dans quasiment toutes les formes de vie, ce qui indique qu'elle a évolué il y a des milliards d'années. Sans ATP, la majeure partie des formes de vie sur Terre mourrait.

La clé pour comprendre le secret de la molécule d'ATP est d'analyser sa structure. Cette molécule est constituée de trois groupes phosphate disposés en chaîne, chaque groupe étant composé d'un atome de phosphore entouré d'oxygène et de carbone. L'énergie de la molécule est stockée dans un électron situé dans le dernier groupe phosphate. Lorsque le corps a besoin d'énergie pour remplir ses fonctions biologiques, il utilise l'énergie stockée dans l'électron du dernier groupe.

En analysant le processus de fixation de l'azote dans les plantes, les chimistes ont découvert qu'il faut douze molécules d'ATP pour fournir l'énergie nécessaire pour briser une seule molécule de N_2. Le problème saute instantanément aux yeux. Habituellement, les atomes se heurtent simplement les uns aux autres, un par un. Si plusieurs atomes se heurtent à plusieurs autres atomes, nous voyons que cela doit se faire par étapes, car les atomes se heurtent les uns aux autres de manière séquentielle, et non pas tous en même temps. Ainsi, le processus de dégradation du N_2 par l'ATP passe par de très nombreuses étapes intermédiaires.

Dans la nature, exploiter l'énergie de douze molécules d'ATP issues de collisions aléatoires pourrait prendre des années. De toute évidence, c'est trop lent pour rendre la vie possible. Une série de raccourcis est donc nécessaire pour accélérer considérablement ce processus.

Les ordinateurs quantiques pourraient peut-être nous aider à résoudre cette énigme. Ils pourraient décrypter ce processus au niveau moléculaire et peut-être améliorer le processus de fixation de l'azote ou trouver un processus alternatif.

Comme le fait remarquer le magazine *CB Insights* : « Il faudrait des siècles aux supercalculateurs actuels pour identifier les meilleures combinaisons catalytiques pour produire de l'ammoniac. Cependant, un puissant ordinateur quantique pourrait être utilisé pour analyser beaucoup plus efficacement différentes combinaisons de catalyseurs – une autre application de simulation de réactions chimiques – et contribuer à trouver une meilleure manière de produire de l'ammoniac[1]. »

La catalyse : le raccourci de la nature

Selon les scientifiques, la clé réside dans ce qu'on appelle la « catalyse », qui peut être analysée avec des ordinateurs quantiques. Un catalyseur est comme un spectateur. Il ne participe pas directement à un processus chimique, mais il facilite une réaction par sa présence.

Normalement, les réactions chimiques qui se produisent dans le corps sont assez lentes et se déroulent parfois sur de longues périodes. Parfois, quelque chose de magique se produit pour accélérer ces processus et leur permettre de se dérouler en une fraction de seconde. C'est là qu'interviennent les catalyseurs. Pour le processus de fixation de l'azote, il existe un catalyseur appelé « nitrogénase ». Tel un chef d'orchestre, son rôle est d'orchestrer les nombreuses étapes nécessaires pour combiner douze molécules d'ATP avec de l'azote afin de rompre la triple liaison. La nitrogénase est donc la clé pour créer une deuxième Révolution verte. Mais malheureusement, nos ordinateurs numériques sont trop primitifs pour percer ses secrets. En revanche, un ordinateur quantique pourrait être parfaitement approprié pour cette tâche importante.

Les catalyseurs tels que la nitrogénase fonctionnent en deux étapes. Tout d'abord, ils mettent deux réactifs en contact. Le catalyseur et les réactifs s'emboîtent comme un puzzle, permettant aux deux réactifs de se lier. Ensuite, l'énergie nécessaire pour qu'une réaction se produise, appelée « énergie d'activation », est parfois trop élevée pour que les réactifs interagissent les uns avec les autres. Le catalyseur quant à lui réduit l'énergie d'activation, afin que la réaction puisse avoir lieu. C'est alors que les réactifs peuvent se combiner pour créer une nouvelle substance chimique tout en laissant le catalyseur intact.

Pour comprendre le fonctionnement d'un catalyseur, imaginons une agence matrimoniale qui essaie de réunir un couple potentiel alors que les deux personnes vivent dans deux villes différentes. Normalement, les chances d'une rencontre purement fortuite entre ces deux personnes sont extrêmement faibles, car elles évoluent dans des cercles totalement différents, distants de plusieurs kilomètres. Mais une agence matrimoniale peut prendre contact avec les deux parties et les réunir, augmentant considérablement les chances que quelque chose se passe entre elles. Quasiment tous les processus chimiques importants dans le corps sont médiés par un catalyseur.

Maintenant, présentons un agent matrimonial quantique, qui sait qu'il faut quelquefois pousser les deux personnes pour qu'elles se lient l'une à l'autre. Par exemple, l'une peut être timide, réticente ou nerveuse. Quelque chose les empêche de briser la glace. En d'autres termes, elles doivent surmonter une barrière d'activation avant de pouvoir commencer leur relation. C'est ce que fait l'agent matrimonial quantique, en brisant la glace ou en les aidant à franchir la barrière qui les sépare. C'est ce qu'on appelle l'« effet tunnel », une caractéristique étrange de la théorie quantique qui permet de franchir des barrières apparemment infranchissables. L'effet tunnel est la raison pour laquelle des éléments radioactifs tels que l'uranium peuvent émettre des radiations, car ces dernières traversent une barrière nucléaire pour atteindre le monde extérieur. Le processus de désintégration radioactive, qui réchauffe le centre de la Terre et entraîne la dérive des continents, est dû à l'effet tunnel. Ainsi, la prochaine fois que vous verrez un gigantesque volcan exploser, vous constaterez la puissance de l'effet tunnel quantique. De la même manière, les molécules d'ATP pourraient être capables de « franchir » comme par magie cette barrière énergétique et d'achever la réaction chimique.

Nous verrons en outre que quasiment toutes les réactions clés qui rendent la vie possible nécessitent des catalyseurs, et que l'origine de la vie elle-même pourrait être due à la mécanique quantique.

Malheureusement, la nitrogénase et la fixation de l'azote sont si complexes que les progrès ont été lents – même s'ils ont été réguliers. Bien que les scientifiques disposent désormais d'un schéma moléculaire complet de l'apparence de la molécule de nitrogénase, celui-ci est tellement compliqué que personne ne sait précisément comment elle fonctionne. L'ensemble de ce processus est si complexe qu'il est impossible pour un ordinateur numérique d'en percer les secrets. C'est là que les ordinateurs quantiques peuvent exceller, en franchissant toutes les étapes qui rendent cela possible.

Microsoft est l'une des entreprises qui étudient ce projet ambitieux. Forte de son succès avec des projets commerciaux comme la Xbox, elle s'est penchée sur des projets plus risqués, mais potentiellement lucratifs. Dès 2005, Microsoft s'est intéressée à des projets ambitieux tels que les ordinateurs quantiques. À cette époque, l'entreprise avait créé une société appelée Station Q pour étudier des problèmes tels que la fixation de l'azote et l'informatique quantique.

« Il me semble que nous arrivons à un point d'inflexion qui nous permet de passer de la recherche au développement, a déclaré Todd Holmdahl, vice-président du programme quantique de Microsoft. Il faut prendre un certain nombre de risques pour avoir un impact important sur le monde, et je pense que nous en sommes à un stade où nous avons l'opportunité de le faire[2]. »

Il aime faire la comparaison avec l'invention du transistor. À l'époque, les physiciens se creusaient la tête pour trouver des applications pratiques à leur invention. Certains pensaient que le transistor ne serait utile que pour signaler les navires en mer. De même, la création de l'ordinateur quantique de Microsoft, que le *New York Times* compare à de la « science-fiction », pourrait également transformer la société de manière inattendue.

Microsoft est une entreprise qui a hâte de résoudre le problème de la fixation de l'azote. Elle utilise déjà des ordinateurs quantiques de première génération pour tenter de résoudre les mystères de ce processus. Les implications sont considérables, avec le potentiel de créer une deuxième Révolution verte et de nourrir une population mondiale en pleine explosion avec des coûts énergétiques plus faibles. Un échec pourrait avoir des effets secondaires désastreux, comme nous l'avons vu, et peut-être même conduire à des émeutes, à la famine et à des guerres.

Récemment, Microsoft a connu un revers lorsque certains résultats expérimentaux sur les qubits topologiques se sont révélés incorrects, mais pour les véritables partisans des ordinateurs quantiques, il ne s'agit que d'un retard.

De fait, Sundar Pichai, le PDG de Google, a récemment affirmé qu'il pensait que les ordinateurs quantiques pourraient améliorer le processus Haber d'ici une décennie[3].

Les ordinateurs quantiques seront essentiels à l'analyse de cet important processus chimique, et ce de plusieurs manières :

- Les ordinateurs quantiques peuvent contribuer à élucider ce processus complexe, atome par atome, en résolvant l'équation d'onde des différents composants de la nitrogénase.

Cela contribuera à éclairer les nombreuses étapes manquantes dans la fixation de l'azote.

- Ils peuvent tester virtuellement différentes manières de rompre la liaison N_2, autrement que par la force brute ou par catalyse.
- Ils peuvent modéliser ce qui se produirait si nous remplacions divers atomes et protéines par des substituts, pour voir si l'on peut rendre le processus de fixation de l'azote plus efficace, moins énergivore et moins polluant, avec différentes substances chimiques.
- Les ordinateurs quantiques peuvent tester divers nouveaux catalyseurs pour voir s'ils peuvent accélérer le processus.
- Les ordinateurs quantiques peuvent tester différentes versions de la nitrogénase, avec différents agencements de chaînes protéiques, pour voir si l'on peut améliorer ses propriétés catalytiques.

Ainsi, si Microsoft et d'autres parviennent à résoudre le mystère de la fixation de l'azote, cela pourrait avoir un impact énorme sur notre approvisionnement alimentaire. Mais les scientifiques ont encore d'autres rêves pour les ordinateurs quantiques. Ils ne veulent pas seulement résoudre le problème d'une production alimentaire économe en énergie, ils veulent comprendre la nature même de l'énergie. Les ordinateurs quantiques sont-ils capables de résoudre la crise énergétique ?

9.

L'APPROVISIONNEMENT ÉNERGÉTIQUE DU MONDE

À première vue, on pourrait supposer que les titans de l'industrie du XXe siècle, Thomas Edison et Henry Ford, auraient été des rivaux féroces. Après tout, Edison a été l'infatigable force motrice de l'électrification de l'industrie et de la société. Avec 1 093 brevets, il a révolutionné notre mode de vie grâce à de nombreuses inventions que nous tenons désormais pour acquises, alimentées par l'électricité. Ford a quant à lui gagné ses millions grâce au modèle T, alimenté par des combustibles fossiles. Il a contribué à la création d'une infrastructure industrielle moderne construite sur le pétrole. Pour lui, la combustion du pétrole et de l'essence était la source d'énergie de l'avenir.

En réalité, Edison et Ford étaient des amis proches. D'ailleurs, Ford avait idolâtré Edison pendant sa jeunesse. Des années durant, ils ont passé des vacances ensemble et se sont régalés de la compagnie de l'autre. Peut-être sont-ils devenus très proches parce qu'ils ont tous deux créé des entreprises d'envergure mondiale grâce à la seule force de leur volonté.

Edison et Ford aimaient particulièrement faire des paris, de sorte qu'ils pariaient également sur la source d'énergie la plus porteuse pour l'avenir. Edison privilégiait la batterie électrique, tandis que Ford croyait à l'essence. Pour quiconque écoutait ce pari, c'était clair. On en aurait sûrement conclu qu'Edison gagnerait haut la main. Les batteries électriques étaient silencieuses et sûres. Le pétrole, en revanche, était bruyant, nocif et même dangereux. L'idée d'avoir une station-service tous les quelques pâtés de maisons semblait tout à fait saugrenue.

Les détracteurs du pétrole avaient tous raison à bien des égards. Les fumées émises par le moteur à combustion interne peuvent provoquer des maladies respiratoires et accélérer le réchauffement climatique, et les voitures à essence sont encore et toujours bruyantes.

Mais finalement, c'est Ford qui a remporté le pari.

Pourquoi cela ?

D'une part, l'énergie contenue dans une batterie ne représente qu'une infime fraction de l'énergie contenue dans 4 litres d'essence. (Les meilleures batteries peuvent stocker environ 200 wattheures par kilogramme d'énergie, tandis que l'essence peut en stocker 12 000.)

Et lorsque d'énormes gisements de pétrole ont été découverts au Moyen-Orient, au Texas et ailleurs, le prix de l'essence a chuté, mettant l'automobile à la portée de la classe ouvrière nord-américaine.

Les gens ont commencé à oublier le rêve d'Edison. Inefficace, encombrante et faible, la batterie électrique ne pouvait pas rivaliser avec un carburant bon marché à indice d'octane élevé, conçu pour une population avide d'énergie.

Étant donné que la loi de Moore a révolutionné l'économie mondiale grâce à des ordinateurs bon marché, nous avons tendance à supposer que tout obéit à cette loi. Nous sommes donc perplexes devant le fait que l'efficacité énergétique des batteries soit à la traîne depuis tant de décennies. Nous oublions que la loi de Moore ne s'applique qu'aux puces électroniques et que les réactions chimiques comme celles qui alimentent les batteries sont notoirement difficiles à prévoir. Anticiper de nouvelles réactions chimiques qui augmenteraient l'efficacité d'une batterie est une entreprise considérable.

Plutôt que de tester fastidieusement des centaines de substances chimiques différentes pour déterminer leurs performances dans une batterie, il sera à l'avenir bien plus rapide et moins coûteux de simuler leurs performances avec un ordinateur quantique. À l'instar des simulations qui pourraient nous aider à percer les secrets de la photosynthèse ou de la fixation naturelle de l'azote, la « chimie virtuelle » pourrait un jour remplacer les essais et erreurs fastidieux dans les laboratoires de chimie.

Une révolution solaire ?

Le défi que constitue l'augmentation des performances des batteries a d'énormes implications économiques. Dans les années 1950, les futurologues proclamaient qu'un jour, nos maisons seraient alimentées par la lumière du Soleil. De vastes réseaux de cellules solaires, complétés par de puissantes éoliennes, capteraient l'énergie du Soleil et du vent pour nous fournir une énergie fiable et bon marché. De l'énergie gratuite. C'est ainsi qu'à l'époque était décrit ce rêve.

Cependant, la réalité s'est avérée fort différente. Le coût des énergies renouvelables a baissé au fil des décennies, mais à un rythme extrêmement lent. L'ère solaire est arrivée plus lentement que prévu.

Le problème réside en partie dans les limites des batteries modernes. Lorsque le Soleil ne brille pas et que les vents ne soufflent pas, l'énergie issue des énergies renouvelables tombe à zéro.

Le maillon faible de la chaîne des énergies renouvelables est leur stockage, c'est-à-dire la manière de stocker l'énergie les jours de mauvais temps. Alors que la vitesse des ordinateurs augmente de manière exponentielle à mesure que nous miniaturisons systématiquement les puces de silicium, la puissance des batteries n'augmente que lorsque nous découvrons de nouveaux rendements ou même de nouveaux composés chimiques. Actuellement, elles utilisent encore des réactions chimiques connues au siècle dernier. Si une superbatterie avec une efficience et une puissance accrues pouvait être construite, elle pourrait considérablement accélérer la transition vers un avenir énergétique sans carbone et atténuer le réchauffement climatique.

Histoire de la batterie

Avec le recul, on constate que l'histoire de la batterie a évolué avec une extrême lenteur au fil des siècles. Autrefois, il était bien connu que si l'on marchait sur un tapis, on pouvait recevoir une décharge électrique en touchant une poignée de porte. Mais ce n'était qu'une curiosité, jusqu'à ce qu'elle entre dans l'histoire en 1786, lorsque le physicien Luigi Galvani a frotté un morceau de métal contre les pattes coupées d'une grenouille. À sa grande surprise, il a constaté que les pattes se contractaient d'elles-mêmes.

Il s'agissait d'une découverte capitale, car les scientifiques pouvaient désormais montrer que l'électricité pouvait commander le mouvement de nos muscles. En un instant, les scientifiques ont compris qu'il n'était pas nécessaire de faire appel à une « force vitale » mythique pour expliquer comment des objets inanimés pouvaient s'animer. L'électricité était la clé pour comprendre comment nos corps pouvaient se mouvoir sans esprit. Mais ces études pionnières dans le domaine de l'électricité ont également inspiré l'un de ses intrépides collègues.

En 1799, Alessandro Volta a construit la première batterie et montré qu'il pouvait provoquer une réaction chimique pour reproduire cet effet. Créer de l'électricité en laboratoire à la demande a été une découverte sensationnelle. La nouvelle selon laquelle cette force étrange pouvait désormais être générée à volonté s'est rapidement répandue.

Malheureusement, la batterie n'a pas beaucoup évolué en plus de deux cents ans. La batterie la plus simple commence par deux tiges métalliques ou électrodes placées dans des godets séparés. Dans les deux godets se trouve un produit chimique appelé « électrolyte », qui permet à une réaction chimique de se produire. Les deux godets sont reliés par un tube dans lequel les ions peuvent passer d'un godet à l'autre.

En raison de la réaction chimique dans l'électrolyte, les électrons quittent une électrode, appelée « anode », et passent sur l'autre électrode, appelée « cathode ». Le mouvement des charges électriques doit être équilibré, de sorte que, tandis que les électrons chargés négativement passent de l'anode à la cathode, il y a également un mouvement d'ions positifs à travers le tube de connexion de l'électrolyte. Le flux de ces charges crée de l'électricité.

Cette conception de base n'a pas changé depuis plusieurs siècles. Ce qui a changé, c'est surtout la composition chimique des différents éléments. Les chimistes ont laborieusement expérimenté différents métaux et électrolytes, afin de maximiser la tension électrique ou d'augmenter son contenu énergétique.

Comme il était largement admis qu'il n'y avait pas de marché pour une voiture électrique, il y avait peu de pression pour améliorer cette technologie.

La révolution du lithium

Dans la période d'après-guerre, la technologie des batteries était un domaine marginal. Les progrès ont stagné, car la demande de véhicules électriques et d'appareils électroniques portables était relativement faible. Cependant, les inquiétudes croissantes concernant le réchauffement climatique d'une part et l'explosion du marché de l'électronique d'autre part ont relancé les recherches dans le domaine de la technologie des batteries.

En raison de la menace que représentent la pollution et le réchauffement climatique, la population a exigé que des mesures soient prises. Tandis que la pression sur l'industrie automobile augmentait afin qu'elle se convertisse aux voitures électriques, les inventeurs se sont précipités pour créer des batteries plus puissantes. C'est ainsi qu'elles sont progressivement devenues compétitives par rapport à l'essence.

L'une des grandes réussites a été l'introduction des batteries lithium-ion, qui ont déferlé sur le marché. On les retrouve dans quasiment toutes les formes d'appareils électroniques, dans les téléphones portables, les ordinateurs et même dans les avions de ligne gros porteurs. Ce qui les rend si omniprésentes est le fait qu'elles ont la capacité énergétique la plus élevée de toutes les batteries disponibles, tout en étant portables, compactes, fiables et efficientes. C'est le fruit de décennies de recherches au cours desquelles ont laborieusement été analysés des centaines de produits chimiques différents pour en déterminer les propriétés électriques.

Ce qui les rend si avantageuses est la nature de l'atome de lithium. Si l'on regarde le tableau périodique des éléments, on constate que c'est le plus léger de tous les métaux, ce qui est fondamental lorsqu'on veut des batteries légères pour les voitures et les avions.

On constate également qu'il possède trois électrons en orbite autour du noyau. Les deux premiers occupent le niveau d'énergie le plus bas de l'atome, la couche 1S, de sorte que le troisième électron, sur une orbite plus élevée, est faiblement lié, ce qui facilite son extraction et l'alimentation de la batterie. C'est *l'une* des raisons pour lesquelles il est si facile de générer un courant électrique avec une batterie au lithium.

En résumé, la batterie lithium-ion possède une anode en graphite, une cathode en oxyde de lithium-cobalt et un électrolyte en éther. L'impact des batteries lithium-ion a été révolutionnaire au point que le prix Nobel de chimie a été décerné à plusieurs scientifiques qui les ont perfectionnées : John B. Goodenough, M. Stanley Whittingham et Akira Yoshino.

Toutefois, une caractéristique indésirable des batteries lithium-ion est que, bien qu'elles aient la densité énergétique la plus élevée de toutes les batteries du marché, elles ne contiennent toujours que 1 % de l'énergie stockée dans l'essence. Si nous voulons entrer dans une ère sans carbone, il nous faut une batterie avec une densité énergétique proche de celle de sa rivale à base de combustible fossile.

Au-delà des batteries lithium-ion

En raison de l'énorme succès commercial de la batterie lithium-ion, présente partout dans la société moderne, d'intenses recherches sont en cours pour trouver la manière de la remplacer ou pour en améliorer la prochaine génération. Là aussi, les ingénieurs sont limités par leur approche par essais et erreurs.

L'un de ces candidats est la batterie lithium-air. Contrairement aux autres batteries, qui sont totalement scellées, celle-ci laisse entrer l'air. L'oxygène de l'air interagit avec le lithium, libérant les électrons de la batterie (créant ainsi du peroxyde de lithium).

Le grand avantage de la batterie lithium-air est que sa densité énergétique est dix fois supérieure à celle de la batterie lithium-ion, elle se rapproche ainsi de la densité énergétique de l'essence. (Cela est dû au fait que l'oxygène provient gratuitement de l'air, plutôt que de devoir être stocké dans la batterie elle-même.)

Malgré l'énorme augmentation de la densité énergétique des batteries lithium-air, de nombreux problèmes techniques ont empêché cette batterie remarquable de fonctionner concrètement. L'un d'entre eux est sa courte durée de vie : environ deux mois seulement. Les scientifiques qui croient en cette technologie pensent qu'en expérimentant une multitude de types de produits chimiques différents, il serait peut-être possible de résoudre bon nombre de ces problèmes techniques.

En 2022, l'Institut national japonais des sciences des matériaux, en collaboration avec la société d'investissement SoftBank, a annoncé un nouveau type de batterie lithium-air, très prometteuse, dotée d'une densité énergétique bien supérieure à celle de la batterie lithium-ion standard. Cependant, on ne dispose toujours pas de détails permettant de savoir si la série de problèmes auxquels est confrontée cette technologie porteuse de potentialités a été surmontée.

L'un des inconvénients persistants de la voiture électrique est le temps nécessaire pour charger la batterie, qui peut prendre de plusieurs heures à une journée. C'est pourquoi une autre technologie est à l'étude : la SuperBattery, un système hybride créé par Skeleton Technologies et l'Institut de technologie de Karlsruhe en Allemagne, qui promet de pouvoir recharger un véhicule électrique en seulement quinze secondes.

Elle utilise une batterie lithium-ion standard. Mais sa nouveauté réside dans le fait que la SuperBattery combine la batterie lithium-ion avec un condensateur pour réduire le temps de charge. (Un condensateur stocke l'électricité statique. Dans sa forme la plus simple, il se compose de seulement deux plaques parallèles, l'une chargée positivement et l'autre négativement. Le grand avantage des condensateurs est qu'ils peuvent stocker de l'énergie électrique, puis la restituer très rapidement.) L'utilisation de supercondensateurs pour permettre une charge rapide a également attiré d'autres entreprises. Tesla a récemment acquis Maxwell Technologies pour poursuivre dans cette voie. Cette technologie hybride est donc déjà sur le marché et pourrait considérablement améliorer la commodité d'une voiture électrique.

Les bénéfices potentiels étant énormes, un certain nombre de groupes audacieux travaillent dur à la mise au point du successeur des batteries lithium-ion. Il s'agit notamment des technologies expérimentales suivantes :

- NAWA Technologies affirme que son électrode de carbone ultrarapide, utilisant la nanotechnologie, peut décupler la puissance des batteries et multiplier par cinq leur durée de vie. L'entreprise affirme que l'autonomie d'une voiture électrique pourrait atteindre 1 000 kilomètres, avec un temps de charge de seulement cinq minutes pour atteindre 80 % de sa capacité.
- Des scientifiques de l'université du Texas affirment être capables d'éliminer de leurs batteries l'un des composants les moins souhaitables : le cobalt. Le cobalt est coûteux et toxique, et ils affirment pouvoir le remplacer par du manganèse et de l'aluminium.

- Le fabricant chinois de cellules de batterie SVOLT a annoncé qu'il pouvait lui aussi remplacer le cobalt dans ses batteries. Il affirme pouvoir augmenter l'autonomie des véhicules électriques à 800 kilomètres et améliorer la durée de vie des batteries.
- Des scientifiques de l'université de Finlande orientale ont développé une batterie lithium-ion avec une anode hybride, utilisant du silicium et des nanotubes de carbone, et selon eux, cela augmente les performances des batteries.
- Des scientifiques de l'université de Californie à Riverside forment un autre groupe qui s'intéresse au silicium. Ils utilisent la batterie lithium-ion de base, sauf qu'ils remplacent l'anode en graphite par du silicium.
- Des scientifiques de l'université Monash en Australie ont remplacé la batterie lithium-ion par une batterie lithium-soufre. Ils affirment que leur batterie peut alimenter un smartphone pendant cinq jours ou un véhicule électrique sur 1 000 kilomètres.
- IBM Research et d'autres chercheurs étudient la possibilité de remplacer les éléments toxiques tels que le cobalt et le nickel, voire la batterie lithium-ion elle-même, par de l'eau de mer. IBM affirme qu'une batterie à l'eau de mer serait moins chère et présenterait une densité énergétique plus élevée.

Même si des améliorations sont progressivement apportées à la batterie lithium-ion, la stratégie de base introduite il y a deux cents ans par Volta est toujours d'actualité. Il est permis d'espérer que les ordinateurs quantiques pourront permettre aux scientifiques de systématiser ce processus et le rendre à la fois moins cher et plus efficace, afin que des millions d'expériences puissent être menées virtuellement.

Le problème est que les réactions chimiques complexes qui se produisent à l'intérieur d'une batterie n'obéissent à aucune loi simple, comme la mécanique de Newton. Mais les ordinateurs quantiques pourraient être capables de faire ce gros travail, en simulant des réactions chimiques complexes sans les exécuter réellement.

Rien d'étonnant donc à ce que l'industrie automobile investisse dans des ordinateurs quantiques pour déterminer si une super-batterie pourrait être conçue en utilisant des mathématiques pures. Une batterie ultra-efficace pourrait éliminer le principal goulot d'étranglement qui empêche l'avènement de l'ère solaire : le stockage de l'électricité.

L'industrie automobile et les ordinateurs quantiques

Le géant automobile Daimler, propriétaire de Mercedes-Benz, est l'une des entreprises qui ont compris le potentiel des ordinateurs quantiques pour révolutionner leur secteur. Dès 2015, Daimler a créé la Quantum Computing Initiative (Initiative pour l'informatique quantique) dans le but de rester à la pointe de la rapide évolution de ce domaine.

Ben Boeser, qui a travaillé dans le groupe Mercedes-Benz Research and Development North America, a déclaré : « C'est une activité fondamentalement axée sur la recherche, qui porte sur des phénomènes qui se produiront dans dix à quinze ans, mais nous voulons comprendre les bases de ce nouvel univers en cours de création et en tant qu'entreprise, nous voulons en faire partie[1]. » Daimler considère l'informatique quantique non seulement comme une curiosité scientifique, mais aussi comme un composant de son activité.

Holger Mohn, rédacteur en chef de leur magazine en ligne *Daimler*, souligne les autres avantages de l'informatique quantique, au-delà de la découverte de nouveaux modèles de batteries. Il écrit : « Elle pourrait devenir le meilleur moyen de découvrir de nouvelles technologies plus efficaces en simulant des formes aérodynamiques pour un meilleur rendement énergétique et une conduite plus souple, ou d'optimiser les processus de fabrication avec une myriade de variables[2]. » En 2018, Daimler a constitué un réseau d'ingénieurs de haut niveau pour travailler en étroite collaboration avec Google et IBM, afin de développer la technologie nécessaire pour résoudre certains de ces problèmes épineux. Ils écrivent déjà des codes et les téléchargent sur le cloud pour se familiariser avec l'informatique quantique.

Par exemple, les équations de base de l'aérodynamique sont bien connues. Mais au lieu d'effectuer des tests coûteux en soufflerie pour réduire la friction de l'air sur leurs voitures, il serait nettement moins cher et plus pratique qu'ils puissent placer leurs véhicules dans une « soufflerie virtuelle », c'est-à-dire de tester l'efficacité de leur conception dans la mémoire d'un ordinateur quantique. Cela permettra une analyse rapide afin de réduire le frottement.

Airbus utilise un ordinateur quantique pour créer une soufflerie virtuelle, afin de calculer la trajectoire de montée et de descente la plus économe en carburant pour ses avions. Et Volkswagen utilise également cette technologie pour calculer le trajet optimal que les bus et les taxis doivent emprunter dans une ville encombrée.

Depuis 2018, BMW s'intéresse aux ordinateurs quantiques pour résoudre une multitude de problèmes, en utilisant le plus récent ordinateur quantique de Honeywell. Parmi les pistes étudiées, on peut citer :

- Créer une meilleure batterie de voiture.
- Déterminer les meilleurs emplacements pour l'installation de stations de recharge électrique.
- Trouver des moyens plus efficaces d'acheter la variété de composants qui entrent dans les voitures BMW.
- Augmenter les performances aérodynamiques et la sécurité.

BMW se tourne notamment vers les ordinateurs quantiques pour soutenir ses programmes d'optimisation, en d'autres termes pour réduire les coûts tout en augmentant les performances.

Mais les ordinateurs quantiques ne sont pas seulement utiles pour créer des batteries et des voitures plus récentes, moins chères et plus puissantes, sans nuire à l'environnement. Les ordinateurs quantiques pourraient peut-être aussi nous libérer des dangers que représentent les maladies redoutées et incurables qui affligent l'humanité depuis la nuit des temps. Voyons maintenant comment les ordinateurs quantiques pourraient révolutionner la médecine.

Au lieu d'être une source légendaire de vie éternelle, la Fontaine de Jouvence pourrait s'avérer être un ordinateur quantique.

TROISIÈME PARTIE

LA MÉDECINE QUANTIQUE

10.

LA SANTÉ QUANTIQUE

Combien de temps pouvons-nous vivre ?

Durant la plus grande partie de l'histoire de l'humanité, l'espérance de vie moyenne des humains était comprise entre 20 et 30 ans. La vie était souvent courte et misérable. Les humains vivaient dans la hantise constante de la prochaine épidémie ou de la prochaine famine.

Les récits bibliques et d'autres textes anciens regorgent d'histoires d'épidémies et de maladies. Plus tard, ces histoires étaient remplies d'orphelins et de méchantes belles-mères, car les parents ne vivaient souvent pas assez longtemps pour élever leurs propres enfants.

Malheureusement, tout au long de l'histoire, les médecins n'étaient souvent que des charlatans et des imposteurs, dispensant pompeusement des « remèdes » qui aggravaient fréquemment l'état du patient. Les riches pouvaient se payer des médecins privés, qui gardaient jalousement le « secret » de leurs potions inutiles, tandis que les pauvres mouraient souvent dans la misère, dans des hôpitaux insalubres et surpeuplés. (Tout cela a été parodié par Molière dans sa pièce hilarante *Le Médecin malgré lui*, dans laquelle un pauvre paysan est pris pour un médecin éminent et trompe ensuite tout le monde en employant de grands mots latins, fantaisistes et improvisés pour donner des conseils médicaux stupides.)

Cependant, plusieurs progrès historiques ont permis d'allonger notre espérance de vie. Le premier a été la mise en place d'un meilleur assainissement. Autrefois, les villes étaient des cloaques de nourriture avariée et de déjections humaines. Les gens jetaient constamment leurs ordures dans la rue. Les routes des villes anciennes ressemblaient généralement à un parcours d'obstacles malodorant, un terrain propice aux maladies. Mais dans les années 1800, des citoyens ont dénoncé ces conditions insalubres, ce qui a abouti à la création d'un système d'égouts et à l'amélioration de l'assainissement ; cela a permis d'éliminer de nombreuses maladies mortelles transmises par l'eau, ajoutant quelque quinze à vingt ans à notre espérance de vie.

Le progrès suivant est consécutif aux guerres européennes sanglantes qui ont ravagé le continent au cours des années 1800. Il y avait tellement de soldats qui mouraient de blessures béantes au combat que des rois et des monarques ont décrété que les remèdes qui fonctionnaient réellement seraient récompensés royalement. Soudain, au lieu de tenter simplement d'impressionner leurs riches clients avec des préparations inutiles, des médecins ambitieux se sont mis à publier des articles sur des thérapies qui aidaient réellement les patients. Les revues médicales ont commencé à prospérer, documentant les progrès sur la base de preuves expérimentales, et non pas seulement sur la réputation de l'auteur.

Cette nouvelle approche adoptée par les médecins et les scientifiques a permis des progrès révolutionnaires tels que les antibiotiques et les vaccins, qui ont fini par vaincre un bestiaire de maladies mortelles, allongeant l'espérance de vie moyenne de quelque dix à quinze années. Une meilleure alimentation, la chirurgie, la révolution industrielle ainsi que d'autres facteurs ont également contribué au rallongement de l'espérance de vie.

Dans de nombreux pays, l'espérance de vie moyenne se situe aujourd'hui aux alentours de 70 ans.

Malheureusement, bon nombre de ces progrès de la médecine moderne sont dus à la chance et non pas à une conception minutieuse. Il n'y avait rien de systématique dans la recherche de remèdes pour ces maladies, et ces derniers ont principalement été découverts par des accidents fortuits.

Par exemple, en 1928, lorsque Alexander Fleming a observé par inadvertance que les particules de moisissure du pain pouvaient tuer les bactéries qui se développent dans une boîte de Petri, il a véritablement révolutionné les soins de santé. Au lieu de devoir regarder, impuissants, leurs patients mourir de maladies courantes, les médecins pouvaient désormais administrer des antibiotiques tels que la pénicilline, un « remède » qui, pour la première fois dans l'histoire de l'humanité, parvenait réellement à guérir les patients. Bientôt, des antibiotiques sont apparus contre le choléra, le tétanos, la typhoïde, la tuberculose et bien d'autres maladies encore. Mais la plupart de ces remèdes ont été découverts par essais et erreurs.

L'apparition des germes résistants aux médicaments

Les antibiotiques ont été si efficaces et si souvent prescrits que les germes se rebiffent désormais. Il ne s'agit pas d'un sujet abstrait, car les germes résistants aux médicaments constituent aujourd'hui l'un des problèmes de santé majeurs auxquels la société est confrontée. Des maladies mortelles autrefois éradiquées, telles que la tuberculose, reviennent lentement sous une forme virulente et incurable. Ces « supermicrobes » sont souvent immunisés contre les antibiotiques les plus récents, laissant la population impuissante face à eux.

De plus, à mesure que l'humanité s'installe dans des zones jusque-là inexplorées et non peuplées, nous nous retrouvons sans cesse exposés à de nouvelles maladies contre lesquelles nous n'avons aucune immunité. Il existe donc un énorme réservoir de maladies inconnues qui n'attendent qu'à émerger pour infecter l'humanité.

Certains sont d'avis que l'utilisation à grande échelle d'antibiotiques chez les animaux a accéléré cette tendance. Les vaches, par exemple, deviennent un terrain fertile pour les germes résistants aux médicaments, car les agriculteurs leur administrent parfois trop d'antibiotiques dans le but d'augmenter la production de lait et de viande.

La menace d'une réapparition plus forte que jamais de ces maladies impose un besoin urgent d'une nouvelle génération d'antibiotiques suffisamment bon marché pour justifier leur coût. Malheureusement, aucune nouvelle classe d'antibiotiques n'a été développée au cours des trente dernières années. Ceux que nos parents utilisaient sont à peu près les mêmes que ceux que nous utilisons aujourd'hui. L'un des problèmes est que des milliers de substances chimiques doivent être testées afin de parvenir à isoler un petit nombre de médicaments prometteurs. Il en coûte environ 2 à 3 milliards de dollars pour développer une nouvelle classe d'antibiotiques par ces méthodes.

Comment les antibiotiques fonctionnent

Les technologies modernes ont permis aux scientifiques de comprendre progressivement le fonctionnement de certains types d'antibiotiques. La pénicilline et la vancomycine, par exemple, interfèrent avec la production d'une molécule appelée « peptidoglycane », essentielle à la création et au renforcement de la paroi cellulaire de la bactérie. Ces médicaments provoquent donc la destruction des parois de cette dernière.

Une autre catégorie de médicaments, les quinolones, met à mal la chimie reproductive de la bactérie, de sorte que son ADN ne fonctionne pas correctement et qu'elle ne parvient pas à se reproduire.

Une autre encore, qui comprend la tétracycline, interfère avec la capacité des bactéries à synthétiser une protéine clé. Et une autre catégorie empêche les cellules de produire de l'acide folique, ce qui interfère avec la capacité des bactéries à contrôler les substances chimiques passant à travers la paroi cellulaire.

Au vu de tous ces progrès, comment est-il possible qu'il y ait un goulot d'étranglement ?

D'une part, le développement de ces nouveaux antibiotiques prend beaucoup de temps, souvent plus de dix ans. Ces médicaments doivent être rigoureusement testés afin de garantir leur sécurité, ce qui représente un processus long et coûteux. Et après une décennie de travail acharné, le produit final ne parvient souvent pas à rembourser les investissements réalisés. Le principal objectif de nombreuses sociétés pharmaceutiques est que les ventes compensent le coût de fabrication de ces médicaments.

Le rôle de la médecine quantique

Tout comme pour la conception des batteries depuis l'époque de Volta, le problème est que la stratégie de base n'a pas beaucoup évolué depuis l'époque de Fleming. Fondamentalement, nous testons toujours à l'aveugle divers candidats contre les germes présents dans une boîte de Petri. Aujourd'hui, grâce à l'automatisation, à la robotique et aux chaînes de montage mécanisées, des milliers de boîtes de Petri contenant divers types de maladies peuvent être exposées simultanément à des médicaments prometteurs, imitant ainsi l'approche de base mise au point par Fleming il y a cent ans.

Depuis cette époque, notre stratégie est la suivante :

> Tester la substance prometteuse → déterminer si elle tue les bactéries → identifier le mécanisme

Les ordinateurs quantiques pourraient totalement bouleverser ce processus et accélérer la recherche de nouveaux médicaments capables de sauver des vies. Ils sont suffisamment puissants pour qu'un jour, ils puissent nous guider systématiquement vers de nouveaux moyens de destruction des bactéries. Au lieu de passer des décennies à expérimenter différents médicaments, nous pourrions être en mesure d'en concevoir rapidement de nouveaux dans la mémoire d'un ordinateur quantique.

Cela signifie qu'il nous faudra inverser l'ordre de notre stratégie :

> Identifier le mécanisme → déterminer s'il tue les bactéries → tester la substance prometteuse

Si, par exemple, le mécanisme de base par lequel ces antibiotiques peuvent tuer les germes est découvert au niveau moléculaire, on pourrait utiliser ces connaissances pour créer de nouveaux médicaments. Cela signifie que l'on commence par le mécanisme souhaité, par exemple détruire la paroi cellulaire de la bactérie, puis que l'on utilise des ordinateurs quantiques pour déterminer comment procéder en trouvant les points faibles de la paroi d'une bactérie. Ensuite, on teste différents médicaments capables de remplir cette fonction et enfin, on se concentre sur ceux qui sont réellement efficaces contre la bactérie.

Ainsi, tenter de modéliser la molécule de pénicilline avec un ordinateur conventionnel représente un énorme défi. Cela nécessiterait 10^{86} bits de mémoire informatique, ce qui va bien au-delà des capacités de n'importe quel ordinateur numérique.

Mais c'est à la portée d'un ordinateur quantique. Tenter de découvrir de nouveaux médicaments en analysant leur comportement moléculaire peut donc constituer une cible de choix pour les ordinateurs quantiques.

Les virus tueurs

La science moderne a également réussi à attaquer les virus à l'aide de vaccins, mais seulement jusqu'à un certain point. Les vaccins agissent indirectement en stimulant le système immunitaire de l'organisme, plutôt qu'en attaquant directement le virus, de sorte que les progrès dans la guérison des maladies causées par les virus ont été lents.

L'une des plus grandes causes de mortalité dans l'histoire est la variole, qui a tué trois cents millions de personnes rien que depuis 1910. La variole était déjà connue dans l'Antiquité.

On savait également que si une personne souffrait de cette maladie et se rétablissait, ses croûtes pouvaient être transformées en poudre et administrées à une personne en bonne santé *via* des lésions cutanées. Cette personne serait ainsi vaccinée contre la maladie.

Cette technique a été perfectionnée et utilisée avec succès en Angleterre en 1796. Le médecin Edward Jenner a prélevé du pus sur des vaches laitières guéries de la variole de la vache, qui ressemble à la variole humaine. Puis il a injecté ce pus à des individus en bonne santé, qui ont développé une immunité contre la variole.

Depuis lors, des vaccins ont été utilisés contre un grand nombre de maladies auparavant incurables, comme la polio, l'hépatite B, la rougeole, la méningite, les oreillons, le tétanos, la fièvre jaune et bien d'autres encore. Il existe des milliers de vaccins possibles qui pourraient avoir une valeur thérapeutique, mais sans comprendre le fonctionnement du système immunitaire de l'organisme à l'échelle la plus infime, il est impossible de tous les tester.

Au lieu de tester chaque vaccin expérimentalement, on pourrait les « tester » au sein d'un ordinateur quantique. Le grand avantage de cette méthode est que la recherche de nouveaux vaccins pourrait se faire rapidement, à moindre coût et efficacement, sans recourir à des essais compliqués, longs et coûteux.

Dans le prochain chapitre, nous découvrirons comment les ordinateurs quantiques pourraient modifier et renforcer notre système immunitaire, nous protégeant ainsi contre le cancer et peut-être contre des maladies actuellement incurables telles que la maladie d'Alzheimer et la maladie de Parkinson. Mais avant cela, il existe une autre manière dont les ordinateurs quantiques peuvent nous aider à nous défendre contre la prochaine pandémie mondiale de virus.

La pandémie de Covid

L'une des manières de comprendre la puissance des ordinateurs quantiques est de considérer la tragédie de la pandémie de Covid, qui a jusqu'à présent tué environ un million de personnes aux États-Unis et plongé des milliards de personnes dans le monde entier dans la détresse et des difficultés économiques. Les ordinateurs quantiques, cependant, peuvent nous fournir un système d'alerte précoce pour détecter les virus émergents avant qu'ils ne provoquent une pandémie mondiale.

On estime que 60 % de toutes les maladies proviennent du règne animal. Il existe donc un vaste réservoir de nouveaux germes susceptibles de générer une multitude de nouvelles maladies. Et à mesure que la civilisation humaine s'installe dans des zones auparavant non développées, nous nous trouvons exposés à de nouveaux animaux ainsi qu'à leurs maladies.

Par exemple, grâce à l'analyse génétique, on peut déterminer que le virus de la grippe provient principalement des oiseaux. De nombreux virus de la grippe apparaissent en Asie, où les agriculteurs pratiquent ce qu'on appelle la « polyagriculture », qui implique de vivre à proximité de porcs et d'oiseaux. Or le virus provient des oiseaux, dont les porcs mangent souvent les excréments, puis les humains mangent les porcs. Les porcs agissent donc comme une sorte de bol mélangeur, combinant l'ADN des oiseaux et des porcs pour créer de nouveaux virus.

De même, le virus du SIDA a été retracé jusqu'au virus de l'immunodéficience simienne (SIV), qui infecte les primates. En utilisant la génétique, les scientifiques ont supposé qu'une personne en Afrique a mangé la chair d'un primate entre 1884 et 1924, qui s'est ensuite mélangée à l'ADN d'un humain pour créer le VIH, une version mutée du SIV qui peut s'attaquer aux humains.

Avec les progrès des transports, l'augmentation des voyages à travers le monde a accéléré la propagation de maladies telles que la peste au Moyen Âge. Les historiens ont retracé les chemins empruntés par les marins des temps anciens lorsqu'ils allaient de port en port, répandant ainsi la peste jusqu'à des rivages lointains. En comparant le moment où les navires ont accosté dans un certain port avec la date de l'apparition de la maladie, on peut observer comment la peste s'est propagée à travers le Moyen-Orient et l'Asie, passant de ville en ville. Aujourd'hui, nous disposons d'avions de ligne capables de répandre une maladie à travers les continents en quelques heures.

Ce n'est donc qu'une question de temps avant qu'une autre pandémie, propagée par les voyages internationaux en avion, ne se répande dans le monde.

Mais grâce aux progrès remarquables de la génomique, les scientifiques ont pu séquencer en 2020 le matériel génétique du virus Covid-19 en quelques semaines seulement. Cela a permis aux scientifiques de créer des vaccins qui stimulent le système immunitaire du corps afin qu'il attaque le virus. Mais il s'agissait simplement de modifier le système immunitaire du corps pour qu'il soit capable de se défendre. Ce qui manquait, c'était un moyen systématique de vaincre ce virus mortel lui-même.

Un système d'alerte précoce

Il existe plusieurs manières dont les ordinateurs quantiques peuvent contribuer à stopper la prochaine pandémie. Nous avons au minimum besoin d'un système d'alerte précoce pour détecter le virus dès son apparition en temps réel. À partir du moment où une nouvelle version du virus Covid-19 apparaît, il faut des semaines avant qu'une alerte puisse être émise. Pendant cette période, le virus peut s'échapper dans l'écosystème humain et y passer inaperçu. Un retard de quelques semaines peut permettre au virus d'infecter des millions de personnes.

Une méthode de suivi des épidémies consiste à installer des capteurs dans les réseaux d'égouts du monde entier. Les virus peuvent facilement être identifiés en analysant les eaux usées, en particulier autour des zones urbaines surpeuplées. Des tests antigéniques rapides permettent de détecter l'apparition d'un virus en une quinzaine de minutes. Cependant, les données provenant de millions de réseaux d'égouts peuvent facilement submerger les ordinateurs numériques. En revanche, les ordinateurs quantiques excellent dans l'analyse de montagnes de données pour trouver l'aiguille dans la botte de foin. Aux États-Unis, certaines collectivités installent déjà des capteurs dans leurs réseaux d'égouts à titre de système d'alerte précoce.

Un autre système d'alerte précoce a été présenté par la société Kinsa, qui fabrique des thermomètres connectés à Internet. En examinant les fièvres qui se déclarent à travers un pays, on peut déceler les anomalies importantes. Par exemple, en mars 2020, les hôpitaux du sud des États-Unis ont été submergés d'étranges rapports signalant des milliers de personnes infectées par un nouveau virus. Beaucoup sont mortes. Les hôpitaux étaient débordés.

Selon l'une des théories, la célébration du Mardi gras, fin février 2020 à La Nouvelle-Orléans, a été un événement de propagation massive qui a exposé au virus des centaines de milliers de personnes sans méfiance. Effectivement, en analysant les relevés des thermomètres juste après le Mardi gras, on constate une hausse soudaine de la température des patients dans le Sud. Malheureusement, comme les médecins n'avaient aucune expérience face à ce nouveau virus mortel, il a fallu des semaines après ce Mardi gras pour les alerter de la pandémie. Beaucoup de personnes sont mortes en raison de ce retard critique dans l'identification du virus, dont l'apparition a totalement surpris le corps médical.

À l'avenir, un vaste réseau d'appareils médicaux tels que des thermomètres et des capteurs connectés à Internet permettrait d'obtenir une lecture instantanée de ce qui se passe dans un pays, grâce à l'analyse des données par des ordinateurs quantiques. D'un simple coup d'œil sur la carte du pays, on pourrait repérer les points chauds représentant un nouvel événement potentiel de propagation massive.

Une autre manière de créer un système d'alerte précoce consiste à utiliser les médias sociaux, qui, mieux que tout autre moyen, nous donnent la mesure de ce qui se passe dans un pays en temps réel. Par exemple, les algorithmes du futur seraient capables de repérer les publications anormales sur Internet. Par exemple, si les gens commencent à écrire des messages du genre « J'ai du mal à respirer » ou « Je n'ai plus d'odorat », ces phrases anormales pourraient être détectées par les ordinateurs quantiques. Les professionnels de la santé pourraient alors suivre ces incidents pour déterminer s'ils sont causés par une maladie transmissible.

De même, les ordinateurs quantiques pourraient être capables de détecter les épidémies de virus au fur et à mesure qu'elles se produisent. Il serait possible de développer des capteurs pour détecter les aérosols du virus flottant dans l'air. Au début de l'épidémie de Covid-19, les responsables gouvernementaux ont affirmé qu'il suffisait de respecter une distance de 2 mètres entre les personnes pour empêcher la propagation du virus. Selon eux, la transmission se faisait principalement par de grosses gouttelettes provenant de la toux et des éternuements.

On estime aujourd'hui que cette affirmation était probablement fausse. Des études actuelles sur le virus montrent que les particules d'aérosol après un éternuement, par exemple, peuvent transporter le virus à 6 mètres ou plus. En fait, on pense désormais que l'un des principaux moyens de propagation du virus passe par les aérosols générés par la parole. S'asseoir à côté de personnes qui chantent, psalmodient et parlent fort dans un espace intérieur pendant plus de quinze minutes est susceptible d'accélérer la propagation du virus.

Ainsi, à l'avenir, un réseau de capteurs placés à l'intérieur pourrait être capable de dépister les aérosols dans l'air et d'envoyer aussitôt les résultats à des ordinateurs quantiques, qui pourront analyser ce vaste ensemble d'informations pour détecter les signes avant-coureurs de la prochaine pandémie.

Décrypter le système immunitaire

Les vaccins ont prouvé que le système immunitaire de l'organisme constitue une puissante défense contre les maladies infectieuses. Mais les scientifiques savent très peu de choses sur la manière dont il fonctionne réellement.

Nous continuons d'apprendre des choses surprenantes à son sujet. Par exemple, les scientifiques savent désormais que de nombreuses maladies n'attaquent pas directement l'organisme. La grippe espagnole de 1918 a tué plus de personnes que la Première Guerre mondiale. Malheureusement, aucun échantillon du virus n'a été conservé, de sorte qu'il est difficile de l'analyser pour comprendre comment il a tué des gens. Mais il y a quelques années, des scientifiques ont pu se rendre dans l'Arctique et examiner les corps de personnes décédées de ce virus, qui ont été conservés dans le permafrost.

Ce qu'ils ont trouvé est fort intéressant. Cette maladie ne tuait pas sa victime directement. Elle surstimulait le système immunitaire du corps, qui se mettait alors à inonder l'organisme de substances chimiques dangereuses dans l'espoir de tuer le virus. C'est cette tempête de cytokines qui finissait par causer la mort du patient. Ainsi, le principal tueur était en réalité le système immunitaire qui s'était emballé.

Un phénomène similaire a été observé avec le Covid-19. Lorsque des personnes étaient hospitalisées, leur situation ne semblait pas toujours désastreuse au premier abord. Mais aux derniers stades de la maladie, lorsque la tempête de cytokines s'installait, les substances chimiques dangereuses qui inondaient le corps finissaient par provoquer la défaillance des organes. En l'absence de traitement, la mort frappe souvent.

À l'avenir, les ordinateurs quantiques pourraient nous offrir une compréhension sans précédent de la biologie moléculaire du système immunitaire. Cela pourrait nous indiquer de nombreuses façons de désactiver ou de freiner le système immunitaire afin qu'il ne nous soit pas fatal en cas d'infection grave. Nous examinerons le système immunitaire plus en détail dans le prochain chapitre.

Le virus Omicron

Les ordinateurs quantiques peuvent également s'avérer extrêmement utiles pour déterminer les caractéristiques d'un virus au fur et à mesure de sa mutation. Par exemple, le variant Omicron du Covid-19 est apparu aux alentours de novembre 2021. Son génome a été séquencé et la sonnette d'alarme tirée aussitôt. Il présentait cinquante mutations, ce qui le rendait plus transmissible que le virus Delta. Mais les scientifiques ont été incapables de déterminer avec précision à quel point ces mutations allaient le rendre dangereux. Allaient-elles permettre aux protéines Spike de pénétrer dans les cellules humaines beaucoup plus rapidement qu'auparavant, et donc de faire des ravages dans l'espèce humaine ? Ils ne purent rien faire d'autre qu'attendre et observer. À l'avenir, les ordinateurs quantiques pourraient être capables de déterminer le degré de létalité d'un virus en analysant les mutations de ses protéines Spike, plutôt que d'attendre des semaines tout en croisant les doigts.

On pourra peut-être prédire l'évolution de ce virus et d'autres dès que l'on connaîtra leur structure. Les ordinateurs numériques d'aujourd'hui sont trop primitifs pour simuler la manière dont un virus tel qu'Omicron peut attaquer le corps humain. Mais lorsque nous connaîtrons la structure moléculaire précise du virus, nous pourrons peut-être utiliser des ordinateurs quantiques pour simuler ses effets spécifiques sur l'organisme, et ainsi savoir à l'avance à quel point il est dangereux et comment le combattre.

Nous pouvons heureusement aussi compter sur l'évolution. De nombreuses maladies anciennes qui ont tué une grande partie de l'espèce humaine, comme le virus de la grippe espagnole de 1918, sont probablement toujours présentes, mais sous une forme mutée, endémique plutôt que pandémique. Selon la théorie évolutionniste, différentes souches d'un virus sont en compétition les unes avec les autres. Il y a donc une pression évolutive pour devenir plus contagieux et surpasser la concurrence. Ainsi, chaque génération de mutations pourrait être plus contagieuse que la précédente. Mais si un virus tue trop de personnes, il n'aura plus assez d'hôtes pour poursuivre sa propagation. Par conséquent, il y a également une pression évolutive en faveur de moins de létalité.

En d'autres termes, pour rester en circulation, de nombreux virus évoluent afin de devenir plus contagieux, mais moins mortels. Ainsi, peut-être devrons-nous simplement apprendre à cohabiter avec le virus Covid, mais il aura alors une forme moins létale.

L'avenir

Les antibiotiques et les vaccins constituent le fondement de la médecine moderne. Mais les antibiotiques sont généralement découverts par essais et erreurs, et les vaccins ne font que stimuler le système immunitaire pour qu'il crée des anticorps destinés à combattre un virus. Ainsi, l'un des objectifs de la médecine moderne est de développer de nouveaux antibiotiques, et un autre est de comprendre la réponse immunitaire de l'organisme, qui constitue notre première ligne de défense contre les virus et contre l'un des plus grands tueurs de tous les temps : le cancer. Si le mystère relatif à notre système immunitaire peut être résolu à l'aide d'ordinateurs quantiques, nous aurons également un moyen de lutter contre certaines des plus grandes maladies incurables, par exemple certaines formes de cancer, la maladie d'Alzheimer, la maladie de Parkinson et la sclérose latérale amyotrophique (SLA). Ces maladies provoquent des dégâts au niveau moléculaire, que seuls les ordinateurs quantiques pourront décrypter et aider à combattre. Dans le prochain chapitre, nous allons voir comment les ordinateurs quantiques pourraient révéler de nouvelles informations sur notre système immunitaire et éventuellement permettre de le renforcer.

11.

MODIFICATION DE GÈNES ET GUÉRISON DU CANCER

En 1971, le président Richard Nixon a annoncé tambour battant la guerre contre le cancer. La médecine moderne, a-t-il alors déclaré, allait enfin mettre fin à ce grand fléau.

Mais des années plus tard, lorsque les historiens ont évalué cet effort, le verdict a été sans appel : le cancer avait gagné. Certes, des progrès avaient été réalisés dans la lutte contre le cancer grâce à la chirurgie, à la chimiothérapie et à la radiothérapie, mais le nombre de décès dus au cancer est resté obstinément élevé. Il est encore et toujours la deuxième cause de mortalité aux États-Unis, après les maladies cardiovasculaires. Il a tué 9,5 millions de personnes dans le monde en 2018.

Le problème fondamental de la guerre contre le cancer était que les scientifiques ne savaient pas ce qu'était réellement cette maladie. Il y a eu un débat animé pour savoir si ce fléau tant redouté était causé par un seul facteur ou par un ensemble complexe de facteurs, comme l'alimentation, la pollution, la génétique, les virus, les radiations, le tabagisme ou tout simplement la malchance.

Plusieurs décennies plus tard, les progrès de la génétique et de la biotechnologie ont enfin révélé la réponse. Au niveau le plus fondamental, le cancer est une maladie liée à nos gènes, mais il peut être provoqué par des poisons environnementaux, des radiations et d'autres facteurs – ou tout simplement par la malchance. En fait, le cancer n'est pas une seule maladie, mais des milliers de types différents de mutations dans nos gènes. Il existe désormais des encyclopédies sur les différents types de cancers qui provoquent la prolifération soudaine de cellules saines et la mort de l'hôte.

Le cancer est une maladie extrêmement diversifiée et répandue. On le trouve dans des momies vieilles de plusieurs milliers d'années. La plus ancienne référence médicale à son sujet remonte à trois mille ans avant notre ère, en Égypte. Mais le cancer n'affecte pas uniquement les humains. On le trouve dans tout le règne animal. Dans un certain sens, il est le prix à payer pour avoir des formes de vie complexes sur Terre.

Pour créer une forme de vie complexe, impliquant des milliards de cellules exécutant des réactions chimiques complexes en séquence, certaines cellules doivent mourir tandis que de nouvelles prennent leur place, ce qui permet au corps de croître et de se développer. De nombreuses cellules d'un bébé doivent finir par mourir pour ouvrir la voie aux cellules d'un adulte. Cela signifie que les cellules sont génétiquement programmées pour mourir par nécessité, se sacrifiant pour créer de nouveaux tissus et organes complexes. C'est ce qu'on appelle l'« apoptose ».

Même si cette mort cellulaire programmée fait partie du développement sain du corps, des erreurs peuvent parfois désactiver accidentellement ces gènes, de sorte que des cellules continuent à se reproduire et à proliférer sauvagement. Ces cellules ne peuvent cesser de se reproduire, d'ailleurs, en ce sens, les cellules cancéreuses sont immortelles. C'est pourquoi elles peuvent nous tuer en se développant de manière incontrôlable et en produisant des tumeurs qui finissent par bloquer les fonctions vitales du corps.

En d'autres termes, les cellules cancéreuses sont des cellules ordinaires qui ont oublié comment mourir.

Il faut souvent plusieurs années, voire plusieurs décennies, pour qu'un cancer se forme. Par exemple, si vous avez eu un grave coup de soleil lorsque vous étiez enfant, vous risquez d'avoir un cancer de la peau au même endroit des décennies plus tard. En effet, il faut plus d'une mutation pour provoquer un cancer. Il faut souvent des années, voire des décennies, pour que plusieurs mutations s'accumulent, ce qui finit par désactiver la capacité de la cellule à contrôler la reproduction.

Mais si le cancer est tellement mortel, pourquoi l'évolution n'a-t-elle pas éliminé ces gènes défectueux il y a des millions d'années par la sélection naturelle ? La réponse est que le cancer se développe principalement après la fin de nos années de fécondité, de sorte qu'il y a moins de pression évolutive pour éliminer ces gènes.

Nous oublions parfois que l'évolution progresse par le biais de la sélection naturelle et du hasard. Par conséquent, même si les mécanismes moléculaires qui rendent la vie possible sont effectivement merveilleux, ils sont le sous-produit de mutations aléatoires sur des milliards d'années d'essais et d'erreurs. Ainsi, nous ne pouvons pas nous attendre à ce que notre corps mette en place une défense parfaite contre les maladies mortelles. Compte tenu du nombre ahurissant de mutations impliquées dans le cancer, il faudra probablement des ordinateurs quantiques pour passer au crible cette montagne d'informations et identifier les causes profondes de la maladie. Les ordinateurs quantiques sont parfaitement adaptés pour s'attaquer à une maladie qui se manifeste de tant de manières déroutantes. Ils pourraient à terme nous offrir un tout nouveau champ de bataille pour affronter des maladies incurables telles que le cancer, la maladie d'Alzheimer, la maladie de Parkinson, la SLA et bien d'autres encore.

Les biopsies liquides

Comment peut-on savoir si l'on a un cancer ? Malheureusement, souvent, on ne le peut pas. Les signes du cancer sont quelquefois ambigus ou difficiles à détecter. Par exemple, au moment où une tumeur se forme, des milliards de cellules cancéreuses peuvent se développer dans le corps. Si une tumeur maligne est détectée, le médecin pourra aussitôt recommander à son patient une intervention chirurgicale, une radiothérapie ou une chimiothérapie. Mais parfois, il est trop tard.

En revanche, que se passerait-il si l'on pouvait stopper la propagation du cancer en détectant les cellules anormales avant la formation d'une tumeur ? Les ordinateurs quantiques pourraient jouer un rôle clé dans ce domaine.

Aujourd'hui, lors d'une visite de routine chez le médecin, on nous fait une prise de sang, puis nous recevons un diagnostic dont nous espérons qu'il confirme un bon état de santé. Toutefois, des signes révélateurs d'un cancer sont susceptibles d'apparaître plus tard. Vous vous demandez peut-être pourquoi une simple analyse de sang ne parvient pas à détecter un cancer.

Eh bien, notre système immunitaire ne parvient généralement pas à détecter les cellules cancéreuses. Elles passent sous les radars. Les cellules cancéreuses ne sont pas des envahisseurs étrangers facilement identifiables par notre système immunitaire. Ce sont nos propres cellules qui ont dégénéré et qui peuvent par conséquent échapper à la détection. C'est la raison pour laquelle les tests sanguins qui analysent la réponse immunitaire ne parviennent pas à détecter la présence d'un cancer.

Mais on sait depuis plus de cent ans que les tumeurs cancéreuses rejettent des cellules et des molécules dans les fluides corporels. Par exemple, les cellules et les molécules cancéreuses peuvent être détectées dans le sang, l'urine, le liquide céphalorachidien et même la salive.

Malheureusement, cela n'est possible que lorsque des milliards de cellules cancéreuses se sont déjà développées dans votre corps. À ce stade, une intervention chirurgicale est généralement nécessaire pour extirper la tumeur. Mais récemment, le génie génétique nous a enfin apporté la capacité de détecter les cellules cancéreuses flottant dans notre sang ou dans d'autres fluides du corps. Un jour, cette méthode pourrait devenir suffisamment sensible pour détecter ne serait-ce que quelques centaines de cellules cancéreuses, ce qui nous donnerait des années pour agir avant la formation d'une tumeur.

Mais ce n'est qu'au cours des dernières années qu'il a été possible pour tout un chacun de créer un système d'alerte précoce contre les cancers. Une voie de recherche prometteuse est la biopsie liquide : elle constitue un moyen rapide, pratique et polyvalent de détecter un cancer et est susceptible de révolutionner la détection du cancer.

« Ces dernières années, le développement clinique des biopsies liquides pour le cancer, un outil de dépistage révolutionnaire, a suscité un grand optimisme[1] », écrivent Liz Kwo et Jenna Aronson dans l'*American Journal of Managed Care*.

À l'heure actuelle, les biopsies liquides permettent de détecter jusqu'à cinquante types de cancers différents. Une visite standard chez le médecin pourrait éventuellement permettre de détecter des cancers des années avant qu'ils ne deviennent létaux.

À l'avenir, même les toilettes de votre salle de bains pourraient être suffisamment sensibles pour détecter les signes de cellules cancéreuses, d'enzymes et de gènes circulant dans vos fluides corporels, de sorte que le cancer ne deviendrait pas plus mortel qu'un rhume. Chaque fois que vous iriez aux toilettes, vous pourriez subir involontairement un test de dépistage du cancer. Les « toilettes intelligentes » pourraient constituer notre première ligne de défense.

Bien que des milliers de mutations différentes puissent provoquer un cancer, les ordinateurs quantiques peuvent apprendre à les identifier, de sorte qu'un simple test sanguin pourrait détecter des dizaines de cancers possibles. Peut-être que notre génome pourrait être lu de manière quotidienne ou hebdomadaire et analysé par des ordinateurs quantiques distants pour trouver des signes de mutations néfastes. Ce n'est pas un remède contre le cancer, mais cela permettrait d'empêcher sa propagation afin qu'il ne devienne pas plus dangereux qu'un rhume.

Beaucoup de gens posent cette question toute simple : « Pourquoi ne pouvons-nous pas guérir le rhume ? » En réalité, nous le pouvons. Mais comme il existe plus de 300 rhinovirus susceptibles de provoquer des rhumes et qu'ils mutent constamment, cela n'aurait aucun sens de développer 300 vaccins pour atteindre une telle cible mouvante. Nous nous accommodons simplement de cette situation.

C'est peut-être l'avenir de la recherche sur le cancer. Au lieu d'être une condamnation à mort, ce dernier pourrait finalement « juste » être considéré comme une nuisance. Comme les gènes du cancer sont extrêmement nombreux, il pourrait s'avérer difficile de trouver un remède à chacun d'entre eux. Mais si nous parvenons à les détecter à l'aide d'ordinateurs quantiques des années avant leur propagation, tandis qu'il ne s'agit encore que de petites colonies de quelques centaines de cellules cancéreuses, il serait alors possible de stopper leur progression.

En d'autres termes, à l'avenir, nous aurons peut-être toujours des cancers, mais ils ne seront peut-être plus que très rarement mortels.

Renifler les cancers

Une autre manière de dépister un cancer à un stade précoce pourrait consister à utiliser des capteurs pour détecter les faibles odeurs dégagées par les cellules cancéreuses. Un jour, peut-être que votre téléphone portable, doté d'accessoires sensibles aux odeurs et connecté à un ordinateur quantique dans le cloud, pourra vous aider à vous défendre non seulement contre le cancer, mais aussi contre diverses autres maladies. Des ordinateurs quantiques analyseraient les résultats de millions de « nez robotisés » à travers le monde pour stopper le cancer dans son élan.

L'analyse des odeurs est une technique de diagnostic qui a fait ses preuves. Par exemple, des chiens sont utilisés pour détecter le coronavirus dans les aéroports. Alors que l'obtention du résultat d'un test PCR classique pour le virus peut prendre quelques jours, des chiens spécialement dressés peuvent effectuer une identification précise à 95 % en une dizaine de secondes. Ce système est déjà utilisé pour contrôler les passagers à l'aéroport d'Helsinki et ailleurs.

Des chiens ont été dressés pour identifier les cancers du poumon, du sein, des ovaires, de la vessie et de la prostate. En effet, les chiens ont un taux de réussite de 99 % pour détecter le cancer de la prostate en reniflant un échantillon d'urine d'un patient. Dans une étude, des chiens ont pu détecter le cancer du sein avec une précision de 88 % et le cancer du poumon avec une précision de 99 %.

La raison en est qu'ils possèdent 220 millions de récepteurs olfactifs nasaux, alors que les humains n'en ont que 5 millions. Leur odorat est donc bien plus précis que celui des humains. Il est d'ailleurs précis au point qu'il leur permet de détecter des concentrations d'une partie pour 1 000 milliards, ce qui équivaut à détecter une seule goutte de liquide dans 20 piscines olympiques. Et la zone de leur cerveau dévolue à l'analyse des odeurs est bien plus grande que celle du cerveau humain.

Cependant, l'un des inconvénients est qu'il faut quelques mois pour dresser un chien à identifier le coronavirus ou le cancer, et l'offre de chiens spécialement dressés est limitée. Pourrions-nous effectuer ces analyses avec notre propre technologie à une échelle qui pourrait sauver des millions de vies ?

Peu après le 11 septembre, j'ai été invité par une chaîne de télévision à un déjeuner spécial pour discuter des technologies du futur. J'ai eu le privilège de m'asseoir à côté d'un responsable de la DARPA (Defense Advanced Research Projects Agency), une branche du Pentagone célèbre pour inventer les technologies du futur. La DARPA a une longue histoire de réussites spectaculaires, telles que la NASA, Internet, la voiture sans conducteur et le bombardier furtif.

Je lui ai donc posé une question qui m'a toujours taraudé : pourquoi ne pouvons-nous pas développer des capteurs capables de détecter les explosifs ? Les chiens peuvent facilement réaliser des exploits dont nos meilleures machines sont incapables.

Il est resté silencieux un moment, puis il m'a lentement expliqué la différence entre les chiens et nos capteurs les plus avancés. La DARPA, en effet, a très attentivement étudié cette question et a constaté que les nerfs olfactifs des chiens sont si sensibles qu'ils peuvent même capter des molécules individuelles de certaines odeurs. Les capteurs artificiels développés dans nos meilleurs laboratoires ne peuvent pas même avoisiner cette sensibilité.

Quelques années après cette conversation, la DARPA a parrainé un concours pour déterminer si les laboratoires pouvaient créer un nez robotique semblable à celui d'un chien.

Andreas Mershin, du MIT, a entendu parler de ce concours. Il était fasciné par la capacité quasi miraculeuse des chiens à détecter diverses maladies et affections. Mershin s'était intéressé pour la première fois à cette question alors qu'il étudiait la détection du cancer de la vessie. Un chien avait constamment identifié un certain patient comme atteint d'un cancer, alors qu'il avait été testé à plusieurs reprises et avait été jugé non atteint de cancer. Quelque chose ne tournait pas rond. Le chien n'a jamais changé de comportement. Finalement, ce patient a accepté de subir de nouveaux tests et on a découvert qu'il souffrait d'un cancer de la vessie à un stade très précoce, avant même qu'il puisse être détecté par les tests de laboratoire standard.

Mershin a voulu reproduire cet étonnant succès. Son objectif était de créer un « nano-nez », doté de microcapteurs capables de détecter les cancers et d'autres maladies, puis de vous alerter *via* votre téléphone portable. Aujourd'hui, des scientifiques du MIT et de l'université Johns-Hopkins ont développé des microcapteurs deux cents fois plus sensibles que la truffe d'un chien.

Mais cette technologie étant encore expérimentale, il en coûte environ 1 000 dollars pour analyser un échantillon d'urine à la recherche d'un cancer. Pourtant, Mershin envisage le jour où cette technologie sera aussi répandue que l'appareil photo de votre téléphone portable. En raison de la masse de données qui pourraient affluer depuis des centaines de millions de téléphones portables et de capteurs, seuls les ordinateurs quantiques auraient la capacité de traiter ce gigantesque flux. Ils pourraient ensuite utiliser l'intelligence artificielle pour analyser les signaux, localiser les marqueurs cancéreux et vous renvoyer les informations, peut-être des années avant la formation d'une tumeur.

À l'avenir, nous disposerons peut-être de plusieurs moyens de détecter facilement et discrètement le cancer, avant qu'il ne constitue une menace sérieuse. Les biopsies liquides et les détecteurs d'odeurs pourraient envoyer des données à un ordinateur quantique, qui pourrait identifier des dizaines de types différents de cancer. En fait, le mot « tumeur » pourrait disparaître de notre vocabulaire courant, de la même manière que l'on ne parle plus de « saignée » ou de « sangsues ».

Mais que se passe-t-il si le cancer s'est déjà formé ? Les ordinateurs quantiques peuvent-ils aider à guérir le cancer une fois qu'il a commencé à attaquer le corps ?

L'immunothérapie

À l'heure actuelle, il existe au moins trois méthodes principales pour attaquer le cancer une fois qu'il a été détecté : la chirurgie (pour exciser la tumeur), la radiothérapie (pour tuer les cellules cancéreuses avec des rayons X ou des faisceaux de particules) et la chimiothérapie (pour empoisonner les cellules cancéreuses). Mais avec l'émergence du génie génétique, une nouvelle forme de thérapie est de plus en plus utilisée : l'immunothérapie. Il existe plusieurs versions de ce traitement, mais, en général, elles tentent toutes de faire appel au système immunitaire de l'organisme.

Comme nous l'avons vu, les cellules cancéreuses ne peuvent malheureusement pas être identifiées facilement par le système immunitaire de l'organisme. Par exemple, les lymphocytes T et B de l'organisme sont programmés pour identifier puis tuer un grand nombre d'antigènes étrangers, tandis que les cellules cancéreuses ne font pas partie de la bibliothèque d'antigènes que les globules blancs peuvent reconnaître. Ainsi, elles passent inaperçues de notre système immunitaire. L'astuce consiste à renforcer artificiellement la capacité de notre propre système immunitaire à identifier et à attaquer le cancer.

L'une des méthodes consiste à séquencer le génome du cancer, afin que les médecins connaissent précisément le type de cancer étudié et son évolution. Ensuite, des globules blancs sont extraits du sang tandis que les gènes du cancer sont traités. L'information génétique du cancer est ensuite insérée dans les globules blancs *via* un virus (préalablement rendu inoffensif). Les globules blancs sont alors reprogrammés pour identifier ces cellules cancéreuses. Puis les globules blancs recalibrés sont réinjectés dans le corps.

Pour le moment, cette méthode s'avère très prometteuse en termes de lutte contre les formes incurables de cancer, même à des stades avancés, lorsqu'il s'est propagé dans tout le corps. Certains patients auxquels on avait annoncé que leur cas était désespéré ont vu leur cancer disparaître de manière aussi soudaine qu'impressionnante.

L'immunothérapie a été utilisée pour le cancer de la vessie, du cerveau, du sein, du col de l'utérus, du côlon, du rectum, de l'œsophage, des reins, du foie, du poumon, de la lymphe, de la peau, des ovaires, du pancréas, de la prostate, des os, de l'estomac, ainsi que pour la leucémie, avec plus ou moins de succès.

Mais elle comporte des inconvénients. Cette méthode n'est disponible que pour certains cancers et il en existe des milliers de types différents. De plus, comme la génétique des globules blancs a été modifiée artificiellement, la modification n'est pas toujours parfaite. Cela peut provoquer des effets secondaires indésirables. Ces effets secondaires peuvent parfois même être mortels.

Toutefois, les ordinateurs quantiques pourraient contribuer à perfectionner cette thérapie. À terme, ils pourraient être capables d'analyser cette masse de données brutes pour identifier la génétique de chaque cellule cancéreuse. Une tâche aussi monumentale dépasse les capacités d'un ordinateur classique. Chaque personne verrait son génome lu, de manière silencieuse et efficace, plusieurs fois par mois, grâce à une analyse de ses fluides corporels. Tous ces génomes entiers seraient séquencés, ce qui signifie cataloguer plus de vingt mille gènes par personne. Ces données seraient ensuite comparées aux milliers de gènes de cancers possibles qui ont été étudiés. Une vaste infrastructure d'ordinateurs quantiques serait nécessaire pour analyser cette masse de données brutes. Mais les bénéfices seraient énormes : le recul de ce redoutable tueur.

Le paradoxe du système immunitaire

Le système immunitaire est entouré d'un mystère depuis longtemps. Pour que l'organisme puisse détruire les antigènes envahisseurs, il doit tout d'abord être capable de les identifier. Étant donné qu'il existe un nombre quasiment illimité de virus et de bactéries, comment le système immunitaire fait-il la différence entre ceux qui sont dangereux et ceux qui sont inoffensifs ? Comment fait-il la différence lorsqu'il n'a jamais rencontré une maladie donnée auparavant ? C'est comme si la police savait qui elle doit arrêter au milieu d'une foule de personnes qu'elle n'a jamais vues auparavant.

A priori, cela semble impossible. Théoriquement, il existe un nombre infini de types de maladies différents, de sorte qu'on ignore comment le système immunitaire pourrait les identifier correctement comme par magie.

Mais l'évolution a mis au point une manière intelligente de résoudre ce problème. Le globule blanc B, par exemple, contient des récepteurs d'antigènes en forme de Y qui dépassent de sa paroi cellulaire. L'objectif du globule blanc est de fixer les extrémités de son récepteur Y sur un antigène dangereux, afin qu'il puisse soit le détruire, soit le marquer pour une destruction ultérieure. C'est ainsi qu'il identifie les antigènes menaçants.

À la naissance du globule blanc, les codes génétiques situés aux extrémités des récepteurs Y qui correspondent aux récepteurs d'antigènes spécifiques sont mélangés de manière aléatoire. C'est là que réside la clé. Ainsi, en principe, presque *tous* les codes que l'organisme peut rencontrer sont déjà contenus dans les différents récepteurs Y aléatoires, bons et mauvais. (Pour comprendre comment un petit nombre d'acides aminés peut créer un grand nombre de codes génétiques, prenons un exemple fictif. Commençons par le fait qu'il existe 20 acides aminés différents dans le corps humain. Admettons que nous créons une chaîne de 10 acides aminés, avec 20 acides aminés possibles dans chaque emplacement. Il y a alors $20 \times 20 \times 20 \times \ldots = 20^{10}$ combinaisons aléatoires possibles d'acides aminés. Comparons cela au nombre réel de récepteurs de lymphocytes B possibles, ce qui représente quelque 10^{12} combinaisons différentes possibles. Ce nombre astronomique contient presque tous les antigènes possibles qu'il pourrait rencontrer.)

Cependant, une fois que les récepteurs Y sont tous randomisés, les récepteurs contenant les codes génétiques des acides aminés propres à l'organisme sont progressivement éliminés. Il reste donc les récepteurs Y, qui ne contiennent que le code génétique d'antigènes dangereux. Ainsi, les récepteurs Y peuvent attaquer des antigènes dangereux même s'ils ne les ont jamais rencontrés auparavant.

C'est donc comme si la police tentait de débusquer un criminel au milieu d'une foule immense. Tout d'abord, elle élimine toutes les personnes que l'on sait innocentes. Elle sait alors que le criminel pourrait se trouver parmi les personnes qui sont restées sur place.

Comme nous vivons dans un océan invisible de milliards de bactéries et de virus, le système fonctionne étonnamment bien. Mais il arrive pourtant qu'il se retourne contre nous. Par exemple, lorsque le corps supprime les codes génétiques présents dans l'organisme, il peut arriver qu'il ne les élimine pas tous. Certains des bons codes sont alors laissés sur place et sont attaqués par le système immunitaire. En d'autres termes, si la police n'élimine pas tous les suspects innocents, certains innocents seront accidentellement laissés sur place. Puis, quand vient le temps d'interroger les suspects, certains innocents sont eux aussi soupçonnés.

Cela signifie que le corps va alors s'attaquer à lui-même, créant ainsi une multitude de maladies auto-immunes. C'est peut-être pour cela que nous souffrons de polyarthrite rhumatoïde, de lupus, de diabète de type 1, de sclérose en plaques, etc.

Parfois, c'est l'inverse. Le système immunitaire supprime non seulement les bons codes, mais il élimine également certains mauvais codes par accident. Par conséquent, le système immunitaire ne peut plus identifier les codes dangereux qui peuvent provoquer des maladies.

C'est ce qui se produit quelquefois avec certains types de cancer, lorsque l'organisme n'est pas capable de détecter les antigènes contenant les mauvais gènes. L'ensemble du processus d'identification des antigènes dangereux relève purement de la mécanique quantique. Les ordinateurs numériques sont incapables de reproduire la séquence complexe d'événements qui doivent se dérouler au niveau moléculaire pour que le système immunitaire fonctionne correctement. Mais les ordinateurs quantiques pourraient être suffisamment puissants pour décrypter, molécule par molécule, la manière dont le système immunitaire opère sa magie.

Les CRISPR

Les applications thérapeutiques des ordinateurs quantiques peuvent être augmentées lorsqu'elles sont combinées avec une nouvelle technologie appelée « CRISPR » (Clustered Regularly Interspaced Short Palindromic Repeats ou répétitions palindromiques courtes groupées et régulièrement espacées), qui permet aux scientifiques de couper et de coller des gènes. Les ordinateurs quantiques peuvent être utilisés pour identifier et isoler des maladies génétiques complexes, et le système CRISPR pourrait être utilisé pour les guérir.

Dans les années 1980, la thérapie génique, c'est-à-dire la réparation des gènes défectueux, a suscité un énorme enthousiasme.

Il existe au moins dix mille maladies génétiques connues qui affectent l'espèce humaine. On croyait que la science nous permettrait de réécrire le code de la vie, en corrigeant les erreurs de Mère Nature. Il a même été envisagé que la thérapie génique pourrait aussi améliorer l'espèce humaine, en améliorant notre santé et notre intelligence au niveau génétique.

Une grande partie des premières recherches étaient centrées sur une cible facile : s'attaquer aux maladies génétiques causées par une faute d'orthographe de quelques lettres dans notre génome. Par exemple, la drépanocytose (qui touche de nombreux Afro-Américains), la mucoviscidose (qui touche de nombreux Européens du Nord) et la maladie de Tay-Sachs (qui touche de nombreuses personnes juives) sont causées par une faute d'orthographe d'une ou de plusieurs lettres dans notre génome. On espérait que les médecins seraient capables de guérir ces maladies en réécrivant simplement notre code génétique.

(En raison des mariages consanguins, ces maladies génétiques étaient tellement répandues dans les familles royales d'Europe que les historiens ont écrit qu'elles affectaient même l'histoire du monde. Le roi George III d'Angleterre souffrait d'une maladie génétique qui l'a rendu fou. Des historiens ont formulé l'hypothèse que sa folie a pu conduire à la révolution américaine. En outre, le fils de Nicolas II de Russie était atteint d'hémophilie, et la famille royale croyait que seul le mystique Raspoutine était capable de la traiter. Cela a paralysé la monarchie et retardé les réformes nécessaires, ce qui pourrait avoir contribué à déclencher la révolution russe de 1917.)

Ces essais de génie génétique ont été menés d'une manière analogue à l'immunothérapie. Le gène souhaité a tout d'abord été inséré dans un virus inoffensif, qui avait été modifié de manière qu'il ne puisse pas attaquer son hôte. Ensuite, le virus était injecté au patient, de sorte que ce dernier était infecté par le gène souhaité.

Malheureusement, des complications ont très vite surgi. Par exemple, le corps reconnaissait souvent le virus et l'attaquait, provoquant des effets secondaires indésirables pour le patient. Beaucoup de ces espoirs en matière de thérapie génique ont été anéantis en 1999, lorsqu'un patient est décédé après un essai. Les fonds ont commencé à se tarir. Les programmes de recherche ont été considérablement réduits. Les essais ont été réévalués ou interrompus.

Mais plus récemment, les chercheurs ont fait une découverte majeure lorsqu'ils ont commencé à examiner de près la manière dont Mère Nature attaque les virus. Nous oublions quelquefois que les virus s'attaquent non seulement aux personnes, mais aussi aux bactéries. Les médecins ont donc posé une question simple : comment les bactéries se défendent-elles contre les assauts des virus ? À leur grande surprise, ils ont découvert que, au fil de millions d'années, les bactéries ont trouvé des moyens de tailler en morceaux les gènes du virus envahisseur. Si un virus tente d'attaquer une bactérie, cette dernière peut contre-attaquer en libérant un déluge de substances chimiques qui divisent les gènes du virus à des points précis, stoppant ainsi l'infection. Ce puissant mécanisme a été isolé, puis utilisé pour couper les codes génétiques des virus aux endroits souhaités. Le prix Nobel a été décerné à Emmanuelle Charpentier et Jennifer Doudna en 2020 pour leurs travaux pionniers visant à perfectionner cette technologie révolutionnaire.

Ce processus peut être comparé au traitement de texte. Autrefois, sur les machines à écrire, il fallait taper chaque lettre l'une après l'autre, ce qui était une procédure pénible et génératrice d'erreurs. Mais grâce au traitement de texte, il est devenu possible d'écrire un programme permettant d'éditer des manuscrits entiers en en supprimant et en en réorganisant des fragments. De même, un jour, la technologie CRISPR pourra peut-être être appliquée au génie génétique, qui a connu un succès mitigé au fil des années. Cela ouvrirait les vannes du génie génétique.

Une cible particulière de la thérapie génique pourrait être le gène p53. Lorsqu'il subit une mutation, il est impliqué dans environ la moitié des cancers les plus fréquents, tels que le cancer du sein, du côlon, du foie, du poumon et des ovaires. L'une des raisons pour lesquelles il est si vulnérable au cancer est probablement qu'il s'agit d'un gène exceptionnellement long et qu'il comporte donc de nombreux sites où des mutations peuvent se produire. Il s'agit d'un gène suppresseur de tumeur, ce qui le rend essentiel pour stopper la croissance des cancers. C'est la raison pour laquelle on l'appelle souvent « le gardien du génome ».

Mais une fois qu'il a subi une mutation, il devient l'un des gènes sous-jacents les plus courants dans les cancers humains. En fait, les mutations localisées dans des sites spécifiques sont souvent corrélées à des cancers spécifiques. Par exemple, les fumeurs de longue date développent souvent des cancers dus à trois mutations spécifiques le long de p53, ce qui peut être utilisé pour prouver que le cancer du poumon de cette personne provient très probablement de la fumée de cigarette.

À l'avenir, grâce aux progrès de la thérapie génique et de CRISPR, il sera peut-être possible de corriger les fautes d'orthographe du gène p53 grâce à l'immunothérapie et aux ordinateurs quantiques, et ainsi de guérir de nombreuses formes de cancer.

Rappelons que l'immunothérapie entraîne des effets secondaires, pouvant, dans de rares cas, aller jusqu'au décès du patient. Cela s'explique en partie par le fait que le couper-coller des gènes du cancer est imprécis. Par exemple, le p53 est un gène très long, si bien que les erreurs de coupure de ce gène peuvent être fréquentes. Les ordinateurs quantiques pourraient contribuer à réduire ces effets secondaires mortels. Ils pourraient éventuellement déchiffrer et cartographier les molécules contenues dans les gènes d'une certaine cellule cancéreuse. CRISPR pourrait alors être capable de couper avec précision le gène à des points déterminés. Ainsi, l'utilisation d'une combinaison de thérapie génique, d'ordinateurs quantiques et de CRISPR pourrait permettre de couper et d'épisser des gènes avec une précision ultime, réduisant ainsi le problème des effets secondaires mortels.

La thérapie génique CRISPR

Clara Rodríguez Fernández écrit dans *Labiotech* : « En théorie, CRISPR pourrait nous permettre de modifier à volonté n'importe quelle mutation génétique pour guérir n'importe quelle maladie d'origine génétique[2]. » Les maladies génétiques impliquant une seule mutation sont les premières ciblées. Elle ajoute : « Avec plus de dix mille maladies provoquées par des mutations dans un seul gène humain, CRISPR offre l'espoir de toutes les guérir en réparant toute erreur génétique qui en est à l'origine. » À l'avenir, à mesure que la technologie se développera, il sera possible d'étudier les maladies génétiques provoquées par de multiples mutations dans plusieurs gènes.

Par exemple, voici une liste de certaines des maladies génétiques actuellement traitées par CRISPR :

1. Le cancer

À l'université de Pennsylvanie, des scientifiques ont pu utiliser CRISPR pour supprimer trois gènes qui permettent aux cellules cancéreuses d'échapper au système immunitaire de l'organisme. Puis ils ont ajouté un autre gène qui peut aider le système immunitaire à identifier les tumeurs. Les scientifiques ont constaté que la méthode était sûre, même lorsqu'elle était utilisée sur des patients atteints d'un cancer avancé.

De plus, CRISPR Therapeutics réalise un test sur 130 patients atteints d'un cancer du sang. Ils sont traités par immunothérapie, utilisant CRISPR pour modifier leur ADN.

2. L'anémie falciforme

CRISPR Therapeutics prélève également des cellules souches de moelle osseuse de patients souffrant d'anémie falciforme (ou drépanocytose). CRISPR modifie ensuite ces cellules pour leur faire produire de l'hémoglobine fœtale. Ces cellules traitées sont ensuite réinsérées dans le corps.

3. Le SIDA

Un petit nombre d'individus naissent avec une immunité naturelle contre le SIDA, grâce à une mutation de leur gène CCR5. Normalement, la protéine produite par ce gène crée un point d'entrée permettant au virus du SIDA de pénétrer dans une cellule. Mais chez ces rares individus, le gène CCR5 a muté, de sorte que le virus du SIDA ne peut pas pénétrer dans une cellule. Pour les personnes ne présentant pas cette mutation, les scientifiques modifient délibérément le gène CCR5 avec CRISPR, afin que le virus ne parvienne pas à pénétrer dans leurs cellules.

4. La mucoviscidose

La mucoviscidose est une maladie respiratoire relativement fréquente : les personnes qui en souffrent vivent rarement au-delà de 40 ans. Elle est due à une mutation du gène CFTR. Aux Pays-Bas, des médecins ont réussi à utiliser CRISPR pour réparer ce gène sans provoquer d'effets secondaires. D'autres groupes, tels qu'Editas Medicine, CRISPR Therapeutics et Beam Therapeutics envisagent également de traiter la mucoviscidose en utilisant CRISPR.

5. La maladie de Huntington

Cette maladie génétique provoque souvent démence, troubles mentaux, altération des facultés cognitives ainsi que d'autres symptômes débilitants. On pense que certaines des femmes persécutées lors du procès des sorcières de Salem en 1692 souffraient de cette maladie. Elle résulte d'une répétition du gène Huntington tout au long de l'ADN. Les scientifiques de l'hôpital pour enfants de Philadelphie utilisent CRISPR pour la traiter.

Tandis que les maladies provoquées par des mutations minimes constituent des cibles relativement faciles pour CRISPR, des pathologies telles que la schizophrénie peuvent impliquer un grand nombre de mutations, ainsi que des interactions avec l'environnement. C'est une autre raison pour laquelle les ordinateurs quantiques pourraient se révéler nécessaires.

Comprendre comment ces mutations peuvent engendrer une maladie au niveau moléculaire peut nécessiter toute la puissance des ordinateurs quantiques. Une fois que nous connaîtrons le mécanisme moléculaire par lequel certaines protéines provoquent des maladies génétiques, nous pourrons les modifier ou trouver des traitements plus efficaces.

Le paradoxe de Peto

Mais cela révèle également un paradoxe au sujet du cancer. Le biologiste d'Oxford, Richard Peto, a remarqué quelque chose d'étrange chez les éléphants. En raison de leur taille massive, on pourrait s'attendre à ce qu'ils aient plus de cancers que les animaux beaucoup plus petits. Après tout, une masse plus importante signifie que davantage de cellules se divisent constamment, ce qui favorise la possibilité d'erreurs génétiques telles que le cancer. Mais étonnamment, les éléphants présentent un taux de cancer relativement faible. Ce phénomène est connu sous le nom de paradoxe de Peto.

Si l'on analyse le règne animal, on constate cela partout. Le taux de cancer ne correspond souvent pas au poids corporel. Plus tard, il a été découvert que les éléphants possédaient vingt copies du gène p53, alors que nous, les humains, nous n'en possédons qu'une seule. On pense que ces copies supplémentaires de p53 fonctionnent avec un autre gène appelé « LIF » pour donner aux éléphants une meilleure protection contre le cancer. Il est donc probable que des gènes comme p53 et LIF contribuent à diminuer le taux de cancer chez les animaux de grande taille.

Mais ce n'est peut-être pas tout. Par exemple, les baleines n'ont qu'une seule copie de p53 et une seule version de LIF, et pourtant, elles ont un taux de cancer faible. Cela signifie qu'elles possèdent probablement d'autres gènes, non encore découverts par les scientifiques, qui les protègent contre le cancer. En fait, on pense qu'il pourrait y avoir de nombreux gènes qui empêchent les grands animaux d'être atteints de taux élevés de cancer. Certains requins pourraient également bénéficier d'un avantage génétique que leur a conféré l'évolution. Les requins du Groenland peuvent vivre jusqu'à 500 ans, et ce probablement grâce à un gène encore inconnu.

« Nous espérons qu'en découvrant comment l'évolution a trouvé un moyen de prévenir le cancer, nous pourrons traduire cela en une meilleure prévention du cancer. Chaque organisme ayant évolué vers une grande taille physique apporte une solution différente au paradoxe de Peto. De très nombreuses découvertes nous attendent dans la nature, car cette dernière nous montre la voie à suivre pour prévenir les cancers[3] », explique Carlo Maley, qui a étudié le gène p53 dans le règne animal. Et les ordinateurs quantiques pourraient jouer un rôle déterminant dans la découverte de ces mystérieux gènes anticancer.

Les ordinateurs quantiques peuvent contribuer de nombreuses manières à la lutte contre le cancer. Un jour, les biopsies liquides pourront peut-être détecter les cellules cancéreuses des années, voire des décennies, avant la formation de tumeurs. Et un jour, les ordinateurs quantiques pourraient permettre la création d'un gigantesque répertoire de données génomiques actualisées en temps réel, en utilisant nos salles de bains pour scanner l'ensemble de la population à la recherche des premiers signes de cellules cancéreuses.

Mais si un cancer se déclare, les ordinateurs quantiques pourraient permettre des modifications de notre système immunitaire pour le rendre capable d'attaquer des centaines de types de cancer différents. Une combinaison de thérapie génique, d'immunothérapie, d'ordinateurs quantiques et de CRISPR pourrait potentiellement couper et coller les gènes du cancer avec une grande précision moléculaire, contribuant ainsi à réduire les effets secondaires souvent mortels de l'immunothérapie. De plus, peut-être qu'une poignée de gènes tels que le p53 sont impliqués dans la grande majorité de ces cancers, de sorte que la thérapie génique combinée aux nouvelles connaissances des ordinateurs quantiques pourrait être en mesure de les stopper dans leur progression.

Tous ces progrès dans le traitement du cancer, tels que les biopsies liquides et l'immunothérapie, ont incité le président Joe Biden à lancer en 2022 l'initiative « Cancer Moonshot », un objectif national visant à réduire le taux de mortalité dû au cancer d'au moins 50 % dans les vingt-cinq prochaines années. Compte tenu des progrès rapides de la biotechnologie, cet objectif est certainement réalisable.

Même si nous avons la capacité de guérir totalement un nombre croissant de cancers grâce à cette technologie, nous souffrirons probablement encore de certaines formes de cette maladie, simplement parce qu'il existe d'innombrables manières dont elle peut se former. Mais à l'avenir, nous pourrons peut-être traiter le cancer comme un simple rhume, comme une nuisance qui peut être évitée. Mais une autre puissante combinaison de nouvelles technologies que nous explorerons dans le prochain chapitre pourrait nous offrir une ligne de défense contre la maladie. L'IA et les ordinateurs quantiques pourraient également nous conférer la capacité de créer en laboratoire des protéines dont notre corps est constitué. Conjointement, ils pourraient nous permettre de guérir des maladies incurables et de remodeler la vie elle-même.

12.

L'INTELLIGENCE ARTIFICIELLE ET LES ORDINATEURS QUANTIQUES

Les machines sont-elles capables de penser ?

Ce fut la question centrale de la conférence historique de Dartmouth en 1956, qui a donné naissance à un domaine scientifique totalement nouveau, baptisé « intelligence artificielle ». Tout a commencé par une proposition audacieuse exprimée en ces termes : « On tentera de trouver le moyen de rendre les machines capables d'utiliser le langage, de former des abstractions et des concepts, de résoudre des types de problèmes actuellement réservés aux humains et de s'améliorer elles-mêmes[1]. » Selon les prévisions, « des progrès significatifs peuvent être réalisés… si un groupe de scientifiques soigneusement sélectionnés y travaille ensemble pendant un été ».

Bien des étés plus tard, certains des scientifiques les plus brillants de la planète travaillent encore et toujours avec acharnement sur ce problème.

L'un des organisateurs de cette conférence était Marvin Minsky, professeur au MIT, que l'on a surnommé le « père de l'intelligence artificielle ».

Quand je lui ai demandé de me parler de cette période, il a répondu que ce fut une époque exaltante. Il semblait qu'en l'espace de quelques années à peine, il serait possible d'amener une machine à la hauteur de l'intelligence d'un être humain. Ce n'était peut-être qu'une question de temps jusqu'à ce que les robots réussissent le test de Turing.

Visiblement, de nouvelles avancées se produisaient chaque année dans le domaine de l'IA. Pour la première fois, des ordinateurs numériques étaient capables de jouer aux dames et même de battre des humains dans des jeux simples. Il y avait des ordinateurs capables de résoudre des problèmes d'algèbre comme un écolier. Des bras mécaniques ont été conçus pour identifier puis ramasser des blocs. Au Stanford Research Institute, des scientifiques ont construit Shakey, un mini-ordinateur en forme de boîte, posé sur des roues et surmonté d'une caméra. Il pouvait être programmé pour se déplacer dans une pièce et identifier les objets sur son passage. Il pouvait se déplacer seul et éviter les obstacles. (Son nom vient de l'anglais *to shake*, « trembler », en référence au vacarme qu'il faisait en circulant.)

Les médias se sont emballés au point de s'écrier : « L'homme mécanique est en train de naître sous nos yeux ! » Les titres des magazines scientifiques annonçaient l'avènement du robot domestique, capable d'aspirer le sol, de faire la vaisselle et de nous soulager des tâches ménagères. Les robots deviendraient un jour des baby-sitters ou mieux encore : des membres de confiance de la famille. Même l'armée a saisi son chéquier et financé des robots destinés au champ de bataille, comme le Smart Truck (camion intelligent), qui pourrait un jour voyager seul, effectuer des missions de reconnaissance derrière les lignes ennemies, secourir les soldats blessés, puis revenir à la base, et tout cela en toute autonomie.

Les historiens se sont enthousiasmés au point d'écrire que nous étions sur le point de réaliser un rêve très ancien. Le dieu romain Vulcain avait créé une équipe de robots pour assumer diverses tâches dans son palais. L'un de ces robots était Pandore, qui en ouvrant une boîte magique a involontairement déclenché un désastre pour l'espèce humaine. Et même le mathématicien Léonard de Vinci avait construit en 1495 un chevalier mécanique qui, actionné par une série de câbles et de poulies cachés, était capable de bouger ses bras, de se tenir debout, de s'asseoir et de relever sa visière.

Mais c'est alors que s'est installé « l'hiver de l'IA ». Avec tous ces communiqués de presse stupéfiants, l'IA avait été survendue aux médias, et de sombres nuages de pessimisme ont recouvert les cieux. Les scientifiques ont commencé à comprendre que leurs appareils d'IA étaient « monofonctionnels » : chacun d'entre eux n'était capable d'accomplir qu'une seule tâche simple. Les robots étaient encore des appareils patauds qui parvenaient à peine à se déplacer dans une pièce. L'idée de créer une machine polyvalente capable de rivaliser avec l'intelligence humaine semblait impossible à réaliser.

Les militaires ont alors commencé à s'en désintéresser. Les financements se sont taris et les investisseurs ont perdu leur chemise. Depuis lors, il y a eu plusieurs hivers de l'IA, au cours desquels le cycle expansion-récession a généré un énorme enthousiasme et une publicité débridée, pour ensuite s'effondrer. Les scientifiques ont dû affronter la dure réalité : l'IA était plus difficile à développer qu'ils ne l'avaient cru.

Comme Marvin Minsky avait vu passer de nombreux hivers de l'IA, je lui ai demandé s'il avait une idée du moment où un robot pourrait égaler ou dépasser l'intelligence humaine. Il a souri et m'a répondu qu'il ne faisait plus de telles prédictions pour l'avenir. Il n'avait plus pour mission de scruter des boules de cristal. Trop souvent, a-t-il reconnu, les gens se laissent emporter par leur enthousiasme.

Le problème, m'a-t-il dit, est que les chercheurs en IA souffrent de ce qu'il appelle « la jalousie de la physique », en d'autres termes, le désir de trouver un thème unique, unificateur et général pour l'IA. Selon lui, les physiciens recherchent une théorie unique et unifiée des champs qui donnerait une image cohérente et élégante de l'univers, mais l'IA est différente. C'est un patchwork disparate avec trop de voies divergentes, voire contradictoires, que l'évolution nous a données.

Il est nécessaire d'explorer de nouvelles idées et de nouvelles stratégies. Une voie prometteuse pourrait consister à conjuguer l'IA avec les ordinateurs quantiques, afin de fusionner la puissance de ces deux disciplines pour résoudre le problème de l'intelligence artificielle. Dans le passé, l'IA était associée aux ordinateurs numériques, de sorte qu'il y avait des limites frustrantes à ce qu'un ordinateur pouvait faire. Mais l'IA et les ordinateurs quantiques se complètent. L'IA a la capacité d'apprendre de nouvelles tâches complexes, et les ordinateurs quantiques peuvent lui fournir la puissance de calcul dont elle a besoin.

Un ordinateur quantique a beau avoir une puissance formidable, il n'apprend pas nécessairement de ses erreurs. Mais un ordinateur quantique équipé de réseaux de neurones sera capable d'améliorer ses calculs à chaque itération, ce qui lui permettra de résoudre les problèmes plus rapidement et plus efficacement en trouvant de nouvelles solutions. De même, les systèmes d'IA peuvent être dotés de la capacité d'apprendre de leurs erreurs, mais leur puissance totale de calcul peut être trop faible pour résoudre des problèmes hautement complexes. Ainsi, une IA soutenue par la puissance de calcul d'un ordinateur quantique pourrait résoudre des problèmes plus difficiles.

En fin de compte, la combinaison de l'IA et des ordinateurs quantiques pourrait ouvrir de toutes nouvelles voies de recherche. La clé de l'intelligence artificielle réside peut-être dans la théorie quantique. De fait, la fusion des deux pourrait révolutionner tous les domaines de la science, modifier notre mode de vie et transformer radicalement l'économie. L'IA nous offrira la possibilité de créer des machines apprenantes, capables de commencer à imiter les compétences humaines, tandis que les ordinateurs quantiques pourraient nous fournir la puissance de calcul nécessaire pour enfin créer une machine intelligente.

Comme l'a déclaré Sundar Pichai, le PDG de Google : « Je pense que l'IA peut accélérer l'informatique quantique, et que l'informatique quantique peut accélérer l'IA[2]. »

Les machines apprenantes

Rodney Brooks, ancien directeur du laboratoire d'intelligence artificielle du MIT, fondé par Marvin Minsky, est l'un des scientifiques à avoir longuement réfléchi à l'avenir de l'IA.

Brooks est d'avis que l'IA a peut-être été conçue de manière trop restrictive. « Songez par exemple à une mouche, m'a-t-il dit. Elle peut accomplir des prouesses de navigation miraculeuses qui surpassent nos meilleures machines. À elle seule, elle est capable de voler habilement dans une pièce, de manœuvrer, d'éviter les obstacles, de localiser de la nourriture, de trouver des partenaires et de se cacher, tout cela avec un cerveau pas plus gros qu'une tête d'épingle. C'est vraiment une merveille du génie biologique. »

Comment est-ce possible ? Comment Mère Nature peut-elle créer une machine volante qui ferait honte à nos avions les plus prestigieux ?

Il a commencé à se rendre compte que le domaine de l'IA se posait peut-être les mauvaises questions depuis 1956. À l'époque, on supposait que le cerveau était une sorte de machine de Turing, un ordinateur numérique. On écrit les règles complètes des échecs, de la marche, de l'algèbre, etc., dans un gigantesque logiciel que l'on insère ensuite dans l'ordinateur numérique, et tout à coup, ce dernier se met à penser. La « pensée » était réduite à un logiciel, de sorte que la stratégie de base était claire : écrire des logiciels de plus en plus sophistiqués pour guider la machine.

Rappelons qu'une machine de Turing est dotée d'un processeur qui exécute les commandes qui lui sont transmises. Son intelligence dépend de la programmation qu'elle exécute. Ainsi, un robot qui marche doit contenir la programmation de toutes les lois du mouvement de Newton, afin de guider le mouvement de ses membres, microseconde par microseconde. Le simple fait de traverser une pièce nécessite de gigantesques programmes informatiques, avec des millions de lignes de code informatique.

Jusqu'alors, m'a expliqué Brooks, les machines à intelligence artificielle étaient basées sur la programmation de toutes les lois de la logique et du mouvement depuis le début, ce qui s'est avéré être une tâche ardue. C'est ce qu'on appelle l'« approche descendante » : les robots étaient programmés afin de tout maîtriser dès le départ. Mais les robots ainsi conçus étaient pathétiques. Si l'on prend Shakey ou un robot militaire avancé de l'époque et qu'on le pose dans une forêt, que fera-t-il ? Il est hautement probable qu'il se perde ou qu'il fasse une chute. Pourtant, le plus petit insecte, doté de son minuscule cerveau, peut se déplacer dans la même zone, trouver de la nourriture, des partenaires et un abri, tandis que notre robot se débattrait, impuissant, sur son dos.

Ce n'est pas ainsi que Mère Nature a conçu ses créatures.

Brooks s'est rendu compte que, dans la nature, les animaux ne sont pas programmés pour marcher d'emblée. Ils apprennent péniblement, en posant une patte devant l'autre, en tombant et en recommençant. Procéder par essais et erreurs, c'est cela, la méthode de la nature.

Voilà qui nous renvoie aux conseils que tout professeur de musique donne à ses élèves prometteurs. Comment arriver sur la scène de l'opéra Garnier ? Réponse : de la pratique, de la pratique et encore de la pratique.

En d'autres termes, Mère Nature conçoit des créatures qui sont des machines apprenantes, à la recherche de modèles, recourant à la méthode des essais et erreurs pour évoluer dans le monde. Elles commettent des erreurs, mais à chaque itération, elles progressent vers le succès.

Il s'agit d'une approche ascendante, dans laquelle il y a une confrontation permanente avec des obstacles à surmonter. Par exemple, les bébés apprennent en imitant les adultes. Si l'on place un magnétophone dans un berceau la nuit, on entend constamment le bébé babiller. En réalité, il s'entraîne à reproduire encore et encore les sons qu'il entend, jusqu'à ce qu'il soit en mesure de les reproduire correctement.

À partir de ce constat, Brooks a créé une flotte d'« insectoïdes » ou de « robots insectiformes ». Ils apprennent à marcher comme Mère Nature l'a prévu, en se heurtant à des obstacles. Bientôt, de minuscules robots ressemblant à des insectes rampaient sur le sol du MIT, se heurtant à des objets, mais plus performants que les robots traditionnels, plus maladroits, qui suivent des règles strictes, et arrachaient le papier peint en passant. Pourquoi réinventer la roue ?

Brooks m'a dit : « Quand j'étais enfant, j'avais un livre qui décrivait le cerveau comme un réseau de commutation téléphonique. Des livres antérieurs le décrivaient comme un système hydrodynamique ou une machine à vapeur. Puis, dans les années 1960, il est devenu un ordinateur numérique. Dans les années 1980, il est devenu un ordinateur numérique massivement parallèle. Il existe probablement quelque part un livre pour enfants qui explique que le cerveau est comme le World Wide Web. »

Peut-être que le cerveau est effectivement une machine apprenante en quête de modèles, basée sur ce qu'on appelle les « réseaux neuronaux ». En informatique, les réseaux neuronaux exploitent ce qu'on appelle la « règle de Hebb ». Une version de cette règle stipule qu'en répétant constamment une tâche et en apprenant des erreurs précédentes, chaque itération permet de se rapprocher du chemin correct. En d'autres termes, les chemins électriques corrects pour cette tâche sont renforcés dans le cerveau du système d'IA après de nombreuses répétitions.

Par exemple, lorsqu'une machine apprenante tente d'identifier un chat, elle ne reçoit pas la description mathématique des caractéristiques de base d'un chat. Au lieu de cela, on lui montre des dizaines d'images de chats, dans toutes sortes de situations : en train de dormir, de ramper, de chasser, de sauter, etc. Ensuite, l'ordinateur découvre par lui-même à quoi ressemble un chat dans différents environnements, par essais et erreurs. C'est ce qu'on appelle l'« apprentissage profond » (ou *deep learning*).

Les succès de l'approche de l'apprentissage profond sont tout à fait remarquables. AlphaGo de Google, une IA conçue pour jouer à un jeu de société particulièrement ancien, le jeu de Go, a réussi à battre le champion du monde en 2017. C'est un exploit remarquable, puisqu'il y a 10^{170} positions possibles au jeu de Go sur un plateau de 19 × 19. C'est plus que tous les atomes de l'univers connu.

AlphaGo a appris à jouer non seulement en affrontant les meilleurs joueurs humains, mais également en jouant contre lui-même, de sorte qu'il a pu enchaîner des parties à une vitesse proche de celle de la lumière.

Un problème de bon sens

Les machines apprenantes ou les réseaux neuronaux pourraient résoudre l'un des problèmes les plus tenaces de l'intelligence artificielle : celui du « bon sens ». Les choses que les humains tiennent pour acquises, que même un enfant peut comprendre, dépassent les capacités de nos ordinateurs les plus perfectionnés. Tant qu'un robot ne parviendra pas à résoudre le problème du bon sens, il sera incapable de fonctionner dans la société humaine.

Par exemple, un ordinateur numérique ne peut pas comprendre un simple ensemble d'observations, telles que :

- L'eau est humide et non pas sèche.
- Les mères sont plus âgées que leurs filles.
- Les cordes peuvent tirer, mais non pas pousser.
- Les bâtons peuvent pousser, mais non pas tirer.

En un après-midi, il est facile de dresser une liste de dizaines de faits « évidents » concernant notre monde, qui dépassent la compréhension des ordinateurs numériques. C'est parce que les ordinateurs ne font pas l'expérience du monde comme nous.

Les enfants apprennent ces faits évidents, parce qu'ils sont confrontés à ces choses. Ils apprennent en faisant. Ils savent que les mères sont plus âgées que leurs filles, parce qu'ils ont été témoins de cela et qu'ils l'ont vécu. Mais un robot est une page blanche, sans aucune compréhension préalable de son environnement.

Comme nous l'avons évoqué avec l'approche descendante, les scientifiques ont tenté de programmer le bon sens dans le logiciel d'un ordinateur. Ainsi, il saurait instantanément comment s'orienter et fonctionner dans la société humaine. Cependant, toutes ces tentatives se sont soldées par un échec. Il existe tout simplement trop de notions de bon sens, que même un enfant de 4 ans comprend, mais qui sont hors de portée de nos ordinateurs numériques.

Alors, peut-être que la fusion des approches descendante et ascendante, ainsi que la fusion de l'IA avec les ordinateurs quantiques réaliseront le rêve des premiers chercheurs en IA et paveront la voie de l'avenir.

À mesure que la loi de Moore ralentit, comme nous l'avons vu, en raison de transistors approchant la taille d'atomes, les micropuces seront inévitablement remplacées par des ordinateurs plus perfectionnés, tels que les ordinateurs quantiques.

L'IA, quant à elle, fait du surplace en raison du manque de puissance des ordinateurs. Ses capacités en matière d'apprentissage automatique, de reconnaissance de formes, de moteurs de recherche et de robotique sont toutes bridées par cette limite. Les ordinateurs quantiques pourraient considérablement accélérer les progrès dans chacun de ces domaines, car ils peuvent traiter simultanément de grandes quantités d'informations. Tandis que les ordinateurs numériques traitent un bit à la fois, les ordinateurs quantiques traitent simultanément une vaste gamme de qubits, ce qui augmente leur puissance de manière exponentielle.

Nous voyons donc comment l'IA et les ordinateurs quantiques peuvent s'enrichir mutuellement. Les ordinateurs quantiques peuvent bénéficier de la capacité d'apprendre de nouvelles tâches, comme dans un réseau neuronal, et l'IA peut bénéficier de la vaste puissance de calcul des ordinateurs quantiques.

Le repliement des protéines

Les systèmes d'apprentissage en profondeur de l'IA s'attaquent désormais à l'un des plus grands problèmes de la biologie et de la médecine : le décryptage du secret des molécules protéiques. Bien que l'ADN contienne les instructions nécessaires à la vie, ce sont les protéines qui effectuent réellement ce travail inestimable qui consiste à faire fonctionner le corps. Si nous comparons notre corps à un chantier de construction, l'ADN contient les plans, mais les protéines effectuent le gros du travail des contremaîtres et des ouvriers en bâtiment. Un plan est inutile sans une armée d'ouvriers pour le mettre en œuvre.

Les protéines sont les bêtes de somme de la biologie. Non seulement elles constituent les muscles qui dynamisent notre corps, mais elles digèrent également nos aliments, attaquent les germes, régulent nos fonctions physiologiques et accomplissent de nombreuses autres tâches capitales. Les biologistes se sont donc demandé : comment la molécule protéique remplit-elle toutes ces fonctions miraculeuses ?

Dans les années 1950 et 1960, les scientifiques ont utilisé la cristallographie aux rayons X pour cartographier la forme d'un certain nombre de protéines, constituées d'exactement vingt acides aminés disposés en longues chaînes créant des intrications complexes. À leur grande surprise, ils ont découvert que c'est la forme de la protéine qui rend leur magie possible. Les scientifiques affirment que dans ce cas, « la fonction suit la forme », c'est-à-dire que c'est la forme d'une protéine, avec tous ses nœuds et torsades complexes, qui crée les propriétés caractéristiques de celle-ci.

Prenons par exemple le virus Covid-19, dont nous savons qu'il a la forme de la couronne solaire, avec de nombreuses pointes de protéines rayonnant à partir de sa surface. Ces pointes sont comme des clés qui ouvrent les « verrous » spécifiques situés à la surface de nos cellules pulmonaires. Lorsqu'elle ouvre ces verrous, la protéine Spike peut injecter son matériel génétique dans nos cellules pulmonaires, où elle produit promptement de nombreuses copies d'elle-même. Ensuite, la cellule meurt, libérant ces virus mortels qui vont infecter encore plus de cellules pulmonaires saines. Ces *spikes* sont la raison pour laquelle l'économie mondiale a failli s'effondrer durant la période 2020-2022.

Ainsi, plus que toute autre chose, c'est la forme de la protéine qui détermine le comportement de cette molécule. Si nous connaissions la forme de chaque protéine, nous ferions un bond de géant vers la compréhension de son fonctionnement.

C'est ce qu'on appelle le « problème du repliement des protéines », consistant à cartographier la forme de toutes les protéines importantes, et qui pourrait révéler le secret de nombreuses maladies incurables.

La cristallographie aux rayons X a été la clé pour déterminer la forme d'une protéine, mais il s'agit d'un processus long et fastidieux. Les scientifiques commencent par isoler et purifier chimiquement les protéines qu'ils souhaitent analyser, qui doivent ensuite être cristallisées. La protéine cristallisée est insérée dans un appareil de diffraction des rayons X qui projette des rayons X à travers le cristal et forme un motif d'interférence sur le film photographique. De prime abord, la photographie aux rayons X ressemble à un inextricable fatras de points et de lignes. Mais en faisant appel à l'intuition, à la chance et à la physique, les scientifiques tentent de déchiffrer la structure de la protéine à partir des images radiographiques.

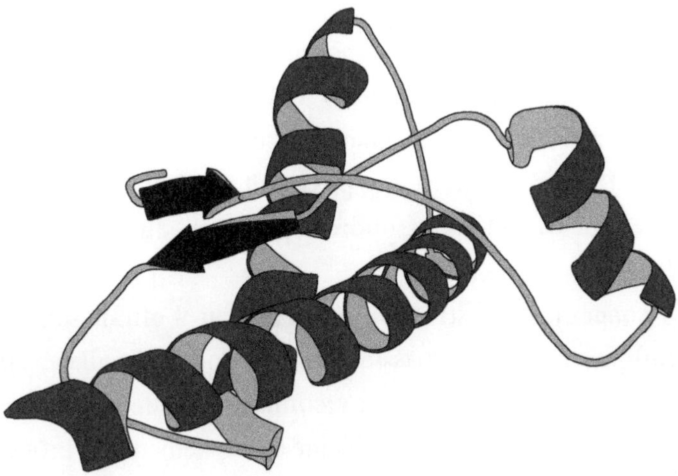

Figure 10 : Le repliement des protéines
Les protéines sont constituées d'une longue chaîne de vingt acides aminés, qui peuvent se replier de manière complexe. La forme de la protéine repliée détermine la manière dont elle fonctionne. Les ordinateurs quantiques pourraient permettre aux scientifiques d'analyser puis de créer des protéines totalement nouvelles, dotées de propriétés étranges, mais utiles, créant ainsi une nouvelle branche de la biologie.

La naissance de la biologie computationnelle

C'est pourquoi l'un des objectifs d'un domaine émergent appelé « biologie computationnelle » est d'utiliser des ordinateurs pour déterminer la structure 3D d'une protéine, simplement en regardant ses constituants chimiques. Peut-être que toutes ces années de travail acharné pour comprendre la structure d'une protéine pourraient être effectuées en appuyant sur le bouton d'un ordinateur exécutant un programme d'IA.

Pour stimuler la recherche dans ce domaine difficile, mais capital, les scientifiques ont expérimenté une nouvelle stratégie. Ils ont créé un concours appelé « CASP » (Critical Assessment of Structure Prediction, Évaluation critique de la prédiction de structure), pour découvrir qui possédait le meilleur programme informatique capable de résoudre le problème du repliement des protéines.

Ce concours a constitué un tournant, car il offrait aux jeunes scientifiques un objectif passionnant et concret. Ils allaient pouvoir gagner la renommée et la reconnaissance de leurs pairs en utilisant l'IA en résolvant le problème du repliement des protéines, ce qui pourrait permettre la mise au point de thérapies capables de sauver des milliers de vies.

Les règles du concours étaient simples. On donnait aux participants un minimum d'indices sur la nature d'une certaine protéine, par exemple la séquence des acides aminés. Ensuite, c'était à leur programme informatique de renseigner tous les détails sur la manière dont elle se replie. Une manière d'aborder le problème consistait à utiliser le principe de moindre action introduit par Richard Feynman. Rappelons que Feynman, lorsqu'il était lycéen, pouvait déterminer la trajectoire d'une balle en minimisant son action (son énergie cinétique moins son énergie potentielle).

On peut appliquer la même méthode aux protéines. L'objectif est de trouver la configuration des acides aminés qui crée l'état énergétique le plus bas. Ce processus a été comparé à la descente d'une montagne pour trouver le point le plus bas d'une vallée. On commence par de petits pas timides dans toutes les directions. Ensuite, on se déplace uniquement dans la direction qui réduit légèrement l'altitude à laquelle on se trouve. Puis on recommence et on fait le pas suivant, en essayant de descendre encore plus, jusqu'à atteindre le fond de la vallée.

De la même manière, il est possible de trouver la configuration d'acides aminés qui a la plus faible énergie. Voici une manière de procéder :

En préambule, on effectue une série d'approximations. Étant donné qu'une molécule possède de nombreuses fonctions d'onde décrivant les électrons et les noyaux interagissant tous les uns avec les autres de manière complexe, le calcul dépasse rapidement les capacités d'un ordinateur conventionnel. Il suffit donc de laisser de côté un certain nombre de termes complexes relativement petits (par exemple l'interaction des électrons avec des noyaux lourds et certaines interactions entre électrons) et d'espérer que cette suppression ne générera pas trop d'erreurs.

Maintenant que l'on a configuré le programme, la première étape consiste à relier les différents acides aminés les uns aux autres en une longue chaîne. On obtient ainsi un squelette ou un « modèle réduit » de ce à quoi pourrait ressembler la protéine. Comme on connaît les angles de liaison lorsque certains atomes se connectent les uns aux autres, on obtient une première approximation grossière de la forme que pourrait prendre la protéine.

Dans la deuxième étape, on calcule l'énergie de cette configuration d'acides aminés, car on connaît l'énergie de ses différentes charges et la manière dont les liaisons peuvent fluctuer.

Dans la troisième étape, on tord et on retourne ces liaisons pour vérifier si la nouvelle configuration augmente ou diminue l'énergie de la protéine. Cela ressemble aux pas hésitants que l'on ferait sur une montagne pour déterminer celui qui permet d'avancer vers une altitude plus faible.

Dans la quatrième étape, on supprime toutes les configurations qui augmentent l'énergie pour ne conserver que celles qui la diminuent. L'ordinateur « apprend » par essais et erreurs la manière dont le mouvement des atomes peut réduire l'énergie de la molécule.

Et enfin, on recommence en tordant les liaisons chimiques ou en réarrangeant l'ordre des acides aminés. À chaque itération, on réduit l'énergie en jouant avec l'emplacement et la position des acides aminés, jusqu'à atteindre enfin la configuration énergétique la plus basse.

Normalement, ce processus d'ajustement constant de la position des atomes serait impossible à réaliser par un ordinateur numérique. Mais comme on commence par une série d'approximations et qu'on supprime des termes complexes relativement petits, un ordinateur peut résoudre la version simplifiée en quelques heures, voire en quelques jours.

Au début, les résultats ont été dérisoires. Si l'on comparait la forme de la molécule prédite par un ordinateur avec la forme réelle obtenue par cristallographie aux rayons X, les modèles informatiques étaient extrêmement imprécis. Mais au fil des années, les programmes d'apprentissage informatique sont devenus plus puissants et les modèles plus précis.

En 2021, les résultats étaient spectaculaires. Malgré toutes ces approximations, la société informatique DeepMind, affiliée à Google et qui a développé AlphaGo, a annoncé que son programme d'IA, baptisé AlphaFold, avait décrypté la structure grossière d'un nombre étonnant de protéines : 350 000. De plus, il a identifié 250 000 formes jusqu'alors inconnues. Il a déchiffré la structure 3D de l'ensemble des 20 000 protéines répertoriées dans le projet Génome humain. Il a même révélé la structure des protéines présentes chez la souris, la mouche drosophile et la bactérie *E. coli*. Ensuite, les créateurs de DeepMind ont annoncé qu'ils publieraient bientôt une base de données de plus de 100 millions de protéines, qui comprend toutes les protéines connues de la science.

Un autre aspect tout aussi remarquable est le fait que, même avec toutes ces approximations, leurs résultats finaux correspondent à peu près aux résultats de la cristallographie aux rayons X. Malgré la suppression de divers termes dans l'équation d'onde de Schrödinger, ils ont réussi à obtenir des résultats étonnamment bons.

« Cela fait près de cinquante ans que nous sommes bloqués sur ce problème – comment les protéines se replient-elles ? Après avoir travaillé personnellement sur ce sujet pendant si longtemps et après tant de tentatives et d'arrêts, en nous demandant si nous y arriverions un jour, le fait de voir DeepMind apporter une solution est un moment privilégié[3] », déclare John Moult, cofondateur de CASP.

Cette manne d'informations a déjà eu des conséquences immédiates. Par exemple, elle est utilisée pour identifier vingt-six protéines différentes présentes dans le coronavirus, dans l'espoir de trouver ses points faibles et de créer de nouveaux vaccins. À l'avenir, il devrait être possible de déterminer rapidement la structure de milliers de protéines critiques. « Nous avons pu concevoir en plusieurs mois des protéines qui neutralisent le coronavirus. Mais notre objectif est de réaliser ce genre de choses en à peine quelques semaines[4] », déclare David Baker de l'Institute for Protein Design (Institut de conception de protéines) de l'université de Washington.

Et ce n'est que le début. Comme nous l'avons déjà indiqué, la fonction suit la forme. Autrement dit, la manière dont les protéines accomplissent leur travail est déterminée par leur structure. De la même manière qu'une clé s'insère dans un trou de serrure, une protéine exerce sa magie en s'accrochant en quelque sorte à une autre molécule.

Mais découvrir comment les protéines se replient était la tâche la plus aisée. La plus difficile commence maintenant : utiliser des ordinateurs quantiques pour déterminer la structure complète d'une protéine, sans toutes les approximations, et la manière dont une protéine donnée se combine avec d'autres molécules afin de pouvoir remplir sa fonction, par exemple pour fournir de l'énergie, agir comme catalyseur, fusionner avec d'autres protéines, s'associer à d'autres protéines pour créer de nouvelles structures, diviser d'autres molécules, et bien d'autres choses encore. Le repliement des protéines n'est donc que la première étape d'un long voyage qui renferme les secrets de la vie elle-même.

À l'avenir, la compréhension du programme de repliement des protéines progressera en plusieurs étapes, similaires aux étapes de création de la génomique :

Première étape : cartographier les protéines repliées

Nous en sommes actuellement à la première étape, qui consiste à créer un immense dictionnaire, avec des centaines de milliers d'entrées correspondant au repliement de diverses protéines. Chaque entrée de ce dictionnaire est une illustration des atomes individuels qui se combinent pour constituer une protéine complexe. Ces schémas, quant à eux, proviennent de l'étude de photographies aux rayons X. Cet ouvrage gigantesque contient toute l'orthographe correcte de chaque protéine, mais est en grande partie vide, sans aucune définition. Il repose sur une série d'approximations qui permettent aux ordinateurs numériques d'effectuer ce calcul. Il est plutôt étonnant qu'avec autant d'approximations, les scientifiques parviennent à obtenir des résultats aussi précis.

Deuxième étape : déterminer la fonction des protéines

Dans l'étape suivante, celle dans laquelle nous entrons maintenant, les scientifiques tenteront de déterminer la manière dont la forme géométrique de la protéine détermine sa fonction. L'IA et les ordinateurs quantiques seront capables d'identifier la manière dont certaines structures atomiques d'une protéine repliée peuvent lui permettre de remplir certaines fonctions dans l'organisme. Au bout du compte, nous disposerons d'une description intégrale des fonctions corporelles et de la manière dont elles sont contrôlées par les protéines.

Troisième étape : créer de nouvelles protéines
et de nouveaux médicaments

La dernière étape consiste à se servir de ce dictionnaire de protéines pour en créer de nouvelles versions améliorées, qui permettront de développer de nouveaux médicaments et thérapies. À cette fin, il nous faudra abandonner les approximations et résoudre la véritable mécanique quantique des molécules. Seuls les ordinateurs quantiques peuvent y parvenir.

Grâce à des interactions purement aléatoires, l'évolution a fait apparaître un trésor de protéines pour accomplir diverses tâches. Cependant, il a fallu des milliards d'années pour y parvenir. En utilisant la mémoire d'un ordinateur quantique comme « laboratoire virtuel », il devrait être possible d'améliorer l'évolution et de concevoir de nouvelles protéines pour perfectionner leur fonction dans l'organisme.

Ce processus a un large éventail d'applications, notamment la découverte de médicaments totalement nouveaux. Pour commencer, certaines personnes ont imaginé que cela contribuerait à assainir l'environnement. L'exemple actuel le plus simple est le travail des scientifiques qui tentent de trouver des moyens de décomposer les 150 millions de tonnes de bouteilles de soda accumulées dans les océans, dans les décharges et dans votre jardin. La clé serait d'utiliser cette base de données protéiques pour examiner la forme en 3D de certaines protéines, les enzymes capables de fractionner les molécules de plastique et de les rendre inoffensives. Ce travail est déjà en cours au Centre d'innovation enzymatique de l'université de Portsmouth, en Angleterre.

Ces travaux pourraient également avoir des applications médicales immédiates, car un certain nombre de maladies incurables sont liées à des protéines mal repliées. Une piste prometteuse consiste à comprendre la nature des prions, qui sont potentiellement liés à une multitude de maladies incurables pouvant affecter les personnes âgées, comme la maladie d'Alzheimer, la maladie de Parkinson et la SLA. Ainsi, la clé pour trouver des remèdes à ces maladies incurables pourrait provenir des ordinateurs quantiques.

Les limites de la médecine, les maladies incurables, pourraient être le prochain champ de bataille des ordinateurs quantiques.

Prions et maladies incurables

Traditionnellement, les manuels scolaires nous enseignent que les maladies sont transmises par des bactéries et des virus.

Mais ce n'est probablement pas toute la réalité. On sait depuis des siècles que les animaux sont sujets à des maladies étranges, différentes de celles qui affectent les humains. Les moutons atteints de tremblante se comportent de façon étrange, se heurtent le dos contre des poteaux et refusent de s'alimenter. C'est une maladie incurable et toujours mortelle. La maladie de la vache folle (encéphalopathie spongiforme bovine) est une maladie similaire qui affecte les bovins, entraînant des troubles de la marche, de la nervosité, voire des comportements violents.

Chez les humains, il existe une maladie exotique appelée « kuru » que l'on retrouve chez certaines tribus de Nouvelle-Guinée. Ces dernières célèbrent une cérémonie funéraire qui consiste à manger le cerveau du défunt. Certaines de ces personnes souffraient de démence, de sautes d'humeur, de difficultés à marcher et d'autres symptômes dus à une nouvelle maladie découverte dans le cerveau de leurs proches.

Stanley B. Prusiner, de l'université de Californie à San Francisco, est allé à contre-courant de la pensée médicale conventionnelle en concluant que tout cela était la preuve de l'existence d'un nouveau type de maladie. En 1982, il a annoncé avoir purifié et isolé la protéine à l'origine de cette pathologie. En 1997, il a remporté le prix Nobel de physiologie et de médecine pour la découverte des prions.

Un prion est une protéine qui s'est mal repliée. Les prions ne se disséminent pas de la manière habituelle des autres maladies, mais souvent par contact avec d'autres protéines. Lorsqu'un prion entre en contact avec une protéine normale, il force en quelque sorte cette dernière à se replier incorrectement. La maladie à prions peut ainsi se propager extrêmement vite dans tout le corps.

Actuellement, même s'il existe encore des désaccords, certains scientifiques pensent que bon nombre des maladies mortelles qui touchent les personnes âgées pourraient elles aussi être provoquées par des prions. Parmi elles se trouve la maladie d'Alzheimer, que certains ont qualifiée de « maladie du siècle ». On sait que six millions de Nord-Américains sont atteints de la maladie d'Alzheimer, et la plupart d'entre eux ont 65 ans ou plus. Au moins une personne âgée sur trois meurt de la maladie d'Alzheimer ou d'une démence. Actuellement, il s'agit de la sixième cause de décès aux États-Unis, et le nombre de cas est en augmentation constante. On estime qu'environ la moitié des personnes qui survivent jusqu'à 80 ans pourraient un jour en être atteintes.

La maladie d'Alzheimer est particulièrement tragique, parce qu'elle attaque nos attributs les plus privés et les plus précieux, nos souvenirs et notre identité. Elle frappe d'abord le cerveau dans des zones proches de son centre, telles que l'hippocampe, qui traite les souvenirs à court terme. Ainsi, ses premiers signes sont l'oubli d'événements qui viennent de se produire. La personne peut être capable de se rappeler avec une précision extrême des événements qui se sont produits il y a soixante ans, mais d'oublier des choses qui se sont produites il y a cinq minutes. Puis la maladie finit par attaquer le cerveau tout entier, de sorte que même les souvenirs à long terme disparaissent dans les méandres du temps. Cette pathologie est toujours fatale.

Ma mère est décédée de la maladie d'Alzheimer. Ce fut déchirant de voir ses souvenirs disparaître peu à peu, jusqu'à ce qu'elle ne me reconnaisse plus. Et plus tard encore, elle ne savait même plus qui elle était.

On sait que la maladie d'Alzheimer a des origines génétiques. Les personnes présentant une mutation du gène APOE4 sont plus sensibles à cette pathologie. Dans une série télévisée de la BBC que j'ai animée, la caméra s'est concentrée sur mon visage tandis qu'on me demandait si j'allais accepter de passer le test APOE4 afin de savoir si j'ai une prédisposition génétique à cette maladie. Qu'allais-je dire si je découvrais que j'étais effectivement condamné à être atteint de la maladie d'Alzheimer ? J'y ai réfléchi et j'ai finalement répondu que j'allais effectuer le test malgré mes craintes, car il est toujours préférable de se préparer à l'avenir, quoi qu'il nous réserve. (Heureusement, il s'est révélé négatif.)

Malheureusement, la cause profonde de la maladie d'Alzheimer est inconnue. La seule manière de confirmer si une personne est atteinte de la maladie d'Alzheimer est de procéder à une autopsie. Les médecins découvrent souvent que le cerveau des personnes atteintes de la maladie d'Alzheimer renferme deux types de protéines collantes, appelées protéines amyloïdes « bêta » et « tau ». Mais ils ont débattu des décennies durant sur la question de savoir si ces protéines collantes sont la cause de la maladie d'Alzheimer ou s'il ne s'agit peut-être que d'un sous-produit sans importance de la maladie. Le problème est que les autopsies ont montré que certaines personnes présentaient d'importants dépôts amyloïdes dans le cerveau, mais absolument aucun symptôme de la maladie.

Dans de nombreux cas, il n'existe donc pas de relation directe de cause à effet entre la maladie d'Alzheimer et les plaques amyloïdes.

Un indice de ce mystère a été découvert il y a peu. Des scientifiques allemands ont observé une corrélation directe entre les personnes présentant des protéines mal repliées et celles atteintes de la maladie d'Alzheimer. En 2019, ils ont fait une déclaration stupéfiante selon laquelle les personnes possédant une protéine amyloïde mal repliée dans le sang, mais qui ne présentaient encore pas de symptôme, étaient vingt-trois fois plus susceptibles de développer la maladie d'Alzheimer. Ce lien a même pu être confirmé jusqu'à quatorze ans avant qu'un diagnostic clinique ne soit posé.

Cela signifie que des années avant qu'une personne ne développe des symptômes de la maladie d'Alzheimer, un simple test sanguin recherchant la protéine amyloïde mal repliée pourrait lui indiquer la probabilité qu'elle en soit affectée.

Dans le cadre de recherches qu'il a récemment dirigées, Stanley Prusiner a déclaré : « Je crois que cela montre sans l'ombre d'un doute que la protéine bêta-amyloïde et la protéine tau sont toutes deux des prions, et que la maladie d'Alzheimer est un trouble à double prion dans lequel ces protéines scélérates détruisent ensemble le cerveau… Un changement radical doit être entrepris dans la recherche sur la maladie d'Alzheimer[5]. »

Klaus Gerwert, l'un des auteurs de ce rapport, a souligné que cette découverte pourrait permettre de trouver des traitements contre la maladie d'Alzheimer, car actuellement, il n'en existe aucun : « La mesure de la bêta-amyloïde mal repliée dans le sang pourrait donc apporter une contribution clé à la recherche d'un médicament contre la maladie d'Alzheimer[6]. »

Hermann Brenner, chercheur allemand et coauteur de ce rapport, a ajouté : « Tout le monde place désormais ses espoirs dans le recours à de nouvelles approches thérapeutiques pendant le stade précoce et asymptomatique de la maladie, afin de prendre des mesures préventives[7]. »

Les « bonnes » et les « mauvaises » versions de la protéine amyloïde

Une autre découverte faite en 2021 pourrait nous dire précisément comment ce processus se déroule. Des scientifiques de l'université de Californie ont découvert que les bonnes et les mauvaises versions de la protéine amyloïde peuvent être distinguées par un simple coup d'œil sur leur structure. Ils ont découvert qu'étant constituées d'une longue chaîne d'acides aminés enroulés, les protéines contiennent souvent des amas d'atomes qui tournent en spirale dans un sens ou dans l'autre, dans le sens des aiguilles d'une montre ou dans le sens inverse.

Dans la protéine amyloïde normale, la forme est « lévogyre », c'est-à-dire que les spirales et les torsions de la molécule sont orientées dans le même sens : vers la gauche. Cependant, l'autre protéine amyloïde associée à la maladie d'Alzheimer est dextrogyre (c'est-à-dire que sa rotation est orientée vers la droite). Si cette théorie se révèle exacte, à savoir qu'un type de protéine amyloïde difforme est responsable de la maladie d'Alzheimer, elle pourrait ouvrir une toute nouvelle voie de recherche.

Tout d'abord, il nous faut créer des images 3D détaillées de ces deux types de protéines amyloïdes. Grâce aux ordinateurs quantiques, il pourrait être possible de voir précisément, au niveau atomique, comment la molécule déformée d'Alzheimer est capable de se propager en heurtant des molécules saines, et pourquoi elle peut causer tant de dommages au cerveau.

Ensuite, en étudiant la structure de la protéine, on pourrait peut-être déterminer comment elle fait dérailler les neurones de notre système nerveux. Une fois que nous connaîtrions ce mécanisme, plusieurs possibilités s'offriraient à nous. L'une d'elles consiste à isoler les défauts de cette protéine et à utiliser la thérapie génique pour créer une version correcte de ce gène. Ou peut-être qu'un jour, des médicaments pourraient être mis au point pour bloquer la croissance de la protéine dextrogyre, ou même pour l'éliminer plus rapidement du corps.

Par exemple, on sait que ces molécules difformes n'existent dans le cerveau que pendant quelque quarante-huit heures avant d'être éliminées naturellement. Lorsque nous aurons compris la structure moléculaire de la protéine dextrogyre, nous pourrons concevoir une autre molécule qui capturera cette molécule déviante, puis soit la décomposera et la neutralisera pour qu'elle ne soit plus dangereuse, soit se liera à elle pour qu'elle soit éliminée plus rapidement de l'organisme. Les ordinateurs quantiques peuvent s'avérer utiles pour identifier ses points faibles moléculaires.

En résumé, les ordinateurs quantiques peuvent identifier de nombreuses approches au niveau moléculaire pour neutraliser ou éliminer le mauvais prion, ce que nous avons été incapables de faire par essais et erreurs et avec les ordinateurs numériques.

Une autre cible des ordinateurs quantiques est la sclérose latérale amyotrophique (SLA), également connue sous le nom de « maladie de Lou Gehrig ». Il s'agit d'une maladie mortelle qui réduit le corps à une masse de tissus paralysés et qui touche au moins seize mille personnes aux États-Unis. L'esprit de la personne est intact, mais son corps dépérit. Cette maladie attaque son système nerveux, déconnectant en quelque sorte son cerveau de ses muscles et conduisant finalement à la mort.

La victime la plus célèbre de cette maladie est le regretté cosmologiste Stephen Hawking. Son cas était tout à fait inhabituel, car il a vécu jusqu'à 76 ans, tandis que la plupart des malades meurent rapidement. Les victimes de cette maladie redoutée ne vivent généralement que deux à cinq ans après avoir été diagnostiquées.

Hawking m'a un jour invité à donner une conférence sur la théorie des cordes à l'université de Cambridge. J'ai été sidéré lorsque j'ai visité sa maison. Elle regorgeait de gadgets qui lui permettaient de « fonctionner » malgré cette maladie débilitante. Il y avait un appareil mécanique dans lequel on pouvait par exemple poser un journal de physique. Il suffisait d'appuyer sur un bouton, et l'appareil saisissait une page après l'autre et les tournait automatiquement.

En le côtoyant, j'ai été profondément impressionné par sa volonté et son désir d'être productif et de participer à la communauté des physiciens. Bien que presque totalement paralysé, il était fermement résolu à poursuivre ses recherches et à communiquer avec le public. Sa détermination face à des obstacles monumentaux témoigne de son courage et de sa motivation.

Sur le plan professionnel, ses travaux concernaient l'application de la théorie quantique à la théorie de la gravité d'Einstein. Il est permis d'espérer qu'un jour, la théorie quantique rendra la pareille et trouvera un moyen pour les ordinateurs quantiques de guérir cette épouvantable maladie. À l'heure actuelle, on en sait peu à son sujet, car elle est assez rare. Mais en étudiant l'histoire familiale des victimes, on peut montrer qu'une série de gènes sont impliqués.

Jusqu'à présent, une vingtaine de gènes associés à la SLA ont été découverts, mais quatre d'entre eux sont responsables de la plupart des cas : C9orf72, SOD1, FUS et TARDBP. Lorsque ces gènes fonctionnent mal, ils sont impliqués dans la mort des neurones moteurs du tronc cérébral et de la moelle épinière.

Le gène SOD1 est particulièrement significatif.

Il semblerait que le mauvais repliement des protéines provoqué par le SOD1 soit impliqué dans la SLA. Le gène SOD1 produit une enzyme appelée « superoxyde dismutase », qui décompose les molécules d'oxygène chargées appelées « radicaux superoxydes », qui sont potentiellement dangereux. Mais lorsque le SOD1 ne parvient pas à éliminer ces radicaux superoxydes, les cellules nerveuses peuvent être endommagées. Ainsi, le mauvais repliement de la protéine créée par le SOD1 pourrait être l'un des mécanismes qui provoquent la mort des neurones.

Identifier la voie moléculaire empruntée par ces gènes défectueux pourrait être la clé pour guérir la maladie, et les ordinateurs quantiques pourraient jouer en cela un rôle crucial. En utilisant les gènes comme modèle, on peut créer une version 3D de la protéine défectueuse fabriquée par ce gène. Puis, en étudiant la structure de la protéine, on pourrait peut-être déterminer comment elle fait dérailler les neurones de notre système nerveux. Si nous réussissons à déterminer comment la protéine défectueuse fonctionne au niveau moléculaire, nous pourrons peut-être trouver un remède.

La maladie de Parkinson

Une autre maladie invalidante qui implique des protéines mutées dans le cerveau est la maladie de Parkinson, qui touche environ un million de personnes aux États-Unis. Le représentant le plus célèbre de cette maladie est Michael J. Fox, qui a mis à profit sa notoriété pour collecter 1 milliard de dollars afin de la combattre. Typiquement, cette maladie provoque des tremblements incontrôlés des membres, mais elle provoque également d'autres symptômes, tels que des difficultés à marcher, une perte d'odorat et des troubles du sommeil.

Des progrès ont été réalisés dans son traitement. Les scientifiques ont par exemple découvert que, grâce aux scanners cérébraux, on peut identifier l'endroit précis où les neurones s'emballent, ce qui provoque probablement les tremblements dans les mains. Cette forme de Parkinson peut alors être partiellement traitée en implantant une électrode dans le cerveau, à l'endroit où règne cette hyperactivité. Puis, en neutralisant les neurones au fonctionnement erratique, on peut faire cesser certains de ces tremblements.

Malheureusement, il n'existe toujours pas de traitement. Mais certains des gènes associés à la maladie de Parkinson ont été isolés. Il est possible de synthétiser les protéines associées à ces gènes, dont la structure 3D pourrait être décryptée par les ordinateurs quantiques. Ainsi, nous pourrions découvrir comment des mutations de ce gène peuvent causer la maladie de Parkinson. Nous pourrions peut-être cloner la version correcte de cette protéine mutée et la réinjecter dans le corps.

Les ordinateurs quantiques pourraient donc ouvrir une toute nouvelle voie pour traiter ces maladies incurables qui accablent les personnes âgées. Peut-être pourront-ils s'attaquer à l'un des plus grands problèmes médicaux de tous les temps : le processus de vieillissement. Si l'on parvient à remédier à ce processus, on guérit simultanément une multitude de maladies qui y sont associées.

Si les ordinateurs quantiques parviennent un jour à trouver des remèdes pour les personnes âgées, cela signifie-t-il aussi que nous n'aurons plus à mourir ?

13.

L'IMMORTALITÉ

La quête la plus ancienne de toutes est très probablement celle de l'immortalité. Quelle que soit la puissance d'un roi ou d'un empereur, aucun n'a jamais réussi à bannir les rides qu'il voyait dans son reflet, prédisant sa disparition ultime.

L'un des premiers récits connus, antérieur à certaines parties de la Bible, est l'*Épopée de Gilgamesh*, l'ancien guerrier mésopotamien, qui relate ses exploits héroïques tandis qu'il parcourait le monde antique. Il s'est engagé dans de nombreuses aventures courageuses en parcourant plaines et déserts, rencontrant même un sage qui avait été témoin du Grand Déluge. Gilgamesh s'est lancé dans ce voyage dans le but d'accomplir une grande mission : découvrir le secret de la vie éternelle. Il trouva finalement la plante source de l'immortalité. Mais au moment où il allait la manger, un serpent la lui a soudain arrachée des mains et l'a dévorée. Les humains n'étaient pas destinés à devenir immortels.

Dans la Bible, Dieu a banni Adam et Ève du jardin d'Éden parce qu'ils avaient désobéi à ses ordres et croqué la pomme interdite. Mais qu'y avait-il de si dangereux dans une pomme innocente ? Tout simplement le fait que la pomme était le fruit défendu de la connaissance.

De plus, Dieu craignait qu'en mangeant la pomme de l'arbre de vie, Adam et Ève « deviennent comme l'un de nous [...] et vivent éternellement », en d'autres termes, qu'ils deviennent immortels.

L'empereur Qin Shi Huang, l'homme qui a finalement unifié toute la Chine vers 200 avant notre ère, était obsédé par l'idée de l'immortalité. Dans une légende célèbre, il envoya sa formidable flotte navale à la recherche de la légendaire Fontaine de Jouvence. Il donna un ordre à sa flotte : « Si vous ne trouvez pas la Fontaine, ne revenez pas. » Apparemment, elle n'a pas découvert la Fontaine, et bannie de Chine, elle a préféré partir à la découverte de la Corée et du Japon.

Selon la mythologie grecque, Éos, la déesse de l'aube, tomba amoureuse de Tithon, un mortel. Et comme les mortels finissent toujours par mourir, Éos a supplié le dieu Zeus d'accorder l'immortalité à son bien-aimé. Zeus a exaucé son souhait. Mais Éos avait commis une erreur capitale : elle n'a pas songé à demander également la jeunesse éternelle pour son bien-aimé. C'est pourquoi Tithon a vieilli d'année en année, devenant de plus en plus décrépit, mais sans jamais pouvoir mourir. Ainsi, si l'on demande l'immortalité aux dieux, il ne faut surtout pas oublier de leur demander en même temps l'éternelle jeunesse.

Aujourd'hui, grâce aux progrès de la médecine moderne, le moment est peut-être venu de reconsidérer cette quête ancestrale sous un nouvel angle. En analysant la montagne de données génétiques sur le vieillissement et en décryptant les bases moléculaires de la vie elle-même, on pourrait utiliser les ordinateurs quantiques pour résoudre le problème du vieillissement. En fait, les ordinateurs quantiques pourraient être capables de créer deux types d'immortalité : l'immortalité biologique et l'immortalité numérique. Après tout, la Fontaine de Jouvence n'est peut-être pas une fontaine, mais un programme d'ordinateur quantique.

Le deuxième principe de la thermodynamique

Avec les connaissances de la physique moderne, il est possible de se pencher sur cette quête antique d'un point de vue moderne. La physique du vieillissement peut être expliquée à l'aide des principes de la thermodynamique. Il existe trois principes de la thermodynamique. Le premier stipule simplement que la quantité totale de matière et d'énergie est une constante. On ne peut pas obtenir quelque chose à partir de rien. Le deuxième stipule que dans un système fermé, le chaos et la dégradation augmentent toujours. Le troisième principe stipule qu'on ne peut jamais atteindre le zéro absolu en température.

C'est le deuxième qui régit nos vies. C'est un principe physique qui stipule que les choses finissent par se détériorer, se désintégrer et mourir. Cela signifie que l'entropie, qui est une mesure du chaos, augmente toujours. Il semble que ce principe d'airain interdise l'immortalité, car, à la fin, tout s'écroule. La physique semble avoir signé un arrêt de mort pour toute vie sur Terre.

Mais ce deuxième principe comporte une faille. Le fait que tout doit se dégrader ne s'applique qu'à un système fermé. Car dans un système ouvert, où l'énergie peut affluer depuis le monde extérieur, l'accroissement du chaos peut être inversé.

Par exemple, chaque fois qu'une nouvelle forme de vie apparaît, comme la naissance d'un bébé, l'entropie diminue. Une nouvelle forme de vie représente une grande quantité de données assemblées avec précision jusqu'au niveau moléculaire. La vie semble donc contredire le deuxième principe. Mais l'énergie provient de l'extérieur sous forme de lumière du Soleil. C'est donc l'énergie solaire qui est responsable de la création de la grande diversité de la vie sur Terre et de l'inversion de l'entropie locale.

Par conséquent, l'immortalité ne viole pas les lois de la physique. Il n'y a rien dans le deuxième principe qui interdise à une forme de vie de vivre éternellement, tant que l'énergie afflue depuis l'extérieur. Dans notre cas, cette énergie est la lumière du Soleil.

Qu'est-ce que le vieillissement ?

Alors, qu'est-ce que vieillir ?

Selon le deuxième principe, le vieillissement est principalement causé par une accumulation d'erreurs au niveau moléculaire, génétique et cellulaire. Le deuxième principe finit par nous rattraper. Les erreurs s'accumulent dans nos cellules et dans notre ADN. Les cellules de la peau perdent leur élasticité et des rides se forment. Les organes ne fonctionnent pas correctement et se détériorent. Les neurones ont des ratés, de sorte que nous oublions des choses. Un cancer se développe parfois. Bref, nous vieillissons et nous finissons par mourir.

Nous pouvons observer cela dans le règne animal, ce qui nous donne des indices sur le vieillissement. Les papillons ne vivent que quelques jours. Les souris quelques années. Mais les éléphants peuvent vivre de 60 à 70 ans – et le requin du Groenland jusqu'à 500 ans.

Quel est le dénominateur commun de tout cela ? Les petits animaux perdent rapidement de la chaleur par rapport aux grands. Par conséquent, le métabolisme d'une souris qui se précipite pour éviter un prédateur est assez important, surtout si on le compare à celui d'un éléphant qui mange tranquillement sa nourriture. Mais un métabolisme plus élevé signifie également un taux d'oxydation plus élevé, ce qui génère des erreurs dans nos organes.

Notre voiture en est un parfait exemple. Où se produit le vieillissement dans une voiture ? La plupart du temps, c'est dans le moteur, où l'on retrouve d'une part l'oxydation due à la combustion du carburant, et d'autre part l'usure des engrenages. Mais où est situé le moteur de la cellule ?

La plus grande partie de l'énergie de la cellule provient des mitochondries. C'est pourquoi l'on suspecte que les mitochondries sont le lieu où s'accumule une grande partie des dommages provoqués par le vieillissement. Il est probable que le vieillissement pourrait être inversé si nous échappions au deuxième principe en ajoutant de l'énergie provenant de l'extérieur, sous la forme d'un mode de vie meilleur et plus sain, ainsi que du génie génétique pour réparer les gènes détériorés.

Songeons maintenant à une voiture dont le réservoir est rempli de carburant à indice d'octane élevé. Elle fonctionne à merveille. Même une voiture vieillissante fonctionne mieux avec de l'essence à indice élevé. Ce phénomène est comparable à ce que les hormones telles que l'œstrogène et la testostérone font dans le corps humain. Elles agissent en quelque sorte comme un élixir de vie, nous donnant énergie et vitalité en dépit de nos années. Certains estiment que les œstrogènes sont l'une des raisons pour lesquelles les femmes ont en moyenne une espérance de vie plus longue que les hommes. Mais il y a un prix à payer pour ce kilométrage supplémentaire : le cancer. Une usure supplémentaire signifie également davantage d'erreurs, parmi lesquelles les gènes du cancer. Ainsi, dans un sens, le cancer représente le deuxième principe de la thermodynamique qui nous rattrape.

Ces erreurs dans notre ADN se produisent constamment. Les lésions de l'ADN au niveau moléculaire, par exemple, se produisent de 25 à 115 fois par minute dans notre corps, ce qui correspond à quelque 36 000 à 160 000 fois par cellule et par jour. Nous disposons également de mécanismes de réparation de l'ADN, mais le vieillissement s'accélère lorsqu'ils sont dépassés par le grand nombre d'erreurs dans notre ADN. Le vieillissement se produit lorsque l'accumulation d'erreurs dépasse notre capacité à les réparer.

Prédire notre espérance de vie

Si le vieillissement est lié à des erreurs dans notre ADN et dans nos cellules, il est peut-être possible d'obtenir un chiffre approximatif prédisant notre espérance de vie.

Une étude fascinante a été réalisée par le Wellcome Sanger Institute de Cambridge, en Angleterre. Si le vieillissement est lié à des dommages génétiques, on peut prédire que plus un animal subit de tels dommages, plus sa durée de vie sera courte. Et en effet, ces scientifiques de Cambridge ont découvert une relation inverse après avoir analysé seize espèces d'animaux : plus les dommages génétiques sont importants, plus la durée de vie est réduite.

Ils ont relevé des corrélations remarquables entre des animaux tout à fait différents. Le petit rat-taupe nu subit 93 mutations par an et peut vivre de 25 à 30 ans. Quant à la girafe géante, elle peut subir 99 mutations par an sur une durée de vie de 24 ans. Si l'on multiplie ces deux nombres, le produit est d'environ 2 325 mutations pour le rat-taupe nu et 2 376 pour la girafe, des résultats nettement similaires. Bien que ces deux mammifères diffèrent de manière significative, ils accumulent à peu près le même nombre de mutations au cours de leur vie.

Nous obtenons ainsi une formule qui permet de prédire approximativement l'espérance de vie des humains en analysant les données de nombreux animaux. En analysant les souris, les chercheurs ont constaté qu'elles présentaient 793 mutations par an, réparties sur une durée de vie de 3,7 ans, soit un total de 2 934,1 mutations.

Pour ce qui concerne l'homme, les chiffres sont un peu plus complexes, car ils varient selon les cultures et les lieux. On estime que les humains subissent 47 mutations par an. La plupart des mammifères présentent en moyenne 3 200 mutations au cours de leur vie. Cela signifierait *a priori* que les humains auraient une durée de vie d'environ 70 ans. (Avec un autre ensemble d'hypothèses, on arrive à un chiffre d'environ 80 ans.)

Les résultats de ce simple calcul sont tout à fait remarquables. Ils soulignent l'importance des erreurs génétiques dans notre ADN et dans nos cellules comme l'un des principaux facteurs du vieillissement et de la mort.

Jusqu'à présent, tous ces résultats ont été obtenus sur des animaux sauvages, dans leur environnement naturel. Mais que se passe-t-il lorsque nous soumettons les animaux à des conditions extérieures différentes ? Est-il possible de modifier artificiellement leur durée de vie ?

La réponse semble être « oui ».

Réinitialiser l'horloge biologique

Une intervention médicale (par exemple génie génétique, changements de style de vie) pourrait permettre de prolonger la durée de vie humaine en corrigeant les dommages causés par le deuxième principe.

Plusieurs possibilités s'offrent à nous. L'une d'elles consiste à réinitialiser « l'horloge biologique ». Lorsqu'une cellule se reproduit, les chromosomes deviennent légèrement plus courts. Pour les cellules de la peau, après une soixantaine de reproductions, la cellule commence à vieillir (c'est ce qu'on appelle la « sénescence ») et finit par mourir. Ce nombre est connu sous le nom de « limite de Hayflick ». C'est l'une des raisons pour lesquelles les cellules meurent, car elles possèdent une horloge intégrée qui leur indique quand le faire.

Lors d'une interview, j'ai interrogé Leonard Hayflick à propos de sa fameuse limite. Il s'est cependant montré prudent, car il craignait que certaines personnes ne tirent des conclusions hâtives à propos de cette horloge biologique. Selon lui, nous commençons tout juste à comprendre le processus de vieillissement. Il déplore le fait que le domaine de la biogérontologie, la science du vieillissement, soit confronté à cette masse de désinformation qui circule dans le grand public, en particulier pour ce qui concerne les dernières modes alimentaires.

La limite de Hayflick est due au fait qu'à l'extrémité du chromosome se trouve un bouchon, appelé « télomère », qui se raccourcit à chaque reproduction. Mais tout comme l'extrémité de votre lacet lorsque ce dernier a subi trop de manipulations, le bouchon s'use et le lacet commence à s'effilocher. Après une soixantaine de reproductions, les télomères s'usent, les chromosomes s'effilochent et la cellule entre en sénescence, puis finit par mourir.

Mais il est également possible « de stopper l'horloge ». Il existe une enzyme, appelée « télomérase », qui peut empêcher les télomères de devenir de plus en plus courts. À première vue, on pourrait penser qu'elle pourrait constituer le remède contre le vieillissement. Les scientifiques ont effectivement réussi à appliquer la télomérase à des cellules de peau humaine, qui se sont alors divisées des centaines de fois, et non seulement soixante. Ces recherches ont permis d'« immortaliser » au moins une forme de vie.

Toutefois, ces travaux comportent aussi des risques. Il s'avère que les cellules cancéreuses utilisent elles aussi la télomérase pour devenir immortelles. En réalité, la présence de télomérase a été détectée dans 90 % des tumeurs humaines. Par conséquent, il faut être très prudent lors de la manipulation des télomères dans le corps, afin de ne pas convertir accidentellement des cellules saines en cellules cancéreuses.

Si nous parvenons un jour à trouver la Fontaine de Jouvence, la télomérase pourrait faire partie de la solution, mais seulement si nous réussissons à éliminer ses effets secondaires. Les ordinateurs quantiques pourraient résoudre le mystère de la manière dont la télomérase peut rendre une cellule immortelle, mais non cancéreuse. Une fois ce mécanisme moléculaire découvert, il pourrait être possible de modifier la cellule afin qu'elle ait une durée de vie prolongée.

La restriction calorique

Contrairement aux innombrables remèdes et thérapies de charlatan qui ont été inventés au fil des siècles pour allonger notre espérance de vie, il est une méthode qui a résisté à l'épreuve du temps et qui semble fonctionner dans tous les cas. La seule manière éprouvée de prolonger la durée de vie d'un animal est la restriction calorique. En d'autres termes, en consommant 30 % de calories en moins, la durée de vie peut être prolongée d'environ 30 % selon l'animal étudié. Cette règle générale a été testée sur un large éventail d'espèces, depuis les insectes, les souris, les chiens et les chats, jusqu'aux singes. Les animaux qui consomment moins de calories vivent plus longtemps que leurs congénères qui mangent trop. Ils ont moins de maladies et souffrent moins fréquemment des problèmes de la vieillesse, tels que le cancer et le durcissement des artères.

Cela a été testé sur un très grand nombre d'animaux du règne animal, mais il en est un qui n'a pas encore été systématiquement analysé de cette manière : *Homo sapiens*. (C'est probablement parce que nous vivons trop longtemps et que nous nous plaindrions d'avoir un régime spartiate si pauvre qu'il donnerait faim à un anachorète.) Personne ne sait précisément pourquoi cela fonctionne, mais une théorie suggère que manger moins réduit le taux d'oxydation, ralentissant ainsi le processus de vieillissement.

Un résultat expérimental qui semble confirmer cette hypothèse a été obtenu avec des vers tels que les *Caenorhabditis elegans*. Lorsque ces vers sont génétiquement modifiés pour réduire leur taux d'oxydation, leur durée de vie se trouve prolongée plusieurs fois. Les scientifiques ont donné des noms à certains de ces gènes, par exemple Age-1 et Age-2. La réduction du taux d'oxydation semble aider les cellules à réparer les dommages. Il semble donc raisonnable d'en conclure que la restriction calorique agit en diminuant le taux d'oxydation dans notre corps, ce qui réduit l'accumulation d'erreurs.

Mais une question reste en suspens : pourquoi certains animaux pratiquent-ils une restriction calorique ? Mangent-ils consciemment moins pour vivre plus longtemps ? (Une hypothèse affirme que dans leur état naturel, les animaux ont deux options. D'une part, ils peuvent se reproduire et avoir des petits, mais cela nécessite un approvisionnement alimentaire régulier et abondant, ce qui est rare. Le plus souvent, la plupart des animaux sont proches de la famine, chassant et cherchant constamment de la nourriture. Ainsi, en période de pénurie, ce qui est le plus souvent le cas, les animaux ont évolué pour manger instinctivement moins, afin d'économiser leur énergie et de vivre plus longtemps, jusqu'à ce que vienne le moment où la nourriture est abondante et où ils peuvent se reproduire.)

Les scientifiques qui ont étudié la restriction calorique estiment qu'elle pourrait agir *via* le resvératrol chimique, lui-même produit par le gène de la sirtuine. On trouve du resvératrol dans le vin rouge. (Cela a créé une véritable petite mode autour du resvératrol et du vin rouge, mais on ignore encore si le resvératrol peut réellement prolonger la durée de vie humaine.)

Des études réalisées à l'université Yale en 2022 ont peut-être enfin résolu une partie de l'énigme de l'efficacité de la restriction calorique. Les chercheurs ont axé leurs efforts sur le thymus, qui est situé entre les poumons et qui fabrique les lymphocytes T, un composant important de nos globules blancs qui participent à la défense contre les maladies. Ils ont observé que ces cellules T du thymus vieillissent plus rapidement que les cellules T ordinaires. Par exemple, lorsque nous atteignons l'âge de 40 ans, 70 % du thymus est gras et non fonctionnel. Vishwa Deep Dixit, l'un des principaux auteurs de cet article, déclare : « À mesure que nous vieillissons, nous commençons à ressentir l'absence de nouveaux lymphocytes T, parce que ceux qui nous restent ne sont pas très performants pour combattre les nouveaux agents pathogènes. C'est l'une des raisons pour lesquelles les personnes âgées sont davantage exposées aux maladies[1]. » Si cela est vrai, cela pourrait expliquer pourquoi les personnes âgées sont plus vulnérables au vieillissement et à la mort.

Compte tenu de ce résultat, ils ont réalisé une autre expérience consistant à soumettre un groupe de personnes à un régime hypocalorique pendant deux ans. Ils ont été surpris de constater que le thymus des membres contenait moins de cellules grasses et plus de cellules fonctionnelles. Ce fut un résultat tout à fait remarquable.

Dixit ajoute : « Je trouve stupéfiant que l'on puisse rajeunir cet organe, car il y a très peu de preuves de ce phénomène chez les humains. Le fait que cela soit possible est très encourageant. »

Le groupe de Yale s'est rendu compte qu'il était sur une piste importante. Dans l'étape suivante, ils ont dû en rechercher la cause profonde : comment la restriction calorique renforce-t-elle le système immunitaire au niveau moléculaire ?

Ils se sont finalement concentrés sur une protéine appelée « PLA2G7 », impliquée dans l'inflammation, un autre phénomène associé au vieillissement. « Ces résultats démontrent que la PLA2G7 est l'un des moteurs des effets de la restriction calorique. L'identification de ces facteurs nous aide à comprendre comment le système métabolique et le système immunitaire communiquent entre eux, ce qui peut nous orienter vers des cibles susceptibles d'améliorer la fonction immunitaire, de réduire l'inflammation et peut-être même d'améliorer la durée de vie en bonne santé », explique Dixit.

Il faudrait ensuite utiliser des ordinateurs quantiques pour découvrir comment, au niveau moléculaire, cette protéine peut réduire l'inflammation et retarder le processus de vieillissement. Lorsque ce processus aura été compris, il sera peut-être possible de manipuler la PLA2G7 et de bénéficier des avantages de la restriction calorique sans avoir à nous astreindre à un régime draconien.

Dixit ajoute que son étude sur les protéines et les gènes concernés pourrait modifier l'orientation de la recherche sur le processus de vieillissement. Il conclut : « Je pense que tout cela est porteur d'espoir. »

La clé du vieillissement : la réparation de l'ADN

Mais cela soulève une autre question : comment la restriction calorique répare-t-elle les dommages moléculaires causés par l'oxydation ? La restriction calorique peut agir en ralentissant le processus d'oxydation, permettant ainsi au corps de réparer les dommages provoqués naturellement, mais comment le corps répare-t-il les dommages causés à l'ADN ?

Cette question est étudiée à l'université de Rochester, où les scientifiques cherchent à savoir s'il est possible de comprendre le mécanisme de réparation de l'ADN en se penchant sur le règne animal. Plus précisément, les mécanismes de réparation de l'ADN peuvent-ils expliquer pourquoi certains animaux vivent plus longtemps ? Existe-t-il une Fontaine de Jouvence génétique ?

Ils ont analysé la durée de vie de dix-huit espèces de rongeurs et ont fait une découverte fort intéressante. Les souris vivent seulement 2 à 3 ans, mais les castors et les rats-taupes nus peuvent vivre jusqu'à un âge étonnamment avancé de 25 à 30 ans. Selon leur hypothèse, les rongeurs à longue durée de vie possèdent un mécanisme de réparation de l'ADN plus puissant que les rongeurs à courte durée de vie.

Pour étudier cela, ils se sont concentrés sur le gène de la sirtuine-6, impliqué dans la réparation de l'ADN et parfois surnommé « gène de la longévité ». Ils ont découvert que toutes les protéines de la sirtuine-6 ne sont pas identiques. Il existe cinq types différents de protéines créées par le gène de la sirtuine-6, et chacune présente des niveaux d'activité différents. Ils ont également observé que les castors possèdent des protéines sirtuine-6 plus puissantes que les protéines produites par les rats, mais pas par les rats-taupes nus. Cela pourrait être selon eux la raison pour laquelle les castors vivent si longtemps.

Pour démontrer leur hypothèse, ils ont injecté les différentes protéines sirtuine-6 à différents animaux pour voir si cela allait affecter leur longévité. Les drosophiles auxquelles on a injecté la protéine sirtuine-6 du castor ont vécu plus longtemps que celles auxquelles on a injecté la protéine du rat.

Lorsqu'ils ont injecté la protéine dans des cellules humaines, ils ont constaté un effet similaire. L'ADN des cellules ayant reçu la protéine sirtuine-6 du castor a subi moins de dommages que celui des cellules ayant reçu la protéine du rat. Vera Gorbunova, l'une des chercheuses, explique : « Si des maladies se déclarent à cause d'un ADN qui se désorganise avec l'âge, nous pouvons utiliser des recherches comme celle-ci pour cibler des interventions susceptibles de retarder le cancer et d'autres maladies dégénératives[2]. »

Voilà qui est important, car la réparation des dommages à l'ADN qui peuvent être régulés par des gènes tels que la sirtuine-6 pourrait être la clé pour inverser le processus de vieillissement. Les ordinateurs quantiques pourraient ensuite être utilisés pour déterminer précisément comment la sirtuine-6 est capable d'améliorer les mécanismes de réparation de l'ADN au niveau moléculaire.

Une fois ce processus élucidé, il sera peut-être possible de trouver des moyens de l'accélérer ou de découvrir de nouvelles voies moléculaires susceptibles de stimuler les mécanismes de réparation de l'ADN. Ainsi, si les dommages à l'ADN sont l'un des moteurs du processus de vieillissement, il est crucial de comprendre comment il est possible de les inverser au niveau moléculaire à l'aide d'ordinateurs quantiques.

Reprogrammer des cellules à des fins de rajeunissement

Cependant, le danger est que l'on est souvent confronté à du charlatanisme lorsqu'il s'agit de vouloir vivre plus longtemps. Il y a toujours la tendance en vogue : la dernière vitamine, la dernière herbe ou le dernier « remède miracle ». Mais il existe une organisation sérieuse qui fait beaucoup parler d'elle dans le domaine du vieillissement.

Le milliardaire russe Yuri Milner, qui a fait fortune sur Facebook et Mail.ru, a constitué un groupe d'universitaires de renom pour étudier la question de l'inversion du processus de vieillissement. Personnalité bien connue de la Silicon Valley, il verse 3 millions de dollars par an à des physiciens, des biologistes et des mathématiciens exceptionnels au titre de son prix Breakthrough.

Il concentre actuellement son attention sur un nouveau groupe appelé Altos Labs, qui souhaite utiliser la science de la « reprogrammation » pour tenter de rajeunir les cellules vieillissantes. Même Jeff Bezos fait partie des investisseurs aux poches bien garnies qui se pressent pour soutenir Altos. Selon un document déposé par Altos, cette jeune société aurait déjà recueilli 270 millions de dollars.

Selon la *Technology Review* du MIT, l'idée qui sous-tend cet effort est de reprogrammer l'ADN des cellules vieillissantes, afin qu'elles retrouvent une forme antérieure. Cela a été testé expérimentalement par le lauréat japonais du prix Nobel de physiologie et de médecine Shinya Yamanaka, qui présidera le conseil consultatif scientifique d'Altos.

Yamanaka est l'une des autorités mondiales en matière de cellules souches, les mères de toutes les cellules. Les cellules souches embryonnaires ont la propriété remarquable de pouvoir se transformer en n'importe quelle cellule du corps humain. Yamanaka a découvert un moyen de reprogrammer des cellules adultes afin qu'elles reviennent à leur état embryonnaire, afin qu'elles puissent, en principe, créer des organes entièrement nouveaux et frais en partant de zéro.

La question fondamentale est la suivante : peut-on reprogrammer une cellule vieillissante pour qu'elle redevienne jeune ? Ce qui suscite autant d'intérêt pour Altos est que la réponse est apparemment « oui » : dans certaines circonstances, il existe quatre protéines (désormais appelées « facteurs de Yamanaka ») capables d'effectuer le processus de reprogrammation.

D'une certaine manière, la reprogrammation des cellules vieillissantes est un phénomène courant. Songeons à la manière dont Mère Nature peut prendre les cellules d'un adulte et les reprogrammer pour qu'elles deviennent les cellules souches d'un embryon. La reprogrammation n'est donc pas de la science-fiction, mais un phénomène de la vie. Ce processus de rajeunissement se produit à chaque génération, dès la conception de l'embryon.

Il n'est pas surprenant qu'un certain nombre de start-up, toutes à la recherche de la prochaine grande nouveauté, aient sauté dans le train en marche, notamment Life Biosciences, Turn Biotechnologies, AgeX Therapeutics et Shift Bioscience. « Si vous voyez au loin quelque chose qui ressemble à un énorme tas d'or, alors il vous faut courir vite[3] », explique Martin Borch Jensen, de Gordian Biotechnology. En effet, il débloque 20 millions de dollars pour accélérer la recherche.

David Sinclair, professeur à Harvard, a déclaré : « Des centaines de millions de dollars sont mobilisés par des investisseurs pour la reprogrammation, avec l'objectif spécifique de parvenir à rajeunir des parties ou la totalité du corps humain[4]. » Sinclair a réussi à utiliser cette technique de reprogrammation cellulaire pour restaurer la vue chez des souris. Il ajoute : « Dans mon laboratoire, nous passons en revue les principaux organes et tissus, par exemple la peau, les muscles et le cerveau, pour voir lesquels nous pouvons rajeunir. »

Alejandro Ocampo de l'université de Lausanne, en Suisse, déclare : « Il est possible de prélever une cellule sur une personne de 80 ans et, *in vitro*, d'inverser son âge de 40 ans. Aucune autre technologie n'a les moyens de faire cela[5]. »

Un groupe indépendant de l'université du Wisconsin-Madison a prélevé des échantillons de liquide synovial (un liquide visqueux présent dans les articulations du corps), qui contient certaines cellules souches appelées « MSC » (cellules souches mésenchymateuses/stromales). On savait déjà qu'il était possible de reprogrammer les cellules MSC pour les rajeunir. Mais la manière dont s'opère ce rajeunissement est inconnue.

Les chercheurs ont réussi à combler de nombreuses étapes manquantes. Ils ont converti des MSC en cellules souches pluripotentes induites (appelées « iPSC »), puis ils les ont reconverties en cellules MSC. Après cet aller-retour, ils ont constaté que les cellules MSC reconverties avaient rajeuni. Plus important encore, ils ont réussi à identifier la voie chimique spécifique empruntée par les cellules MSC lors de cet aller-retour. Une série de protéines appelées « GATA6 », « SHH » et « FOXP » sont impliquées dans ce processus.

Ce sont des progrès tout à fait remarquables que l'on croyait jadis impossibles. Ainsi, les scientifiques commencent à comprendre comment des cellules vieillissantes peuvent retrouver leur jeunesse.

Mais il y a aussi lieu d'être prudent. Nous avons vu précédemment que les méthodes visant à retarder ou à inverser le vieillissement présentaient des effets secondaires tels que le cancer. Les œstrogènes peuvent maintenir la fertilité des femmes pendant de nombreuses années jusqu'à la ménopause, mais le cancer est l'un des effets secondaires potentiels de cette hormone. De la même manière, la télomérase peut stopper le vieillissement cellulaire, mais elle accroît également le risque de cancer.

Et justement, l'un des dangers de la reprogrammation cellulaire est le cancer. Les recherches doivent être menées avec précaution, afin de ne pas être perturbées par des effets secondaires dangereux. Les ordinateurs quantiques peuvent s'avérer utiles dans cet effort. Premièrement, ils pourraient nous permettre de comprendre le processus de rajeunissement au niveau moléculaire et de découvrir les secrets des cellules souches embryonnaires. Deuxièmement, ils pourraient nous aider à contrôler certains des effets secondaires de ce processus, dont le cancer.

Le magasin de pièces détachées du corps humain

Mais une autre expérience a elle aussi suscité l'intérêt pour le rajeunissement cellulaire.

Dans l'approche initiale de Yamanaka, des cellules de peau étaient exposées aux quatre facteurs de Yamanaka pendant cinquante jours, afin qu'elles reviennent à un état embryonnaire. Mais les scientifiques de l'institut Babraham de Cambridge, en Angleterre, n'ont exposé ces cellules que pendant treize jours, puis ils les ont laissées se développer normalement.

Les cellules cutanées originelles ont été prélevées sur une femme de 53 ans. Les scientifiques ont été choqués de constater que les cellules cutanées rajeunies avaient l'apparence et le comportement de celles d'une jeune femme de 23 ans.

« Je me souviens du jour où on m'a remis les résultats, et j'ai eu du mal à croire que certaines cellules avaient 30 ans de moins que leur âge supposé… Ce fut une journée exaltante[6] », a déclaré Diljeet Gill, l'un des scientifiques qui ont mené l'étude.

Ces résultats sont sensationnels. S'ils sont confirmés, ce sera apparemment la seule fois dans l'histoire de la médecine que des scientifiques ont réussi à rajeunir des cellules vieillissantes, de telle sorte qu'elles se comportent comme si elles avaient des décennies de moins.

Cependant, les scientifiques engagés dans cette étude ont pris soin de mentionner les effets secondaires potentiels. En raison des énormes modifications génétiques impliquées dans le rajeunissement, comme c'est le cas pour de nombreux traitements prometteurs, le cancer reste un risque. C'est pourquoi toute cette approche doit être menée avec prudence.

Mais il existe une deuxième manière de créer des organes jeunes, sans risque de cancer : l'ingénierie tissulaire, où les scientifiques construisent littéralement des organes humains de toutes pièces.

L'ingénierie tissulaire

Si une cellule adulte retourne à l'état embryonnaire, elle rajeunit, mais uniquement au niveau cellulaire. En d'autres termes : on ne peut pas rajeunir tout le corps et vivre éternellement. Cela signifie simplement que certaines lignées cellulaires deviennent immortelles, de sorte que des organes spécifiques peuvent être régénérés, mais non pas le corps tout entier.

L'une des raisons à cela est que les cellules souches, si elles sont laissées à elles-mêmes, créent parfois une masse informe de tissus aléatoires. Les cellules souches ont souvent besoin d'indices provenant des cellules voisines pour se développer correctement dans un ordre donné et créer l'organe final.

La solution à ce problème pourrait être l'ingénierie tissulaire, qui consiste à placer des cellules souches dans une espèce de moule pour qu'elles se développent de manière organisée.

Cette approche a été développée par Anthony Atala, de l'université Wake Forest en Caroline du Nord, ainsi que par d'autres. J'ai eu l'honneur d'interviewer Atala pour BBC-TV. En me promenant dans son laboratoire, j'ai été étonné de voir de grands bocaux contenant des organes humains, par exemple des foies, des reins et des cœurs. J'avais presque le sentiment de me retrouver plongé dans un film de science-fiction.

Je lui ai demandé comment il procédait pour mener à bien ses recherches. Il m'a répondu qu'il crée tout d'abord un moule spécial composé de minuscules fibres plastiques ayant la forme de l'organe qu'il souhaite développer. Puis il ensemence le moule avec des cellules de l'organe du patient. Il applique ensuite un cocktail de facteurs de croissance pour stimuler ces cellules. Ces dernières commencent à se développer dans les fibres du moule. Pour finir, le moule, qui est biodégradable, disparaît et laisse derrière lui une copie quasiment parfaite de l'organe. L'organe artificiel est ensuite placé dans le corps du patient, où il commence à fonctionner. Étant donné que les cellules sont fabriquées à partir des propres tissus du patient, il n'y a aucun mécanisme de rejet, or ce dernier constitue l'un des principaux problèmes auxquels sont confrontées les transplantations d'organes. Il n'y a pas non plus de risque de cancer, puisqu'il n'y a pas de manipulation de la génétique délicate à l'intérieur d'une cellule.

Il a précisé que la plupart des organes qui ont été fabriqués avec succès ne sont constitués que de quelques types de cellules. Il s'agit en particulier de la peau, des os, du cartilage, des vaisseaux sanguins, de la vessie, des valves cardiaques et de la trachée. Le foie est plus difficile à produire, a-t-il ajouté, car il est constitué de plusieurs types de cellules. Et le rein, étant constitué de centaines de tubes et filtres minuscules, est quant à lui un projet encore en cours.

Son approche pourrait également être combinée avec les cellules souches, de sorte qu'il sera peut-être possible un jour de régénérer des organes entiers du corps au fur et à mesure de leur usure. Par exemple, étant donné que les maladies cardiovasculaires sont la première cause de décès aux États-Unis, il sera peut-être possible un jour de faire croître un cœur entier en laboratoire. Ce serait comme créer un « magasin de pièces détachées du corps humain ».

D'autres groupes expérimentent l'impression 3D pour créer des organes humains. De la même manière qu'une imprimante informatique peut projeter de minuscules gouttelettes d'encre pour former une image, elle peut être modifiée pour projeter des cellules cardiaques humaines, afin de créer un tissu cardiaque, cellule par cellule. Si le rajeunissement cellulaire réussit à créer des lignées cellulaires jeunes, l'ingénierie tissulaire pourrait alors permettre de faire croître n'importe quel organe du corps, comme le cœur, à l'aide de cellules souches.

Nous éviterions ainsi le problème rencontré par Tithon.

Le rôle des ordinateurs quantiques

Les ordinateurs quantiques pourraient avoir un impact direct sur ces travaux. Dans un avenir proche, la majeure partie de la population humaine verra son génome séquencé et intégré dans une immense banque mondiale de gènes. Ce gigantesque réservoir d'informations génétiques pourrait submerger un ordinateur numérique conventionnel, mais l'analyse d'incroyables quantités de données est précisément le domaine dans lequel les ordinateurs quantiques excellent. Grâce à cela, les scientifiques pourraient être en mesure d'isoler les gènes affectés par le processus de vieillissement.

Par exemple, les scientifiques sont déjà en mesure d'analyser les gènes de personnes jeunes et de personnes âgées et de les comparer. Ainsi, une centaine de gènes où le vieillissement semble se concentrer ont pu être identifiés. Il s'avère que bon nombre de ces gènes sont impliqués dans le processus d'oxydation. À l'avenir, les ordinateurs quantiques analyseront un volume encore plus important de données génétiques. Cela nous aidera à comprendre où s'accumulent la plupart des erreurs génétiques et cellulaires, mais également à identifier les gènes qui pourraient réellement contrôler certains aspects du processus de vieillissement.

Les ordinateurs quantiques pourraient non seulement isoler les gènes responsables de la majeure partie du vieillissement, mais ils peuvent également faire le contraire : isoler les gènes que l'on trouve chez des personnes exceptionnellement âgées, mais en bonne santé. Les démographes savent qu'il existe des personnes extrêmement âgées, c'est-à-dire des individus qui semblent avoir surmonté tous les obstacles et qui vivent en bonne santé et en pleine forme beaucoup plus longtemps que prévu. En analysant cette masse de données brutes, les ordinateurs quantiques pourraient repérer les gènes qui traduisent un système immunitaire exceptionnellement sain et permettre aux personnes âgées d'atteindre un âge avancé en évitant les maladies qui pourraient les accabler.

Bien entendu, il y a également des individus qui vieillissent si rapidement qu'ils meurent de vieillesse alors qu'ils sont encore des enfants. Des maladies telles que le syndrome de Werner et la progéria sont un cauchemar dans lequel les enfants vieillissent pratiquement sous vos yeux. Ils vivent rarement au-delà de la vingtaine ou de la trentaine. Des études ont montré que, entre autres problèmes, ils ont des télomères courts, ce qui pourrait partiellement contribuer à leur vieillissement accéléré. (De la même manière, des études sur les Juifs ashkénazes ont montré le contraire, à savoir que les sujets qui vivent longtemps présentent une version hyperactive de la télomérase, ce qui pourrait expliquer leur longévité.)

Par ailleurs, des tests effectués sur des personnes de plus de 100 ans montrent qu'elles présentent un niveau significativement plus élevé de la protéine de réparation de l'ADN appelée « poly (ADP-ribose) polymérase » (abrégée en PARP) que des individus plus jeunes, âgés de 20 à 70 ans. Cela indique que les personnes qui vivent plus longtemps possèdent des mécanismes de réparation de l'ADN plus puissants pour inverser les dommages génétiques et par conséquent vivre plus longtemps. Ces centenaires possèdent également des cellules qui ressemblent à des cellules prélevées sur des personnes beaucoup plus jeunes, ce qui indique un vieillissement qui a ralenti. Cela pourrait expliquer le fait surprenant selon lequel les octogénaires ont plus de chances que la normale de vivre jusqu'à 90 ans et au-delà. Cela peut être dû au fait que les personnes ayant un système immunitaire faible meurent avant d'atteindre 80 ans, de sorte que celles qui survivent disposent de mécanismes de réparation de l'ADN plus puissants, ce qui peut prolonger leur espérance de vie jusqu'à 90 ans et au-delà.

Les ordinateurs quantiques pourraient donc être capables d'isoler des gènes clés dans plusieurs catégories de la population :

- chez des personnes âgées connaissant un état de santé exceptionnel pour leur âge ;
- chez des personnes dont le système immunitaire est capable de combattre les maladies courantes, ce qui permet de prolonger la vie ;
- chez des personnes qui ont accumulé dans leurs gènes des erreurs qui ont accéléré le vieillissement ;

- chez des personnes qui se sont considérablement démarquées de la norme, par exemple qui ont vieilli extraordinairement vite en raison de maladies telles que le syndrome de Werner ou la progéria.

Lorsque les gènes associés au vieillissement auront été isolés, CRISPR pourra peut-être en corriger un bon nombre. L'objectif est de rectifier les gènes responsables de la majeure partie du vieillissement, en utilisant des ordinateurs quantiques pour isoler les mécanismes moléculaires précis de ce processus.

Un cocktail de médicaments et de thérapies sera peut-être développé dans le futur, pour ralentir et éventuellement inverser le processus de vieillissement. L'effet combiné de différentes interventions médicales agissant de concert pourrait permettre de faire reculer la marche du temps.

Ce qui importe, c'est que les ordinateurs quantiques soient capables d'attaquer le processus de vieillissement là où il se déroule : au niveau moléculaire.

L'immortalité numérique

Outre l'immortalité biologique, il existe une réelle possibilité que nous puissions atteindre l'immortalité numérique grâce aux ordinateurs quantiques.

La plupart de nos ancêtres ont vécu et sont morts sans laisser aucune trace de leur existence. Peut-être y a-t-il une ligne dans les registres d'une église ou d'un temple, attestant de leur date de naissance, et une deuxième attestant de la date de leur décès. Ou peut-être y a-t-il une pierre tombale brisée dans un cimetière désert sur laquelle figure le nom de l'un de nos ancêtres.

Et rien de plus.

Une vie entière d'expériences et de souvenirs précieux a été réduite à deux lignes dans un livre et à une pierre gravée. Les personnes qui utilisent l'ADN pour reconstituer leur ascendance découvrent souvent que leur trace disparaît très rapidement en un siècle. Toute leur histoire familiale est réduite en poussière après une génération ou deux.

Mais aujourd'hui, nous laissons une formidable empreinte numérique. Nos transactions par carte de crédit à elles seules peuvent donner un aperçu réaliste de notre histoire et de notre personnalité, de nos goûts et de nos aversions. Chaque achat, vacances, événement sportif ou cadeau est enregistré dans un ordinateur. Sans même nous en rendre compte, notre empreinte numérique crée une image miroir de qui nous sommes. À l'avenir, cette masse d'informations pourra nous donner une reconstitution numérique de notre personnalité.

On parle déjà de ressusciter des personnages historiques et des personnes célèbres grâce à un processus de numérisation qui les rendrait accessibles au public. Aujourd'hui, vous pouvez vous rendre à la bibliothèque pour consulter une biographie de Winston Churchill. À l'avenir, vous pourriez même lui parler. Toutes ses lettres, ses mémoires, ses biographies, ses interviews, etc., seront numérisés et accessibles. Vous pourriez alors parler à une image holographique de l'ancien Premier ministre britannique et passer un après-midi tranquille à engager une conversation instructive avec cet homme.

Pour ma part, j'adorerais passer du temps à converser avec Einstein, à lui poser des questions sur ses objectifs, ses réalisations et sa philosophie des sciences. Que penserait-il en constatant que ses théories ont donné naissance à de vastes sujets scientifiques tels que le Big Bang, les trous noirs, les ondes gravitationnelles, la théorie des champs unifiés, et bien d'autres encore ? Que penserait-il de la manière dont la théorie quantique a évolué avec le temps ? Il a laissé une quantité extraordinaire de lettres et de correspondances personnelles qui révèlent sa véritable personnalité et ses pensées.

À terme, le commun des mortels pourrait lui aussi atteindre l'immortalité numérique. En 2021, William Shatner, star de la série télévisée *Star Trek*, a atteint une forme d'immortalité numérique. Il a été placé devant une caméra et a répondu pendant quatre jours à des centaines de questions personnelles, sur sa vie, ses objectifs, sa philosophie. Ensuite, un programme informatique a analysé cette masse de données et les a classées chronologiquement, selon le sujet, le lieu, etc. À l'avenir, vous pourrez peut-être poser des questions personnelles directement à ce Shatner numérisé, et il vous répondra de manière cohérente et rationnelle, comme s'il était réellement là en train de s'entretenir avec vous dans votre salon.

À l'avenir, vous n'aurez plus besoin de vous asseoir devant une caméra de télévision pour être numérisé. Inconsciemment, sans y penser, nous utilisons la caméra de notre téléphone portable pour enregistrer nos activités et notre vie quotidienne. De fait, de nombreux adolescents créent déjà une énorme empreinte numérique en documentant leurs farces, leurs blagues et leurs pitreries (dont certaines pourraient rester éternellement sur Internet).

Nous avons tendance à considérer notre vie comme une succession d'accidents, de coïncidences et d'expériences aléatoires. Mais avec une IA améliorée, nous pourrons un jour éditer ce trésor de souvenirs et l'organiser de manière ordonnée. Les ordinateurs quantiques nous aideront à trier ces données, en utilisant des moteurs de recherche pour trouver les éléments contextuels manquants et en éditant la narration.

D'une certaine manière, notre moi numérique ne mourra jamais.

Ainsi, peut-être que notre héritage de réalisations et de souvenirs personnels précieux ne devra pas se dissiper et se disperser dans les sables mouvants du temps lorsque nous décéderons. Peut-être que les ordinateurs quantiques nous offriront une forme d'immortalité.

En résumé, les scientifiques commencent désormais à identifier certaines des voies impliquées dans l'allongement de la durée de vie humaine. Cependant, la manière dont ces voies fonctionnent réellement au niveau moléculaire reste encore un mystère. Par exemple, comment certaines protéines parviennent-elles à accélérer la réparation moléculaire de l'ADN ? Les ordinateurs quantiques pourraient jouer un rôle déterminant en ce domaine, car seul un système quantique peut expliquer pleinement un autre système quantique tel que celui des interactions moléculaires. Lorsque des mécanismes précis tels que celui de la réparation de l'ADN nous seront connus, il nous sera peut-être possible de les améliorer pour retarder, voire stopper, le processus de vieillissement.

Les ordinateurs quantiques pourraient également nous offrir la possibilité de vivre éternellement sous forme numérique. En associant l'intelligence artificielle, nous devrions être capables de créer une copie numérique de nous-mêmes qui refléterait fidèlement qui nous sommes. Des mesures sont déjà en cours pour perfectionner ce processus.

Toutefois, l'étape suivante pour les ordinateurs quantiques n'est pas seulement l'application de la mécanique quantique à l'espace intérieur de notre corps, mais aussi au monde extérieur, dans le but de résoudre des problèmes urgents tels que le réchauffement climatique, l'exploitation de la puissance du Soleil et le décryptage des mystères du monde qui nous entoure. L'objectif suivant est d'utiliser des ordinateurs quantiques pour comprendre l'univers.

QUATRIÈME PARTIE

MODÉLISER LE MONDE ET L'UNIVERS

14.

LE RÉCHAUFFEMENT CLIMATIQUE

Un jour, je suis allé présenter une conférence à l'université de Reykjavík, la capitale de l'Islande. Tandis que l'avion approchait de l'aéroport, je contemplais ce paysage volcanique aride et quasiment dépourvu de végétation. On eût dit que je faisais un voyage dans le temps. La zone proche de l'aéroport était si désolée qu'elle constituait l'endroit idéal pour revenir des millions d'années en arrière.

Plus tard, j'ai eu droit à une visite guidée du campus et j'avais hâte de découvrir leurs recherches sur les carottes de glace, qui permettent de retracer les conditions météorologiques sur des milliers d'années.

Leur laboratoire était installé dans une grande pièce qui ressemblait à un énorme congélateur et qui avait d'ailleurs la température correspondante. J'ai remarqué qu'il y avait plusieurs longues tiges de métal disposées sur une table. Elles mesuraient environ 4 centimètres de diamètre et quasiment 1 mètre de long, et chacune d'entre elles contenait un échantillon de carotte prélevé dans les profondeurs de la glace.

Certaines tiges étaient ouvertes et on pouvait voir qu'elles contenaient de longs cylindres de glace blanche. J'ai frémi lorsque j'ai réalisé que j'étais en train de regarder de la glace tombée sur l'Arctique il y a des milliers d'années. J'étais en train d'observer une capsule temporelle datant de bien avant l'histoire documentée.

En observant ces carottes attentivement, j'y ai distingué une série de fines bandes horizontales brunes le long de la glace. Les scientifiques m'ont expliqué que chacune d'elles avait été créée par la suie et les cendres libérées par d'anciennes éruptions volcaniques.

La mesure de l'espacement entre les différentes bandes permet de déterminer leur âge en les comparant aux éruptions volcaniques connues. Ils m'ont également expliqué qu'à l'intérieur des carottes de glace se trouvent des bulles d'air microscopiques qui constituent un véritable instantané de l'atmosphère d'il y a des milliers d'années. En déterminant leur contenu chimique, on peut facilement déterminer la quantité de CO_2 présente dans l'air à l'époque.

(Le calcul de la température à laquelle les carottes de glace se sont formées est plus difficile et est effectué de manière indirecte. L'eau est constituée d'hydrogène et d'oxygène sous forme de H_2O. Mais il existe une version lourde de l'eau, où les atomes O-16 et H-1 sont remplacés par un isotope avec des neutrons supplémentaires, créant O-18 et H-2. La version la plus lourde de H_2O s'évapore plus rapidement lorsqu'il fait relativement chaud. Ainsi, en mesurant le rapport entre les molécules d'eau lourde et les molécules normales, on peut calculer la température à laquelle la glace s'est formée. Plus il y a d'eau lourde, plus il faisait froid lorsque la neige est tombée.)

Pour finir, j'ai vu les résultats de leurs travaux laborieux, mais révélateurs. Sur un graphique, la température et la teneur en CO_2 au fil des siècles apparaissaient comme deux montagnes russes, montant et descendant à l'unisson. De toute évidence, il existe une corrélation étroite et importante entre la température de la planète et la teneur en CO_2 de l'air. (Aujourd'hui, ces carottes de glace peuvent nous permettre de remonter encore plus loin. En 2017, des scientifiques ont réussi à extraire des carottes de glace de l'Antarctique vieilles de 2,7 millions d'années ; elles leur ont dévoilé une partie jusque-là inconnue de l'histoire de notre planète.)

Plusieurs choses m'ont impressionné tandis que j'analysais ce graphique. Tout d'abord, on observe des variations brusques des températures. On considère généralement que la Terre est parfaitement stable et pourtant, on s'aperçoit qu'il s'agit d'un corps dynamique, avec d'importantes variations thermiques et climatiques.

Ensuite, on observe que la dernière période glaciaire s'est terminée il y a environ dix mille ans, lorsqu'une grande partie de l'Amérique du Nord était ensevelie sous près de 800 mètres de glace solide. Mais depuis lors a eu lieu un réchauffement progressif de l'atmosphère, ce qui a rendu possible l'essor de la civilisation humaine. Comme nous connaîtrons probablement une nouvelle période glaciaire dans environ dix mille ans, cela signifie que l'essor de la civilisation humaine a eu lieu accidentellement, parce que nous sommes entrés dans une période interglaciaire entre deux périodes glaciaires. Sans ce dégel, nous vivrions encore en petites bandes nomades de chasseurs et de détritivores, errant dans la glace et cherchant désespérément des restes de nourriture.

Mais l'aspect qui a attiré mon attention est le fait qu'il y a eu une lente augmentation de la température depuis la fin de la dernière période glaciaire, il y a dix mille ans, puis une hausse soudaine de la température au cours des cent dernières années, ce qui coïncide avec l'avènement de la révolution industrielle et le recours aux combustibles fossiles.

En effet, en analysant les températures tout autour de la planète, les scientifiques ont conclu que les années 2016 et 2020 étaient considérées comme les années les plus chaudes jamais enregistrées dans l'histoire. De fait, la période de 1983 à 2012 a été la période de trente ans la plus chaude des mille quatre cents dernières années. Ainsi, le récent réchauffement de la Terre n'est pas un sous-produit du réchauffement dû à la période interglaciaire, mais un phénomène tout à fait anormal. Le principal suspect, parmi de nombreux facteurs, est l'essor de la civilisation humaine.

Notre avenir pourrait dépendre de notre capacité à anticiper les conditions météorologiques et à concevoir des plans d'action réalistes. Nous repoussons désormais les limites de ce que les ordinateurs conventionnels peuvent réaliser, de sorte qu'il nous faudra nous tourner vers les ordinateurs quantiques pour obtenir une évaluation précise du réchauffement climatique et des « bulletins météorologiques virtuels » sur les futurs possibles, ce qui nous permettrait de faire varier certains paramètres pour voir comment ils affectent le climat.

L'un de ces bulletins météorologiques virtuels pourrait détenir la clé de l'avenir de la civilisation humaine.

Comme l'écrit Ali El Kaafarani dans le magazine *Forbes*, « les ordinateurs quantiques recèlent également un immense potentiel d'un point de vue environnemental, et les experts prédisent que, grâce aux simulations quantiques, ils contribueront à aider les pays à atteindre les objectifs de développement durable des Nations unies[1] ».

CO_2 et réchauffement climatique

Nous avons surtout besoin d'évaluations précises de l'effet de serre et de la manière dont l'activité humaine y contribue.

La lumière du Soleil peut facilement pénétrer dans l'atmosphère terrestre. Mais lorsqu'elle est réfléchie par la surface de la Terre, elle perd de l'énergie et se transforme en rayonnement thermique infrarouge. Et comme ce dernier ne pénètre pas très bien le CO_2, la chaleur reste emprisonnée sur la Terre et la réchauffe. En 2018, 80 % de l'énergie consommée sur la planète provenait de combustibles fossiles, qui produisent du CO_2 comme sous-produit. Ainsi, la hausse soudaine des températures au cours du siècle dernier est probablement causée par un certain nombre de facteurs, notamment l'accumulation de CO_2 résultant de la révolution industrielle.

Le réchauffement rapide de la Terre au cours des cent dernières années a également été confirmé par une source totalement différente, non pas depuis l'espace intérieur des carottes de glace souterraines, mais depuis l'espace extra-atmosphérique. De ce point de vue, les effets du réchauffement climatique sont tout à fait spectaculaires sur le plan visuel.

Par exemple, les satellites météorologiques de la NASA peuvent calculer la quantité totale d'énergie que la Terre reçoit du Soleil. Ces satellites peuvent également déterminer la quantité totale d'énergie que la Terre renvoie dans l'espace. Si la Terre était en équilibre, nous verrions que l'apport et la libération d'énergie sont à peu près les mêmes. En examinant soigneusement tous les facteurs, on constate que la Terre absorbe plus d'énergie qu'elle n'en renvoie dans l'espace, ce qui provoque son réchauffement. Si l'on compare ensuite la quantité nette d'énergie captée par la Terre, on découvre qu'elle est à peu près la même que la quantité d'énergie générée par l'activité humaine. Ainsi, le principal responsable de la récente augmentation du réchauffement de la planète semble être l'activité humaine.

Des photos satellites révèlent les conséquences de ce réchauffement. Lorsqu'on compare ces photos actuelles à des photos prises il y a des dizaines d'années, on observe des modifications radicales dans la géologie de la Terre. Nous constatons que tous les grands glaciers ont reculé au fil des décennies.

Des sous-marins se rendent au pôle Nord depuis les années 1950. Ils ont observé que, pendant les mois d'hiver, la couche de glace s'est amincie de 50 % au cours des cinquante dernières années, son épaisseur ayant diminué d'environ 1 % par an. (Les enfants du futur pourraient se demander pourquoi leurs parents affirment que le Père Noël vient du pôle Nord, alors qu'il n'y a presque plus de glace polaire.) Selon les scientifiques de la NASA, d'ici le milieu du siècle, l'océan Arctique sera complètement sans glace en été.

L'activité des ouragans pourrait également changer. Ils commencent par un léger vent tropical au large des côtes africaines, puis migrent à travers l'océan Atlantique. Une fois arrivés dans les Caraïbes, ils ressemblent à des boules de bowling. S'ils frappent juste au bon angle, ils peuvent pénétrer dans les eaux chaudes du golfe du Mexique et ensuite gagner en intensité pour se transformer en tempêtes monstrueuses. L'intensité, la fréquence et la durée des ouragans qui frappent la côte Est ont toutes augmenté depuis les années 1980, probablement en raison de la hausse de la température de l'eau. Nous verrons donc probablement à l'avenir des ouragans de plus en plus puissants et dévastateurs.

Les prévisions pour l'avenir

Les projections informatiques concernant l'avenir du climat de la planète Terre sont plutôt inquiétantes. Le niveau global des mers a augmenté de 20 centimètres depuis 1880. (Cela est dû au fait que la température des océans augmente, ce qui entraîne une augmentation du volume total de l'eau des océans.) Il est très probable qu'il augmentera de 3 à 20 centimètres d'ici à 2100. Les cartes du monde entre 2050 et 2100 révèlent une modification spectaculaire des zones côtières.

« L'élévation du niveau de la mer provoquée par le changement climatique mondial constitue un risque clair et imminent pour les États-Unis, aujourd'hui et pour les décennies et les siècles à venir[2] », indique un rapport de la NASA et de la NOAA, l'administration nord-américaine des océans et de l'atmosphère.

Mais pour chaque centimètre perdu en hauteur, les zones côtières peuvent perdre plus de 2 mètres sur le plan horizontal, en termes de littoral utilisable. Ainsi, la carte même de la Terre change progressivement. En outre, le niveau des mers continuera à monter jusqu'au XXIe siècle en raison de l'énorme quantité de chaleur qui circule déjà dans l'atmosphère. À tout le moins, cela signifie que les zones côtières connaîtront des inondations à grande échelle à mesure que les vagues océaniques commenceront à franchir les barrages et autres obstacles.

Bill Nelson, administrateur de la NASA, commente le récent rapport météorologique de la NASA/NOAA : « Ce rapport corrobore des études précédentes et confirme ce que nous savons depuis longtemps : le niveau des mers continue d'augmenter à un rythme alarmant, mettant en danger les communautés côtières tout autour de la planète… Des mesures urgentes s'imposent pour atténuer une crise climatique déjà bien engagée[3]. »

Les villes côtières du monde entier devront faire face à la montée des eaux. Venise est déjà sous l'eau à certaines périodes de l'année. Certaines parties de La Nouvelle-Orléans se trouvent déjà sous le niveau de la mer. Toutes les villes côtières devront disposer de plans pour faire face à l'élévation du niveau de la mer dans les décennies à venir, tels que des écluses, des retenues, des digues, des zones d'évacuation, des systèmes d'alerte aux ouragans, etc.

Le méthane comme gaz à effet de serre

Le méthane est en réalité un gaz à effet de serre plus de trente fois plus puissant que le dioxyde de carbone. Il existe un risque que les régions arctiques proches du Canada et de la Russie, qui contiennent de vastes étendues de toundra, dégèlent, libérant par conséquent du méthane.

Un jour, je suis allé donner une conférence à Krasnoïarsk, en Sibérie. Les habitants m'y ont dit que le réchauffement climatique ne les dérangeait nullement, car il signifiait que leurs maisons ne seraient pas continuellement gelées. Ils m'ont également raconté un fait fort curieux : d'énormes carcasses de mammouths, morts il y a des dizaines de milliers d'années, émergent de la glace à mesure que les températures augmentent.

Bien que les habitants de Sibérie ne voient pas d'inconvénient à ce que les conditions météo s'adoucissent, le véritable danger se situe dans le reste du globe, où la libération de méthane pourrait provoquer un effet domino incontrôlable. Plus la Terre se réchauffe, plus le permafrost fond et libère du méthane. Mais ce méthane réchauffe encore plus la Terre et le cycle se répète.

Ainsi, plus la toundra fond, plus notre planète se réchauffe. Le méthane étant un puissant gaz à effet de serre, de nombreuses projections informatiques futures risquent de sous-estimer la véritable ampleur du réchauffement climatique.

Les implications militaires

Nous constatons partout les effets du réchauffement climatique. Les agriculteurs, par exemple, sont attentifs aux cycles météorologiques et savent pertinemment que les étés durent en moyenne environ une semaine de plus qu'avant. Cela détermine le moment où ils plantent les graines ainsi que la nature des plantes qu'ils cultivent en cours d'année.

Les insectes, par exemple les moustiques, se déplacent également vers le nord, transportant probablement des maladies tropicales, comme le virus du Nil occidental.

L'augmentation de l'énergie en circulation dans l'atmosphère se traduit non seulement par une augmentation régulière de la température, mais aussi par des perturbations météorologiques plus violentes. On peut donc s'attendre à ce que les incendies de forêt, les sécheresses et les inondations deviennent de plus en plus fréquents. Les « tempêtes du siècle » qui décrivaient autrefois des événements très rares, mais violents, semblent désormais se produire plus souvent. En 2022, l'Europe et les États-Unis ont été frappés par des températures particulièrement élevées qui ont battu des records sur une grande partie de la planète, provoquant des incendies de forêt massifs, la disparition de lacs et des décès dus à la déshydratation, entre autres conséquences graves.

Il est inquiétant de constater que les pôles, qui exercent une énorme influence sur le climat, se sont réchauffés plus rapidement que les autres régions de la planète. La fonte des glaces au Groenland au cours des vingt dernières années a créé suffisamment d'eau liquide pour recouvrir l'ensemble des États-Unis avec 45 centimètres d'eau.

Parallèlement, les calottes glaciaires de l'Antarctique ont développé des rivières souterraines de neige fraîchement fondue. Il semble désormais clair que les pôles ne sont pas aussi stables qu'on le pensait jadis.

Un récent rapport de la NASA/NOAA a attiré l'attention sur l'effondrement possible du glacier Thwaites en Antarctique, surnommé le « glacier de l'apocalypse ». « La banquise orientale risque de se fragmenter en des centaines d'icebergs. Tout à coup, tout s'effondrerait[4] », explique Erin Pettit, glaciologue de l'université d'État de l'Oregon.

Tout cela a également des implications géopolitiques et militaires. Le Pentagone a déjà élaboré un scénario du pire si le réchauffement climatique devenait incontrôlable. Il a identifié l'un des points chauds les plus meurtriers comme étant la frontière entre le Bangladesh et l'Inde. En raison de l'élévation du niveau de la mer et des inondations intenses, le réchauffement climatique pourrait un jour forcer des millions d'habitants du Bangladesh à fuir et à se précipiter vers la frontière avec l'Inde. Cette masse de personnes désespérées pourrait facilement submerger les gardes-frontières. Il y aurait alors une pression croissante sur l'armée indienne pour qu'elle repousse les vagues successives de réfugiés tentant d'échapper aux crues. En dernier recours, l'armée indienne pourrait être sommée de protéger ses frontières en utilisant des armes nucléaires.

Il s'agit du pire scénario imaginable, mais il illustre clairement ce qui pourrait advenir si la situation devenait incontrôlable.

Le vortex polaire

Évoquant les récentes et spectaculaires tempêtes de neige qui ont englouti de vastes régions des États-Unis, certaines personnes affirment que la menace de réchauffement climatique est tout à fait exagérée.

Mais il faut s'interroger sur la raison de cette instabilité du climat en hiver. Chaque fois qu'il y a une énorme tempête hivernale, le bulletin météorologique présente en détail le déplacement du jet-stream (ou courant-jet) qui serpente depuis l'Alaska et le Canada, entraînant avec lui des températures glaciales.

Le jet-stream, quant à lui, suit les mouvements du vortex polaire, un étroit cylindre en rotation d'air absolument glacial centré sur le pôle Nord. Récemment, des photographies satellites du vortex polaire montrent qu'il devient de plus en plus instable, de sorte qu'il se déplace, entraînant le jet-stream plus au sud et créant ces anomalies météorologiques froides de l'hiver.

Certains météorologues ont estimé que l'instabilité du vortex pourrait s'expliquer par le réchauffement climatique. Normalement, le vortex polaire est assez stable et ne se déplace pas beaucoup. En effet, la différence de température entre le vortex polaire et les latitudes inférieures est relativement grande, ce qui augmente la force du vortex polaire et le rend plus stable. Mais si la température des régions polaires augmente plus rapidement que celle des climats plus tempérés, la différence de température diminue, ce qui amoindrit la force du vortex. Cela pousse alors le jet-stream plus au sud, créant des conditions météorologiques anormales jusqu'au Texas et au Mexique.

Ironiquement, le réchauffement climatique pourrait être responsable d'une partie des températures glaciales dans le Sud.

Que faut-il faire ?

Alors, qu'allons-nous faire ?

On peut espérer que les énergies renouvelables et les mesures de conservation vont progressivement libérer la civilisation de sa dépendance aux combustibles fossiles. Peut-être qu'une super-batterie contribuerait à inaugurer une ère solaire avec des voitures électriques économes en carburant. Peut-être les nations prendront-elles ce problème au sérieux. Et peut-être que d'ici le milieu du siècle, la fusion nucléaire sera opérationnelle.

Mais si tout le reste échoue, une solution de secours consiste à tenter de recourir à la géo-ingénierie pour résoudre le problème. Ce sont des solutions pouvant être utilisées dans le pire des cas.

1. La séquestration du carbone

L'approche la plus conservatrice est celle de la séquestration du carbone, qui consiste à séparer le CO_2 à la raffinerie de pétrole et à l'enfouir dans le sol. Cela a déjà été tenté à petite échelle. Une autre idée consiste à séparer le CO_2 et à l'éliminer en le mélangeant au basalte présent dans les roches volcaniques. L'idée est sérieuse, mais la pierre d'achoppement est d'ordre économique. La séquestration du carbone coûte de l'argent et une entreprise doit pouvoir justifier une telle démarche. De nombreuses entreprises adoptent une position attentiste en matière de séquestration du carbone. Reste à savoir si cela fonctionnera et si ce sera un jour économiquement viable.

2. Les manipulations météorologiques

Lorsque le mont Saint Helens a explosé en 1980, les scientifiques ont pu calculer la quantité de cendres volcaniques rejetées dans l'environnement et leur effet ultérieur sur les températures. L'assombrissement de l'atmosphère dû à l'éruption a apparemment réfléchi davantage de lumière solaire vers l'espace, provoquant un effet de refroidissement.

On pourrait calculer la quantité de particules nécessaire pour réduire la température globale.

Cependant, des dangers sont associés à cette stratégie. Compte tenu de l'ampleur de cette opération, il serait très difficile de tester cette idée. Et même si une éruption volcanique abaisse temporairement la température de quelques degrés, c'est encore trop peu pour éviter une véritable catastrophe climatique.

3. La prolifération d'algues

Une autre possibilité consiste à ensemencer les océans, qui peuvent absorber le CO_2.

Les algues, par exemple, peuvent prospérer grâce au fer. Et elles absorbent à leur tour du CO_2. Ainsi, en ensemençant les océans avec du fer, on pourrait peut-être utiliser les algues pour maîtriser le CO_2. Le problème dans ce cas est que nous jouons avec des formes de vie que nous ne contrôlons pas. Les algues ne sont pas statiques, et elles peuvent se reproduire de manière imprévue. De plus, on ne peut pas réparer une forme de vie comme on le ferait pour une voiture défaillante.

4. Les nuages de pluie

D'autres ont suggéré de modifier la météo en utilisant une vieille technologie : les cristaux d'iodure d'argent. Tandis que certains peuples ancestraux ont tenté d'appeler la pluie par le biais de danses et d'incantations, des nations et des militaires ont tenté d'y parvenir en diffusant des produits chimiques dans l'atmosphère.

Les cristaux d'iodure d'argent, par exemple, peuvent accélérer la condensation de la vapeur d'eau, ce qui peut favoriser la formation de nuages de pluie et d'orages. On pense que cette méthode a été étudiée par la CIA pendant la guerre du Vietnam comme moyen de piéger les troupes ennemies pendant la mousson en les faisant sortir de leurs refuges.

Une autre variante est celle de l'éclaircissement de nuages, ou ensemencement de nuages, de manière qu'ils réfléchissent davantage d'énergie solaire dans l'espace.

Malheureusement, les modifications climatiques sont très locales et n'influencent qu'une zone infime, alors que la surface terrestre est très vaste. Et le bilan en matière d'ensemencement de nuages de pluie n'est pas bon. Tout cela est très imprévisible.

5. Planter des arbres

Il est peut-être possible de modifier génétiquement les plantes afin qu'elles absorbent plus de CO_2 que la normale. Il s'agit peut-être de l'approche la plus sûre et la plus raisonnable, mais il est peu probable qu'elle permette d'éliminer suffisamment de CO_2 pour inverser le réchauffement climatique sur l'ensemble de la planète. Et comme une grande partie des forêts de la planète sont contrôlées par une mosaïque de nations, chacune avec ses propres objectifs, il faudrait la volonté politique de nombreuses nations travaillant de concert pour se lancer dans un plan aussi ambitieux.

6. Calculer la météo virtuelle

Compte tenu des enjeux énormes impliqués, on espère que les ordinateurs quantiques seront capables de calculer la meilleure option. La tâche la plus importante consiste à compiler toutes les données pour fournir des prévisions aussi précises que possible.

Les ordinateurs quantiques et la simulation météorologique

Toutes les simulations informatiques pour la météo et le climat commencent par diviser la surface de la Terre en petits carrés ou cellules cartographiques. Dans les années 1990, les simulations informatiques ont commencé par des grilles carrées d'environ 500 kilomètres de côté. Avec l'augmentation de la puissance des ordinateurs, cette taille diminue de plus en plus. (Pour le quatrième rapport d'évaluation du GIEC – Groupe d'experts intergouvernemental sur l'évolution du climat – de 2007, cette taille était passée à 110 kilomètres[5].)

Ensuite, la troisième dimension a été ajoutée à ces grilles carrées, de sorte qu'elles sont devenues des dalles carrées décrivant différentes couches de l'atmosphère. En règle générale, l'atmosphère est divisée en dix plaques verticales.

Une fois que toute la surface terrestre et l'atmosphère sont divisées en ces plaques, les ordinateurs analysent les paramètres au sein de chaque plaque (humidité, ensoleillement, température, pression atmosphérique, etc.). À l'aide d'équations thermodynamiques connues pour l'atmosphère et l'énergie, ils calculent ensuite la manière dont la température et l'humidité varient à travers les cellules, jusqu'à ce que la Terre entière soit couverte.

Ainsi, les scientifiques peuvent donner une estimation approximative des conditions météorologiques futures. Pour vérifier ces résultats, ils peuvent être « testés » par ce que l'on appelle la « modélisation rétrospective ». Le programme informatique peut être exécuté à rebours dans le temps, de sorte que, à partir du comportement actuel de la météo, il soit possible de voir s'il peut

« prédire » la météo dans le passé, lorsque les conditions météorologiques étaient connues avec précision.

La modélisation rétrospective a montré que ces modèles informatiques, bien qu'imparfaits, ont correctement « prédit » les conditions météorologiques globales des cinquante dernières années. Mais les données sont volumineuses, repoussant les limites de ce que les ordinateurs ordinaires peuvent réaliser. Étant donné que les ordinateurs numériques finiront par être dépassés par la complexité croissante de cette tâche, il sera nécessaire de passer aux ordinateurs quantiques.

Les incertitudes

Quelle que soit la puissance de notre programme informatique, il y a toujours le problème des facteurs inconnus et inattendus, difficiles à modéliser. L'incertitude la plus sérieuse est peut-être la présence de nuages, qui peuvent réfléchir la lumière du Soleil vers l'espace, réduisant ainsi quelque peu l'effet de serre. Étant donné que jusqu'à 70 % de la surface terrestre est généralement couverte de nuages, c'est un facteur tout à fait important.

Le problème est que la formation des nuages change de minute en minute, ce qui rend les prévisions à long terme très aléatoires. Les nuages sont instantanément affectés par les changements rapides de température, d'humidité, de pression atmosphérique, de courants de vent et d'autres facteurs. Les météorologues compensent cela en effectuant à partir des données du passé une estimation approximative de ce que sera l'activité des nuages.

Une autre source d'incertitude est le jet-stream que nous avons mentionné précédemment. Lorsque vous regardez un bulletin météo, les photos satellites prises près de l'Arctique montrent une masse d'air froid qui se déplace autour du globe, généralement confinée au nord, mais qui va quelquefois loin vers le sud, jusqu'au Mexique. Étant donné que la trajectoire précise empruntée par le jet-stream est difficile à prédire, les météorologues procèdent à une estimation moyenne des changements de température qu'il provoque.

En réalité, il y a une limite à ce que les ordinateurs numériques peuvent faire en raison des incertitudes. En revanche, les ordinateurs quantiques pourraient être capables de traiter les plus grandes sources d'incertitude. Premièrement, les ordinateurs quantiques peuvent calculer ce qui se passe si nous réduisons la taille de la plaque pour rendre nos prévisions plus précises. Le temps peut changer rapidement sur une distance de 1 kilomètre, alors que ces plaques font plusieurs kilomètres de côté, ce qui génère des erreurs. Mais un ordinateur quantique pourra s'adapter à une taille de plaque nettement plus réduite.

Deuxièmement, ces modèles évaluent des facteurs tels que le jet-stream et les nuages à des niveaux déterminés. Les ordinateurs quantiques seront capables de prendre en compte des quantités variables pour ces paramètres, de sorte qu'il suffira de tourner un bouton et de les modifier. De cette manière, les ordinateurs quantiques seront en mesure de construire des bulletins météorologiques virtuels comportant des paramètres variables déterminants.

Nous voyons les limites de ce qu'il est possible de faire avec les ordinateurs conventionnels lorsque nous regardons à la télévision la trajectoire prévue d'un ouragan. Les estimations établies par différents modèles informatiques sont affichées à l'écran et l'on peut voir à quel point elles varient. Les prévisions importantes faites par différents programmes informatiques, telles que le moment et le lieu où l'ouragan touchera les terres et jusqu'où il y pénétrera, diffèrent souvent de plusieurs centaines de kilomètres.

Mais ces incertitudes, qui coûtent souvent des millions de dollars et la vie d'innocents, seront considérablement réduites lorsque nous ferons la transition vers les ordinateurs quantiques.

Des rapports météorologiques plus précis générés par des ordinateurs quantiques pourront nous fournir des projections bien plus précises, ce qui nous aidera à nous préparer aux scénarios possibles.

Mais comme la combustion de combustibles fossiles est l'un des principaux facteurs à l'origine du réchauffement climatique, il est important de rechercher des sources d'énergie alternatives. Une source importante d'énergie bon marché pour l'avenir pourrait être l'énergie de fusion, c'est-à-dire l'exploitation de la puissance du Soleil sur la Terre. Et la clé de l'énergie de fusion réside peut-être dans les ordinateurs quantiques.

15.

LE SOLEIL EN BOUTEILLE

Depuis des temps immémoriaux, les hommes ont adoré le Soleil comme porteur de vie, d'espoir et de prospérité. Les Grecs croyaient qu'Hélios, le dieu du Soleil, traversait fièrement le ciel sur son char flamboyant, illuminant le monde et apportant chaleur et réconfort aux mortels.

Mais plus récemment, des scientifiques ont tenté de percer le secret du Soleil et de récupérer son énergie illimitée sur la Terre. Le principal candidat pour y parvenir est la fusion, ce qui, selon certains, équivaut à mettre le Soleil en bouteille. Sur le papier, la fusion semble être la solution idéale à tous nos problèmes énergétiques. Elle générerait une énergie illimitée pour toujours, sans bon nombre des problèmes associés aux combustibles fossiles et à l'énergie nucléaire. Et comme elle est neutre en carbone, elle pourrait contribuer à nous sauver du réchauffement climatique.

Cela ressemble à un rêve qui deviendrait réalité.

Malheureusement, les physiciens ont surévalué cette technologie. Et tous les vingt ans, ils prétendent que la puissance de fusion deviendra réalité dans vingt ans. Mais aujourd'hui, les principales nations industrielles proclament que l'énergie de fusion est enfin à notre portée et qu'elle tiendra sa promesse de nous fournir une énergie illimitée, presque gratuitement.

Aujourd'hui, les réacteurs à fusion sont encore coûteux et complexes au point que la commercialisation de cette technologie ne pourra probablement pas être envisagée avant plusieurs décennies. Toutefois, avec l'arrivée des ordinateurs quantiques, de nombreux scientifiques espèrent que certains des problèmes tenaces qui empêchent la production d'énergie de fusion pourront être résolus, ce qui ouvrirait la voie à la concrétisation des réacteurs à fusion en tant que réalité pratique et économique. Les ordinateurs quantiques pourraient s'avérer être une technologie clé qui contribuerait à introduire l'énergie de fusion dans nos foyers et nos villes.

On peut espérer que l'énergie de fusion soit commercialisée avant que le réchauffement climatique ait eu des effets irréversibles.

Pourquoi le Soleil brille-t-il ?

Les humains se sont toujours demandé ce qui alimente le Soleil. Son énergie semble illimitée et même divine. Certains ont émis l'hypothèse que le Soleil devait être un gigantesque brasier dans le ciel. Mais un simple calcul montre qu'un combustible ne brûlerait que quelques siècles ou millénaires et que, dans le vide de l'espace, un feu s'éteindrait instantanément.

Alors pourquoi le Soleil brille-t-il ?

Le secret du Soleil a finalement été percé grâce à la célèbre équation d'Einstein $E = mc^2$. Les physiciens ont compris que le Soleil, principalement constitué d'hydrogène, tirait son énergie colossale de la fusion de noyaux d'hydrogène pour former de l'hélium. Lorsque le poids de l'hydrogène d'origine a été comparé au poids de l'hélium, on s'est aperçu qu'il manquait une petite masse. Une petite fraction de la masse originale a été perdue lors du processus de fusion. Ce déficit de masse, selon la formule d'Einstein, devient l'énergie massive qui éclaire le Système solaire.

Le public a pris conscience de l'énorme puissance que recèle l'atome d'hydrogène lorsqu'elle a été libérée par la détonation de la bombe à hydrogène. En un sens, un morceau de Soleil a été rapporté sur Terre, avec des implications majeures.

Les avantages de la fusion

Il y a deux manières de déclencher ce feu nucléaire. On peut fusionner l'hydrogène pour former de l'hélium par fusion, ou on peut diviser l'atome d'uranium ou de plutonium pour libérer de l'énergie nucléaire par fission. Dans chacun de ces deux processus, lorsque l'on compare le poids des ingrédients au poids du produit final, une infime quantité de masse a disparu, que l'on retrouve sous forme d'énergie nucléaire.

Bien que toutes les centrales nucléaires commerciales tirent leur énergie de la fission de l'uranium, la fusion présente des avantages remarquables.

Premièrement, contrairement aux centrales à fission, la fusion ne crée pas de grandes quantités de déchets nucléaires mortels. Dans un réacteur à fission, le noyau d'uranium se divise, libérant de l'énergie, mais il peut également créer une cascade de centaines de produits de fission radioactifs, tels que le strontium 90, l'iode 131, le césium 137 et d'autres encore. Certains de ces sous-produits radioactifs le resteront des millions d'années durant, ce qui nécessitera la surveillance de gigantesques décharges nucléaires dans le futur. Par exemple, une seule centrale à fission commerciale peut produire 30 tonnes de déchets nucléaires hautement radioactifs en un an seulement. Les décharges nucléaires ressemblent à de gigantesques mausolées. Il existe dans le monde 370 000 tonnes de produits de fission mortellement dangereux qui doivent être étroitement surveillées.

En revanche, le déchet produit par les centrales à fusion est de l'hélium, qui a de surcroît une valeur commerciale. Une partie de l'acier irradié d'une centrale à fusion peut également devenir radioactive après des décennies d'utilisation, mais il est facile de le détruire et de l'enterrer.

Deuxièmement, contrairement aux centrales à fission, les centrales à fusion ne peuvent pas subir de fusion du réacteur. Dans une centrale à fission, les déchets continuent de générer de grandes quantités de chaleur, même si le réacteur est arrêté. Lorsque de l'eau de refroidissement vient à manquer lors d'un accident dans une centrale à fission nucléaire, la température peut monter en flèche jusqu'à ce que le réacteur atteigne 2 760 degrés Celsius et se mette à fondre, provoquant des explosions désastreuses. À Tchernobyl en 1986, par exemple, des explosions de vapeur et d'hydrogène ont fait sauter le toit du réacteur, libérant quelque 25 % des matières radioactives du cœur dans l'atmosphère et au-dessus de l'Europe. Il s'agit du pire accident nucléaire commercial de l'histoire.

En revanche, si un réacteur à fusion connaît un accident, le processus de fusion s'arrête tout simplement. Plus aucune chaleur n'est générée et l'incident est clos.

Troisièmement, le combustible d'un réacteur à fusion est illimité. L'uranium, en revanche, n'existe qu'en quantité limitée et nécessite un cycle complet d'extraction, de transformation et d'enrichissement pour produire un combustible utilisable. L'hydrogène, quant à lui, peut être extrait de l'eau de mer ordinaire.

Quatrièmement, la fusion est très efficace pour libérer l'énergie de l'atome. Un gramme d'hydrogène lourd peut produire 90 000 kilowatts d'énergie électrique, soit l'équivalent de 11 tonnes de charbon.

Enfin, les centrales à fusion et à fission ne génèrent pas de dioxyde de carbone et n'aggravent donc pas le réchauffement climatique.

La construction d'un réacteur à fusion

Il faut deux composants de base pour créer une machine à fusion. D'une part, il faut une source d'hydrogène chauffée à plusieurs millions de degrés, donc plus chaude que le Soleil, ce qui la transforme en plasma, le quatrième état de la matière (après les solides, les liquides et les gaz). Un plasma est un gaz tellement chaud que certains de ses électrons ont été arrachés. C'est la forme de matière la plus courante dans l'univers, qui constitue les étoiles, le gaz interstellaire et même les éclairs.

D'autre part, il faut un moyen de contenir le plasma lorsqu'il est chauffé. Dans les étoiles, la gravité comprime le gaz. Mais sur Terre, la gravité est trop faible pour cela, c'est pourquoi nous utilisons des champs électriques et magnétiques.

Le modèle de réacteur à fusion le plus populaire est le tokamak, de design russe. On commence par un cylindre, puis on enroule des bobines de fil de fer tout autour. On prend les deux extrémités du cylindre et on les relie pour former une espèce de donut ou d'anneau, également appelé *torus*. On injecte de l'hydrogène gazeux dans l'anneau, puis on fait passer un courant électrique à travers le cylindre, ce qui chauffe le gaz à des températures considérables. Pour contenir ce plasma chaud, d'énormes quantités d'énergie électrique sont injectées dans les bobines qui entourent l'anneau, contenant ainsi le plasma grâce à un puissant champ magnétique et l'empêchant de heurter les parois du réacteur.

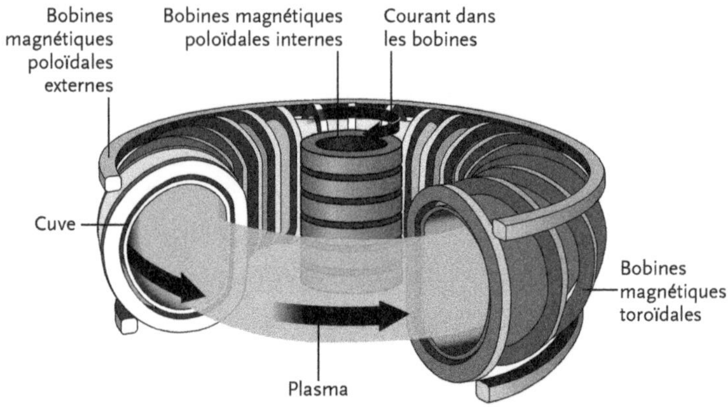

Figure 11 : Tokamak
Dans un réacteur à fusion, des bobines de fil sont enroulées autour d'une chambre en forme d'anneau, créant un puissant champ magnétique qui confine un plasma ultrachaud. Le secret du tokamak est de chauffer le gaz afin que la fusion libère d'énormes quantités d'énergie. À l'avenir, les ordinateurs quantiques pourraient être utilisés pour modifier, voire améliorer, la configuration précise du champ magnétique, augmentant ainsi la puissance et l'efficacité tout en réduisant considérablement les coûts.

Enfin, une fois que la fusion commence, les noyaux d'hydrogène se combinent pour former de l'hélium, libérant de grandes quantités d'énergie. Dans un autre type de centrale à fusion, deux isotopes de l'hydrogène, le deutérium et le tritium, sont fusionnés, créant de l'énergie, de l'hélium et un neutron. Ce dernier transporte l'énergie de fusion à l'extérieur du réacteur, où il heurte une enveloppe entourant le tokamak.

Cette enveloppe, généralement composée de béryllium, de cuivre et d'acier, s'échauffe, de sorte que l'eau contenue dans les tuyaux de cette enveloppe commence à bouillir. La vapeur ainsi créée peut pousser les pales d'une turbine, faisant tourner des aimants géants. Ce champ magnétique, à son tour, pousse les électrons dans la turbine, générant ainsi l'électricité qui finit par se retrouver dans votre salon.

Pourquoi ces retards ?

Avec tous ces avantages en perspective, comment expliquer tant de retards dans la mise en œuvre de l'énergie de fusion ? Cela fait environ soixante-dix ans que les premières centrales à fusion ont été construites, alors pourquoi cela prend-il autant de temps ? Le problème n'est pas un problème de physique, mais d'ingénierie.

Le gaz d'hydrogène doit être chauffé à plusieurs millions de degrés, une température supérieure à celle du Soleil, pour que les noyaux d'hydrogène se combinent afin de former de l'hélium et libérer de l'énergie. Mais chauffer du gaz à cette température énorme est une opération fort difficile. Le gaz est souvent instable et la réaction de fusion s'arrête. Les physiciens ont passé des décennies à tenter de contenir l'hydrogène afin de pouvoir le chauffer à des températures stellaires.

Rétrospectivement, ils constatent qu'il est relativement facile pour la nature de libérer de l'énergie de fusion au cœur d'une étoile. Les étoiles commencent par une boule de gaz d'hydrogène uniformément comprimée par la gravité. À mesure que cette boule devient de plus en plus petite, les températures commencent à augmenter, jusqu'à ce qu'elles atteignent plusieurs millions de degrés, que l'hydrogène commence à fusionner et que l'étoile s'enflamme.

Notons que ce processus se produit naturellement de manière autonome, car la gravité est monopolaire, c'est-à-dire que l'on part d'un seul pôle (et non pas de deux), de sorte que la boule de gaz d'origine s'effondre d'elle-même sous sa propre gravité. En conséquence, les étoiles sont relativement faciles à former, et c'est la raison pour laquelle nous en voyons des milliards avec nos télescopes.

Cependant, l'électricité et le magnétisme sont des phénomènes différents. Ils sont bipolaires. Une barre aimantée, par exemple, a toujours un pôle Nord et un pôle Sud. Il est impossible d'utiliser un marteau pour isoler un seul pôle Nord. Si l'on casse un aimant en deux, on se retrouve avec deux barres aimantées plus petites, chacune avec ses propres pôles Nord et Sud.

Et voilà où le bât blesse. Il est extrêmement difficile de créer un champ magnétique puissant pour comprimer de l'hydrogène gazeux ultrachaud sous la forme d'un anneau suffisamment longtemps pour créer une fusion. Pour comprendre pourquoi cela est si difficile, il faut imaginer un long ballon, comme ceux utilisés pour fabriquer des animaux en ballons. Joignons ensuite ses extrémités pour former un anneau. Puis tentons de le comprimer uniformément. Peu importe l'endroit où nous comprimons le ballon, l'air parviendra à s'échapper ailleurs, à un autre endroit du ballon. Il est extrêmement difficile de le compresser de telle sorte que l'air à l'intérieur se comprime uniformément.

ITER

Avec la fin de la guerre froide et le constat que la construction d'un réacteur à fusion représente un coût prohibitif, les nations du monde ont commencé à mettre en commun leurs connaissances et leurs ressources pour une exploitation pacifique de l'atome. En 1979, les grandes puissances ont commencé à songer à la création d'un réacteur à fusion international. Les présidents Ronald Reagan et Mikhaïl Gorbatchev se sont rencontrés et ont contribué à conclure cet accord.

L'ITER (International Thermonuclear Experimental Reactor) est un exemple de cette coopération internationale. Trente-cinq pays participent au financement de ce projet ambitieux, dont l'Union européenne, les États-Unis, le Japon et la Corée du Sud.

Pour mesurer l'efficacité d'un réacteur à fusion, les physiciens ont instauré la quantité appelée « Q », qui désigne l'énergie générée par le réacteur divisée par l'énergie qu'il consomme. Lorsque Q = 1, nous atteignons le seuil de rentabilité, parce qu'il produit autant d'énergie qu'il en consomme. À l'heure actuelle, le record mondial pour une centrale à fusion tourne autour de Q = 0,7. ITER devrait atteindre son seuil de rentabilité d'ici 2025. Mais il est conçu pour atteindre à terme Q = 10, générant ainsi énormément plus d'énergie qu'il n'en consomme.

ITER est une machine monstrueuse. Elle pèse plus de 5 000 tonnes, ce qui en fait l'un des instruments scientifiques les plus sophistiqués de tous les temps, aux côtés de la Station spatiale internationale et du Grand Collisionneur de hadrons. Comparé aux réacteurs à fusion précédents, ITER est deux fois plus grand et seize fois plus lourd. Son tore est gigantesque, avec un diamètre de 19,5 mètres et 11 mètres de hauteur. Pour confiner le plasma, ses aimants génèrent un champ magnétique 280 000 fois supérieur au champ magnétique terrestre.

ITER est le projet de fusion le plus ambitieux au monde. Il a été conçu pour produire 450 millions de watts d'énergie nette, mais il ne sera pas raccordé au réseau électrique. Il sera mis en service pour des tests en 2025 et pourrait atteindre sa pleine puissance d'ici 2035. En cas de succès, il ouvrira la voie au réacteur à fusion de nouvelle génération, appelé « DEMO », qui devrait être achevé d'ici 2050. DEMO est conçu pour atteindre Q = 25 et produire jusqu'à 2 gigawatts d'énergie.

Ainsi, l'objectif est de disposer d'une énergie de fusion commercialisable avant le milieu du siècle. Mais les analystes soulignent que l'énergie de fusion ne résoudra pas de sitôt la crise du réchauffement climatique. « La fusion n'est pas une solution pour nous amener à zéro émission nette en 2050. C'est une solution pour alimenter la société dans la seconde moitié de ce siècle[1] », déclare Jon Amos, correspondant scientifique de BBC News.

La clé d'ITER réside dans les énormes champs magnétiques, rendus possibles par ce qu'on appelle la « supraconductivité », le point où toute résistance électrique disparaît à des températures ultrabasses, permettant ainsi d'obtenir les champs magnétiques les plus puissants. L'abaissement de la température à un niveau proche du zéro absolu réduit la résistance à l'électricité, élimine la chaleur dissipée et augmente l'efficacité du champ magnétique.

La supraconductivité a été découverte pour la première fois en 1911, lorsque du mercure a été refroidi à 4,2 degrés Kelvin, près du zéro absolu. À cette époque, on pensait que les mouvements atomiques aléatoires s'arrêteraient presque au zéro absolu, si bien que les électrons pouvaient enfin se mouvoir librement sans résistance. Il était donc étrange que plusieurs substances puissent devenir supraconductrices à des températures encore plus élevées. Cela constituait un mystère.

Mais il a fallu attendre 1957 pour que John Bardeen, Leon Cooper et John Schrieffer élaborent enfin une théorie quantique de la supraconductivité. Ils ont découvert que, dans certaines conditions, les électrons peuvent former ce qu'on appelle des « paires de Cooper », puis se déplacer sur la surface d'un supraconducteur sans aucune résistance. La théorie prévoyait que la température maximale d'un supraconducteur était de 40 degrés Kelvin (– 233,15 degrés Celsius).

Avant même que les aimants d'ITER ne soient activés, des versions similaires mais plus petites ont prouvé que la conception de base du tokamak était correcte. La conception d'ITER a connu un formidable essor en 2022, lorsqu'il a été annoncé que deux versions plus petites, l'une basée dans les environs d'Oxford, en Angleterre, et l'autre en Chine, étaient capables d'atteindre un nouveau record.

Le réacteur à fusion d'Oxford, appelé « JET » (Joint European Torus), a pu atteindre Q = 0,33 pendant cinq secondes complètes, battant un record que ce même réacteur avait établi vingt-quatre ans plus tôt. Cela équivaut à peu près à 11 mégawatts, soit la puissance nécessaire pour allumer 110 000 ampoules de 100 watts.

« Les expériences du JET nous rapprochent de l'énergie de fusion, déclare Joe Milnes, l'un des directeurs du laboratoire. Nous avons démontré que nous pouvons créer une mini-étoile à l'intérieur de notre machine, l'y maintenir pendant cinq secondes et obtenir des performances élevées, ce qui nous propulse vers un nouvel horizon[2]. »

Arthur Turrell, qui fait autorité en matière d'énergie de fusion, déclare : « C'est une avancée majeure, car ils ont réussi à démontrer la plus grande production d'énergie à partir des réactions de fusion de tous les appareils de l'histoire[3]. »

Cependant, les Chinois ont fait une déclaration quelques mois plus tard, annonçant qu'ils étaient capables de maintenir la fusion pendant dix-sept minutes en chauffant le plasma à 158 millions de degrés Celsius. Comme son homologue britannique, leur réacteur à fusion, appelé « EAST » (Experimental Advanced Superconducting Tokamak), est basé sur la conception originale du tokamak, ce qui indique qu'ITER est probablement sur la bonne voie.

Des conceptions concurrentes

Les enjeux étant considérables et les grands champs magnétiques étant notoirement difficiles à manipuler, de nombreuses nouvelles idées ont été proposées pour contenir le plasma. De fait, quelque vingt-cinq nouveaux candidats présentent leur propre version d'un réacteur à fusion.

En général, tous les tokamaks à fusion utilisent des supraconducteurs, créés en refroidissant les bobines jusqu'à un niveau proche du zéro absolu, lorsque la résistance électrique disparaît presque totalement. Mais en 1986, une nouvelle catégorie de supraconducteurs a été découverte par essais et erreurs, ce qui a constitué un véritable coup de théâtre. Ils pouvaient atteindre la phase supraconductrice à une température douce de 77 degrés Kelvin. (Cette nouvelle catégorie de supraconducteurs, appelés « supraconducteurs » à haute température, était basée sur le refroidissement de céramiques telles que l'oxyde d'yttrium, de baryum et de cuivre.) Ce fut une annonce stupéfiante, car elle signifiait qu'une nouvelle théorie quantique des supraconducteurs avait été découverte et que les céramiques pouvaient devenir supraconductrices avec de l'azote liquide ordinaire. C'était un point important, car l'azote liquide est à peu près aussi cher que du lait, ce qui allait considérablement réduire le coût des super-aimants. (La glace carbonique, ou dioxyde de carbone solidifié, coûte 2 dollars par kilo. L'azote liquide coûte environ 8 dollars par kilo. L'hélium liquide, que la plupart des supraconducteurs utilisent comme liquide de refroidissement, coûte quant à lui quelque 200 dollars par kilo.)

Pour le commun des mortels, cela ne semble peut-être pas constituer une grande amélioration, mais pour un physicien, cela ouvre d'énormes perspectives. Étant donné que les aimants sont le composant le plus complexe d'un réacteur à fusion, cela change toute l'économie et donc les perspectives de cette technologie.

Même si la découverte des céramiques supraconductrices à haute température est intervenue trop tard pour être intégrée à ITER, elle a ouvert la possibilité d'utiliser cette technologie pour la prochaine génération de réacteurs à fusion.

Un projet prometteur utilisant cette nouvelle méthode est le réacteur SPARC, qui a été annoncé en 2018 et qui a très vite attiré l'attention (et les portefeuilles) d'éminents milliardaires comme Bill Gates et Richard Branson, permettant à SPARC de lever plus de 250 millions de dollars en un court laps de temps. (Mais comparé aux 21 milliards de dollars dépensés jusqu'à présent pour ITER, ce n'est que de la menue monnaie.)

En 2021, cette société a franchi une étape importante en testant avec succès ses aimants supraconducteurs à haute température, capables de générer un champ magnétique 40 000 fois supérieur au champ magnétique terrestre.

« Cet aimant va modifier les perspectives de la science de la fusion tout comme celles de l'énergie, et à terme, celles du paysage énergétique mondial[4] », déclare Dennis Whyte du MIT. « C'est un événement majeur. Ce n'est pas du battage publicitaire, mais la réalité[5] », ajoute Andrew Holland, directeur général de la Fusion Industry Association. SPARC pourrait atteindre le seuil de rentabilité Q = 1 en 2025, à peu près au même moment qu'ITER, mais à une fraction du coût et du temps.

SPARC ne produira pas à lui seul de l'énergie électrique commerciale. Mais son successeur, le réacteur ARC, pourrait le faire. En cas de succès, il devrait déplacer le centre de gravité de la recherche sur la fusion, contraignant la génération suivante de réacteurs à fusion à adopter les toutes dernières technologies, telles que les progrès dans le domaine des supraconducteurs à haute température et peut-être les ordinateurs quantiques, qui seraient nécessaires pour améliorer la stabilité cruciale du champ magnétique pour qu'il puisse compresser uniformément le plasma.

Toutefois, la science des supraconducteurs est devenue assez déconcertante avec l'annonce récente selon laquelle un supraconducteur à température ambiante a finalement été mis au point. Normalement, la création d'un supraconducteur à température ambiante devrait être considérée comme le Saint Graal de la physique des basses températures, le couronnement de décennies de travail acharné. Mais cette découverte présente un énorme problème. Les physiciens ont finalement créé un supraconducteur à température ambiante, mais seulement en le comprimant à 2,6 millions de fois la pression atmosphérique. Pour réaliser même l'expérience la plus simple avec ces pressions astronomiques, il faut disposer de machines hautement spécialisées, que tout le monde ne possède pas. Les physiciens adoptent donc une attitude attentiste, afin de voir si la pression peut être réduite de manière que les supraconducteurs à température ambiante puissent devenir une alternative utile.

La fusion par laser

Une approche totalement différente de la fusion a été adoptée par le ministère nord-américain de l'Énergie, en utilisant de gigantesques faisceaux laser au lieu de puissants aimants pour chauffer l'hydrogène. Dans le cadre d'un programme télévisé que j'ai animé pour BBC-TV, j'ai visité le NIF (National Ignition Facility), une énorme installation située au Livermore National Laboratory en Californie et qui a coûté 3,5 milliards de dollars.

Étant donné qu'il s'agit d'une installation militaire où sont conçues des ogives nucléaires, j'ai dû passer plusieurs contrôles de sécurité avant de pouvoir visiter l'installation. Finalement, j'ai franchi l'étape des gardes armés et j'ai été conduit dans la salle de contrôle du NIF. Même si l'on a préalablement vu les plans du NIF sur papier, on est toujours stupéfait par la taille de cette machine. Elle est vraiment gigantesque, de la taille de trois terrains de football, haute de dix étages : elle inspire au commun des mortels une sensation écrasante.

J'ai pu observer de loin la trajectoire de 192 faisceaux laser de haute énergie, parmi les plus puissants de la planète. Lorsque ces faisceaux sont activés pendant un milliardième de seconde, ils frappent 192 miroirs. Chacun d'entre eux est soigneusement positionné pour réfléchir le faisceau sur la cible, une petite pastille de la taille d'un petit pois contenant du deutérure de lithium, riche en hydrogène.

Cela provoque la vaporisation et l'effondrement de la surface de la pastille, élevant sa température à des dizaines de millions de degrés. Lorsqu'elle est chauffée et comprimée à un tel degré, la fusion se produit et des neutrons sont émis.

L'objectif final est de générer de l'énergie commerciale *via* la fusion laser. Lorsque la cible est vaporisée, des neutrons seront émis, puis heurteront une enveloppe métallique. Comme dans le tokamak, on espère que ces neutrons à haute énergie transféreront celle-ci à l'enveloppe, qui se réchauffera et fera bouillir de l'eau, qui alimentera ensuite une turbine pour produire de l'énergie commerciale.

En 2021, le NIF a franchi une étape importante. Il a réussi à produire 10 quadrillions de watts en 100 milliardièmes de seconde, à 100 millions de degrés Kelvin, battant ainsi son record précédent. Il a comprimé la pastille de combustible à 350 milliards de fois la pression atmosphérique.

Finalement, en décembre 2022, le NIF a fait la une des journaux à travers le monde avec l'annonce sensationnelle qu'il avait, pour la première fois dans l'histoire, atteint un Q supérieur à 1, c'est-à-dire qu'il générait plus d'énergie qu'il n'en consommait. Il s'agit en effet d'un événement historique, qui montre que la fusion est un objectif réalisable. Mais les physiciens ont aussi rappelé qu'il ne s'agissait là que d'une première étape. La deuxième consisterait à agrandir le réacteur, de sorte qu'il puisse alimenter une ville entière. Ensuite, il faudra le reproduire de manière rentable et le diffuser dans le monde entier. Il faudra attendre pour savoir si le NIF peut être commercialisé pour produire des quantités significatives d'énergie. Pour le moment, le design du tokamak reste le plus avancé et le plus répandu.

Les problèmes liés à la fusion

Bien que l'énergie de la fusion soit susceptible de modifier la manière dont nous consommons l'énergie sur Terre, des problèmes persistants ont engendré de faux espoirs et brisé bien des rêves.

De nombreuses tentatives réalisées dans le passé pour exploiter l'énergie de la fusion se sont révélées infructueuses. Depuis les années 1950, il y a eu plus de cent réacteurs à fusion, mais aucun d'entre eux n'a produit plus d'énergie qu'il n'en a consommé. Beaucoup ont ensuite été abandonnés. Un problème fondamental est la configuration toroïdale (en forme d'anneau) de la conception du tokamak. Elle a résolu un problème (la capacité à contenir le plasma à de très hautes températures) mais en a entraîné un autre (l'instabilité).

En raison de la nature toroïdale du champ magnétique, il est difficile de maintenir un processus de fusion stable suffisamment longtemps pour satisfaire au critère de Lawson, qui nécessite une certaine température, une certaine densité et une certaine durée pour déclencher la réaction de fusion.

La présence de minuscules irrégularités dans le champ magnétique du tokamak peut rendre le plasma instable.

Le problème est aggravé par l'interaction entre le plasma et le champ magnétique. Même si le champ magnétique externe peut initialement contenir le plasma, le plasma lui-même possède son propre champ magnétique, qui peut interagir avec le champ magnétique plus vaste du réacteur et devenir instable.

Le fait que les équations du plasma et du champ magnétique soient étroitement corrélées crée des effets d'entraînement. S'il y a une légère irrégularité dans les lignes du champ magnétique à l'intérieur de l'anneau, cela peut provoquer des irrégularités dans le plasma à l'intérieur de l'anneau. Mais comme le plasma possède son propre champ magnétique, il peut renforcer l'irrégularité initiale. Ainsi, il peut y avoir un effet d'emballement, l'irrégularité devenant de plus en plus grande chaque fois que les deux champs magnétiques se renforcent mutuellement. Ces irrégularités deviennent parfois si importantes qu'elles peuvent toucher les parois du réacteur et même les perforer. C'est la raison fondamentale pour laquelle il a été si difficile de satisfaire au critère de Lawson et de maintenir le processus de fusion stable suffisamment longtemps pour créer un réacteur autonome.

La fusion quantique

C'est là qu'interviennent les ordinateurs quantiques. Les équations du champ magnétique et du plasma sont toutes deux connues. Le problème est que ces deux équations sont corrélées l'une avec l'autre et que, par conséquent, elles interagissent de manière complexe. De petites oscillations imprévisibles peuvent soudain être amplifiées. Mais alors que les ordinateurs numériques ont du mal à calculer dans cette situation, les ordinateurs quantiques pourraient être capables de le faire avec cette configuration complexe.

Aujourd'hui, si un réacteur à fusion est mal conçu, il est extrêmement difficile de tout recommencer et de le repenser à partir de zéro. Cependant, si toutes les équations sont réunies dans un ordinateur quantique, il devient facile d'utiliser ce dernier pour calculer si la conception est optimale ou s'il pourrait y avoir des conceptions plus stables ou plus performantes.

Modifier les paramètres d'un programme informatique quantique est considérablement moins coûteux que de reconfigurer un tout nouvel aimant de réacteur à fusion qui coûte 1 milliard de dollars.

Étant donné qu'un réacteur peut coûter entre 10 et 20 milliards de dollars, cela pourrait permettre des économies astronomiques. De nouvelles conceptions pourraient être créées et testées virtuellement, car l'ordinateur quantique peut en calculer les propriétés. De plus, un ordinateur quantique pourrait facilement jouer avec une série de nouvelles conceptions virtuelles pour déterminer si elles améliorent les performances du réacteur.

De plus, la puissance des ordinateurs quantiques pourrait être amplifiée s'ils étaient associés à l'intelligence artificielle. Les systèmes d'IA pourraient faire varier la force des différents aimants d'un réacteur à fusion. Les ordinateurs quantiques pourraient alors analyser le flot de données issues de cette procédure afin d'augmenter le facteur Q. Par exemple, le programme d'IA DeepMind a déjà été utilisé pour modifier le réacteur à fusion exploité par l'École polytechnique fédérale de Lausanne, en Suisse.

« Je pense que l'IA jouera un rôle très important dans le futur pour le contrôle des tokamaks et dans la science de la fusion en général, déclare Federico Felici de l'Institut suisse. Il y a un énorme potentiel pour exploiter l'IA afin d'obtenir un meilleur contrôle et trouver le moyen de faire fonctionner de tels appareils de manière plus efficace[6] », ajoute-t-il.

L'IA et les ordinateurs quantiques peuvent donc travailler main dans la main pour accroître l'efficacité des réacteurs à fusion, ce qui pourrait à son tour dynamiser l'avenir et contribuer à réduire le réchauffement climatique.

Une autre application des ordinateurs quantiques consiste à déchiffrer le fonctionnement des céramiques supraconductrices à haute température. Comme nous l'avons mentionné, on ignore à l'heure actuelle pourquoi elles possèdent cette propriété magique. Ces céramiques à haute température existent depuis plus de quarante ans, mais aucun consensus n'a été trouvé. Des modèles théoriques ont été proposés, mais jusqu'ici, ils restent uniquement théoriques.

Cependant, un ordinateur quantique pourrait changer la donne : étant donné qu'il relève lui-même de la mécanique quantique, il pourrait être capable de calculer la distribution des électrons dans les couches bidimensionnelles à l'intérieur de la céramique supraconductrice, et ainsi de déterminer quelle théorie est correcte.

De plus, nous avons vu que la création de supraconducteurs se fait encore par essais et erreurs. De nouveaux supraconducteurs pourraient être découverts de manière fortuite. Mais cela signifie que des expériences entièrement nouvelles doivent être créées chaque fois qu'un nouveau matériau est testé. Il n'existe aucun moyen systématique de trouver de nouveaux supraconducteurs. Cependant, un ordinateur quantique sera capable de créer un laboratoire virtuel dans lequel tester de nouvelles propositions de supraconducteur. On pourrait alors tester rapidement des dizaines de substances intéressantes en un seul après-midi, plutôt que de prendre des années et de dépenser des millions pour examiner chacune d'entre elles.

Les ordinateurs quantiques pourraient donc détenir la clé d'un avenir énergétique sans pollution, peu coûteux et fiable.

Mais si nous parvenons à résoudre les équations de fusion dans un ordinateur quantique, peut-être pourrons-nous également résoudre l'équation de fusion qui réside au cœur des étoiles, afin de percer le secret des fours nucléaires internes disséminés dans la voûte céleste, de savoir comment ces étoiles explosent en supernova et comment elles finissent par devenir l'objet le plus mystérieux de l'univers : un trou noir.

16.

SIMULER L'UNIVERS

En 1609, Galileo Galilei regardait dans le télescope qu'il avait lui-même fabriqué et observait des merveilles que personne n'avait jamais vues auparavant. Pour la première fois dans l'histoire, la véritable gloire et la majesté de l'univers furent dévoilées.

Galilée fut fasciné par ce qu'il voyait. Avec ses propres yeux, il était ébloui par une nouvelle et étonnante image de l'univers telle qu'elle lui était révélée chaque nuit. Il fut le premier à voir que la Lune avait de profonds cratères, que le Soleil avait de minuscules taches noires, que Saturne avait des sortes d'« oreilles » (aujourd'hui connues sous le nom d'« anneaux »), que Jupiter avait quatre lunes et que Vénus avait des phases comme la Lune, ce qui lui prouvait que la Terre tournait autour du Soleil et non pas l'inverse.

Galilée organisait même des soirées d'observation du firmament, qui ont permis au gotha de Venise de voir de ses propres yeux la véritable splendeur de l'univers. Mais cette image glorieuse ne correspondait pas à celle que décrivait l'establishment religieux, de sorte que le tribut à payer pour cette révélation cosmique fut particulièrement lourd. L'Église enseignait que les cieux étaient constitués de sphères célestes parfaites et éternelles, qui témoignaient de la gloire de Dieu, tandis que la Terre était affligée de péchés charnels et de tentations. Pourtant, Galilée pouvait voir de ses propres yeux que l'univers était riche, varié, dynamique et en constante transformation.

D'ailleurs, certains historiens estiment que le télescope est peut-être l'instrument le plus séditieux jamais introduit dans l'histoire de la science, car il a défié les pouvoirs en place et a modifié à jamais notre relation avec le monde qui nous entoure.

Avec son télescope, Galilée a bouleversé tout ce que l'on savait sur le Soleil, la Lune et les planètes. Finalement, il fut arrêté, traduit en justice et à cette occasion, on lui a clairement rappelé que trente-trois ans plus tôt, l'ancien moine Giordano Bruno avait été brûlé vif dans les rues de Rome pour avoir affirmé qu'il pourrait y avoir d'autres systèmes solaires dans l'espace, dont certains pourraient abriter des formes de vie.

La révolution déclenchée par le télescope de Galilée a modifié à jamais la manière dont nous voyons les splendeurs de l'univers. Les astronomes ne sont plus brûlés vifs. Au lieu de cela, ils lancent des satellites géants tels que les télescopes spatiaux Hubble et James Webb pour percer les mystères de l'univers. (Il y a même une statue de Bruno sur la place Campo de' Fiori à Rome, à l'endroit même où il a été brûlé vif. Chaque jour, il prend sa revanche grâce à la découverte de nouvelles planètes tournant autour d'étoiles lointaines dans les cieux.)

Aujourd'hui, les satellites en orbite autour de la Terre offrent une vue sans précédent de la voûte céleste. Ces instruments, comme le télescope spatial James Webb, situé à 1 million de kilomètres de la Terre, ont ouvert de nouveaux horizons à l'astronomie à partir de leur point d'observation cosmique.

La science a connu un tel succès que les scientifiques sont désormais plongés dans un océan de données, et des ordinateurs quantiques pourraient s'avérer nécessaires pour organiser et analyser ce déluge d'informations. Les astronomes ne frissonnent plus seuls dans le froid, scrutant chaque nuit le firmament à travers leurs télescopes, enregistrant laborieusement les mouvements de chaque planète. Aujourd'hui, ils programment des télescopes géants qui balaient le ciel nocturne de manière automatique.

Les enfants posent souvent cette question fort simple : combien y a-t-il d'étoiles ? Il est difficile d'y répondre, mais notre propre galaxie, la Voie lactée, compte environ 100 milliards d'étoiles. Or le télescope Hubble peut, en principe, détecter 100 milliards de galaxies. C'est pourquoi on estime qu'il y a environ 100 milliards × 100 milliards = 10^{22} étoiles dans l'univers connu.

Cela signifie qu'une encyclopédie de toutes les planètes mentionnant leur emplacement, leur taille, leur température, etc., épuiserait la mémoire d'un superordinateur. C'est pourquoi des ordinateurs quantiques pourraient s'avérer nécessaires pour prendre la véritable mesure de l'univers.

Les ordinateurs quantiques pourraient être capables de passer au crible cette masse de données astronomiques pour sélectionner des caractéristiques cruciales d'objets célestes. Ils pourraient accéder à des données clés et tirer des conclusions vitales de cette masse chaotique, simplement par une pression sur un bouton.

De plus, en calculant la fusion au plus profond d'une étoile, les ordinateurs quantiques pourraient être capables de prédire quand la prochaine éruption solaire géante risquera de paralyser le réseau électrique. Les ordinateurs quantiques pourraient également être capables de résoudre les équations décrivant les astéroïdes renégats, les étoiles qui explosent, l'univers en expansion et ce qu'il y a à l'intérieur d'un trou noir.

Les astéroïdes tueurs

Il y a une raison concrète à l'analyse de ces corps célestes qui nous concerne directement. Certains d'entre eux pourraient en effet être dangereux, capables de détruire la Terre telle que nous la connaissons. Il y a 66 millions d'années, un objet d'environ 10 kilomètres de diamètre s'est écrasé sur la péninsule du Yucatán, au Mexique. L'explosion a libéré tellement d'énergie qu'elle a creusé un cratère de plus de 300 kilomètres de diamètre et généré un raz-de-marée de 1,5 kilomètre de haut, qui a inondé le golfe du Mexique. Elle a également déclenché une tempête de météores incandescents, qui ont ensuite provoqué des incendies féroces dans toute la région. Tandis que d'épais nuages de poussière bloquaient la lumière du Soleil et plongeaient la Terre dans l'obscurité, les températures ont chuté à tel point que les dinosaures non aviens ne purent plus ni chasser ni se nourrir. Quelque 75 % de toutes les espèces ont péri lors de cette collision avec un astéroïde.

Malheureusement, les dinosaures n'avaient pas de programme spatial, de sorte qu'ils ne sont plus là pour discuter de cette question. Mais nous, nous en avons un, et il se pourrait qu'un jour, nous en ayons besoin si la trajectoire d'un objet extraterrestre menaçait d'entrer en collision avec la Terre.

Jusqu'à présent, quelque 27 000 astéroïdes ont été soigneusement répertoriés par le gouvernement et l'armée nord-américains. Ce sont des objets célestes proches de la Terre ou géocroiseurs (en anglais NEO : Near-Earth Objects) qui traversent la trajectoire de la Terre, de sorte qu'ils constituent une menace à long terme pour notre planète. La taille de la plupart d'entre eux varie d'un terrain de football à plusieurs kilomètres de diamètre. Mais ce qui est plus inquiétant encore, ce sont les dizaines de millions d'astéroïdes plus petits qu'un terrain de football qui ne font l'objet d'aucun suivi. Ils pourraient s'approcher sans être détectés et provoquer des dégâts considérables s'ils heurtaient la Terre. Un autre danger réside dans les comètes à longue période, dont la position au-delà de Pluton est inconnue et qui pourraient un jour s'approcher de la Terre sans être annoncées ni détectées. Malheureusement, seule une fraction des objets potentiellement dangereux est réellement surveillée par les chercheurs.

Lorsque j'ai interviewé l'astronome Carl Sagan, célèbre pour ses émissions télévisées de vulgarisation scientifique, je lui ai posé des questions sur l'avenir de l'humanité. Il a répondu que la Terre est située au beau milieu d'un « stand de tir cosmique », de sorte que ce n'est qu'une question de temps avant que nous soyons un jour confrontés à un astéroïde géant qui pourrait détruire notre planète. C'est pourquoi, m'a-t-il dit, nous devons devenir une « espèce à deux planètes ». C'est notre destin. Nous devrions explorer l'espace, non seulement pour découvrir de nouveaux mondes, mais aussi pour trouver un autre refuge dans les cieux.

L'astéroïde Apophis, qui mesure quelque 325 mètres de diamètre et frôlera l'atmosphère terrestre en avril 2029, fait l'objet d'un examen minutieux en raison de la menace potentielle qu'il représente.

Il s'approchera à moins de 10 % de la distance séparant la Terre de la Lune.

En réalité, il s'approchera si près de la Terre qu'il sera visible à l'œil nu, passant juste sous certains de nos satellites.

Comme il frôlera notre atmosphère, il sera confronté à des conditions atmosphériques imprévisibles. Il est donc impossible de dire avec certitude à quoi ressemblera sa trajectoire plus tard en 2036, lors de son passage suivant autour de la Terre. Il manquera très probablement la Terre en 2036, mais ce n'est qu'une supposition.

Il est clair que les ordinateurs quantiques pourraient être nécessaires pour suivre la trajectoire des astéroïdes potentiellement dangereux et faire de meilleures approximations. Un jour, un astéroïde passera près de la Terre, provoquant une panique généralisée, tandis que les scientifiques tenteront de déterminer s'il heurtera la Terre ou s'il passera à côté d'elle sans faire de dégâts. C'est là que les ordinateurs quantiques peuvent faire la différence.

Dans le pire des cas, une comète en provenance de l'espace lointain pourrait entamer un long voyage vers notre Système solaire interne. Sans queue, elle sera invisible à nos télescopes. Tandis qu'elle passera derrière notre Soleil, la lumière de ce dernier finira par réchauffer la glace de la comète et une queue se formera. Lorsqu'elle émergera soudain de derrière le Soleil, nos télescopes détecteront enfin la queue de la comète et nous avertiront avant un impact catastrophique. Mais avec quel préavis nos télescopes pourraient-ils nous avertir ? Peut être quelques semaines.

Malheureusement, nous ne pouvons pas nous attendre à ce que Bruce Willis vienne à notre secours à bord d'une navette spatiale. Tout d'abord, l'ancien programme de la navette spatiale a été annulé et les vaisseaux de remplacement ne peuvent pas atteindre l'espace lointain. Mais même si c'était possible, nous ne serions toujours pas en mesure d'intercepter un astéroïde et de le dévier ou de le détruire à temps.

En 2021, la NASA a envoyé dans l'espace la sonde DART (Double Asteroid Redirection Test) afin d'intercepter un astéroïde. Pour la première fois dans l'histoire, un objet fabriqué par l'homme a réussi à modifier physiquement la trajectoire d'un astéroïde. Cet impact devrait permettre de répondre à de nombreuses questions. L'astéroïde est-il un amas de roches friables qui se désagrège facilement ? Ou s'agit-il d'une masse dure et solide qui restera intacte ? En cas de succès, d'autres missions de type DART iront percuter des astéroïdes lointains, en guise de répétition générale de ce qui pourrait se produire un jour.

Au bout du compte, il reviendra probablement aux ordinateurs quantiques de détecter les astéroïdes dangereux et destructeurs de planètes et de déterminer leur trajectoire précise, car il y en a potentiellement des millions qui pourraient infliger des dégâts majeurs à la Terre, dont beaucoup n'ont pas été détectés.

Nous avons également besoin d'ordinateurs quantiques pour modéliser l'impact lui-même, afin de pouvoir évaluer la dangerosité de ces objets s'ils heurtaient réellement la Terre. On pourrait s'attendre à ce qu'un astéroïde frappe la Terre à des vitesses proches de 250 000 kilomètres par heure, et on sait très peu de choses sur le calcul de la dévastation qu'ils peuvent déclencher à ces vitesses hypersoniques. Les ordinateurs quantiques pourraient contribuer à combler ce vide, afin que nous sachions à quoi nous attendre si la Terre se retrouvait dans la ligne de mire d'un astéroïde meurtrier que nous serions incapables de dévier ou de détruire.

Les exoplanètes

Au-delà de notre Système solaire, il existe une autre raison d'utiliser des ordinateurs quantiques : recenser toutes les planètes qui tournent autour d'autres étoiles. Déjà, le télescope spatial Kepler et d'autres satellites et télescopes au sol ont détecté environ cinq mille exoplanètes dans notre propre galaxie, la Voie lactée. Cela signifie qu'en moyenne, chaque étoile que nous voyons la nuit a une planète qui tourne autour d'elle. Peut-être qu'environ 20 % de toutes les exoplanètes ressemblent à la Terre, de sorte que notre propre galaxie pourrait contenir des milliards de planètes semblables à la Terre, en plus de celles que nous avons déjà identifiées.

À l'époque où je fréquentais l'école primaire, je me souviens très bien que l'un de mes premiers livres scientifiques portait sur notre Système solaire. Après un merveilleux voyage autour de Mars, Saturne, Pluton et au-delà, cet ouvrage affirmait qu'il y avait probablement d'autres systèmes solaires dans la galaxie et que le nôtre était vraisemblablement un système « standard ». Qu'il était probable que tous les systèmes solaires aient des planètes rocheuses proches du Soleil et des géantes gazeuses plus éloignées, comme Jupiter, qui tournent toutes autour de leur soleil selon une trajectoire circulaire.

Nous mesurons aujourd'hui à quel point toutes ces hypothèses étaient fausses. Nous savons désormais que les systèmes solaires sont de toutes tailles et de toutes formes. D'ailleurs, notre Système solaire est tout à fait atypique. On trouve des systèmes solaires avec des planètes sur des orbites très elliptiques. On trouve des géantes gazeuses plus grandes que Jupiter tournant extrêmement près de leur soleil. On trouve des systèmes solaires avec plusieurs soleils.

Ainsi, un jour, lorsque nous disposerons d'une encyclopédie des planètes de la galaxie, nous serons ébahis par la richesse de leur diversité. Si vous pouvez imaginer une planète étrange, il y en a probablement une comme elle.

Il nous faudra un ordinateur quantique pour recenser tous les chemins possibles qui décrivent l'évolution des planètes. À mesure que nous lancerons davantage de télescopes dans l'espace, cette encyclopédie des planètes augmentera de manière exponentielle, nécessitant une immense puissance de calcul pour analyser leur atmosphère, leur composition chimique, leur température, leur géologie, la configuration de leurs vents et d'autres caractéristiques qui généreront des montagnes de données.

Des extraterrestres dans l'espace ?

L'un des objectifs sur lesquels les ordinateurs quantiques se concentreront est la recherche d'autres formes de vie intelligentes. Une question embarrassante se pose : comment reconnaîtrons-nous une intelligence qui pourrait être totalement étrangère à la nôtre ? Reconnaîtrons-nous une forme de vie extraterrestre si elle se trouve juste devant nous ? Nous pourrions avoir besoin d'ordinateurs quantiques pour identifier des modèles qui pourraient être totalement invisibles pour les ordinateurs conventionnels.

L'astronome Frank Drake a proposé dans les années 1950 une équation qui tentait d'estimer le nombre de civilisations avancées qu'il pourrait y avoir dans la galaxie. On commence par les cent milliards d'étoiles de la galaxie et on réduit ce nombre avec une série d'hypothèses raisonnables. On le réduit par la fraction qui a des planètes, la fraction qui a des planètes avec une atmosphère, la fraction qui a des planètes avec une atmosphère et des océans, la fraction qui a des planètes avec une vie microbienne, etc. Peu importe leur quantité ou le nombre d'hypothèses raisonnables que l'on émet à propos de ces planètes, le nombre final avoisine généralement les milliers.

Pourtant, le projet SETI (Search for Extraterrestrial Intelligence) n'a trouvé aucune preuve d'un quelconque signal radio intelligent provenant de l'espace. Absolument aucun. Leurs puissants radiotélescopes installés à Hat Creek, près de San Francisco, n'enregistrent que des silences de mort ou des parasites. Nous nous retrouvons donc face au paradoxe de Fermi : si la probabilité d'une vie extraterrestre intelligente dans l'univers est si élevée, où sont-ils ?

Les ordinateurs quantiques pourraient nous aider à répondre à cette question. Comme ils excellent dans l'analyse d'énormes quantités de données pour trouver des indices cachés, et comme l'intelligence artificielle excelle dans l'apprentissage de l'identification de nouvelles choses en captant des motifs, ils pourraient apprendre à analyser d'énormes quantités de données pour trouver ce qui pourrait s'y cacher, même si c'est bizarre ou totalement surprenant.

J'en ai eu un avant-goût lorsque j'ai animé pour la chaîne de télévision Science Channel une émission sur l'intelligence extraterrestre, au cours de laquelle nous avons analysé l'intelligence des non-humains, par exemple celle du dauphin. On m'a placé dans une piscine avec plusieurs dauphins très joueurs. Le but était de les faire communiquer entre eux pour voir s'il était possible de mesurer leur intelligence. Des capteurs capables d'enregistrer tous leurs gazouillis et sifflements avaient été placés dans l'eau.

Comment un ordinateur peut-il trouver des signes d'intelligence dans cette masse de bruits et cette sorte de charabia ?

Des enregistrements sur bande comme ceux-ci peuvent être analysés par un programme informatique conçu pour identifier des modèles spécifiques. Par exemple, la lettre de l'alphabet la plus couramment utilisée en anglais est « e ». En examinant les écrits de quelqu'un, il est possible de classer chaque lettre selon la fréquence à laquelle elle est utilisée. Ce classement des lettres de l'alphabet en fonction de leur fréquence d'utilisation vous est propre. Deux personnes différentes utiliseront un classement de lettres légèrement différent. Cette méthode peut d'ailleurs être utilisée pour détecter des contrefaçons. Par exemple, en passant les œuvres de Shakespeare au crible de ce programme, on peut savoir si l'une de ses pièces a été écrite par quelqu'un d'autre.

Lorsque les enregistrements des dauphins ont été analysés par l'ordinateur, on a tout d'abord entendu un ensemble aléatoire de sons. Mais l'ordinateur avait été spécialement conçu pour déterminer la fréquence à laquelle certains sons sont apparus. Il a finalement conclu qu'il y avait une logique et une cohérence derrière tous ces gazouillis et ces sifflements.

D'autres animaux ont été testés de la même manière, et l'on a observé une diminution de l'intelligence à mesure que l'on passe à des organismes plus primitifs. En fait, lorsqu'on analyse les insectes, ces signes d'intelligence chutent à un niveau proche de zéro.

Les ordinateurs quantiques peuvent analyser cette énorme masse de données pour détecter des signaux intéressants, et les systèmes d'IA peuvent être formés pour rechercher des modèles inattendus. En d'autres termes, l'IA et les ordinateurs quantiques, travaillant de concert, pourraient être capables de trouver des preuves d'intelligence, même dans un fouillis de signaux chaotiques provenant de l'espace.

L'évolution stellaire

Une autre application concrète des ordinateurs quantiques consiste à combler les lacunes dans notre compréhension de l'évolution stellaire et du cycle de vie des étoiles, depuis leur naissance jusqu'à leur mort ultime.

Lorsque je préparais mon doctorat en physique théorique à l'université de Californie à Berkeley, mon colocataire préparait son doctorat en astronomie. Chaque jour, il me disait au revoir et déclarait qu'il allait faire cuire une étoile dans un four. Je pensais qu'il plaisantait. On ne peut pas faire cuire des étoiles. Beaucoup d'entre elles sont plus grandes que notre Soleil. Mais un jour, je lui ai finalement demandé ce qu'il entendait par « faire cuire » une étoile. Il a réfléchi un instant, puis il m'a expliqué que les équations qui décrivent l'évolution stellaire ne sont pas complètes, mais qu'elles sont suffisamment justes pour pouvoir simuler le cycle de vie d'une étoile, depuis sa naissance jusqu'à sa mort.

Le matin, il saisissait dans l'ordinateur les paramètres d'un nuage de poussière d'hydrogène gazeux (tels que sa taille, sa teneur en gaz, la température du gaz). Ensuite, l'ordinateur calculait l'évolution du nuage de gaz. À l'heure du déjeuner, le nuage s'effondrait sous l'effet de la gravité, se réchauffait et s'enflammait pour se transformer en étoile. Dans l'après-midi, il brûlait pendant des milliards d'années et agissait comme un four cosmique, fusionnant ou « cuisant » l'hydrogène, puis créant des éléments de plus en plus lourds, tels que l'hélium, le lithium et le bore.

Nous avons beaucoup appris de simulations comme celles-ci. Dans le cas de notre Soleil, il aura épuisé la majeure partie de son hydrogène dans 5 milliards d'années et commencera alors à brûler de l'hélium. À ce stade, il se mettra à grossir énormément, devenant une géante rouge si grande qu'elle remplira le ciel et s'étendra sur tout l'horizon. Elle engloutira des planètes jusqu'à Mars. Le ciel sera en feu. Les océans bouilliront, les montagnes fondront et tout retournera au Soleil. Nous sommes issus de la poussière d'étoiles et nous retournerons à la poussière d'étoiles.

Comme l'a écrit le poète Robert Frost :

Certains disent que le monde finira dans les flammes,
D'autres, dans la glace.
Le désir ayant embrasé mon âme,
Je suis de ceux qui penchent pour les flammes.
Mais s'il fallait que deux fois il trépasse,
Je crois connaître assez la haine
Pour affirmer que dans ce domaine
La glace serait tout aussi souveraine
Et efficace.

Finalement, le Soleil épuisera son hélium et se transformera en une étoile naine blanche, qui n'aura que la taille de la Terre, mais qui pèsera presque autant que le Soleil d'origine. En refroidissant, elle deviendra une naine noire morte. C'est donc cela, l'avenir de notre Soleil : mourir dans la glace plutôt que dans le feu.

Cependant, pour ce qui est des étoiles vraiment massives une catégorie que l'on appelle les « géantes rouges », elles continueront à fusionner de plus en plus d'éléments, jusqu'à ce qu'elles atteignent le fer, qui contient tellement de protons qu'ils se repoussent mutuellement et que la fusion s'arrête finalement. Puis, sans fusion, l'étoile s'effondre sous l'effet de la gravité et les températures peuvent atteindre des milliards de degrés. À ce moment-là, l'étoile explose en supernova, l'un des plus grands cataclysmes de la nature.

Une étoile géante peut donc mourir dans le feu, et non pas dans la glace.

Malheureusement, il y a encore de nombreuses lacunes dans le calcul du cycle de vie des étoiles, depuis les nuages de gaz jusqu'à la supernova. Mais avec les ordinateurs quantiques modélisant le processus de fusion, bon nombre d'entre elles pourraient être comblées.

Il pourrait s'agir d'un élément de preuve capital au moment où nous sommes confrontés à une autre menace inquiétante : une éruption solaire monstrueuse qui pourrait projeter la civilisation des centaines d'années dans le passé. Pour prédire l'apparition d'une éruption solaire mortelle, il faut connaître la dynamique au plus profond d'une étoile, ce qui dépasse de loin les capacités d'un ordinateur conventionnel.

L'événement de Carrington

Nous savons très peu de choses sur l'intérieur de notre Soleil, de sorte que nous sommes vulnérables aux explosions catastrophiques d'énergie solaire qui envoient d'énormes quantités de plasma surchauffé dans l'espace. Le peu de connaissances que nous avons au sujet du Soleil nous a été rappelé en février 2022, lorsqu'une explosion géante de rayonnement solaire a frappé l'atmosphère terrestre et anéanti quarante des quarante-neuf satellites de communication mis en orbite par la société SpaceX d'Elon Musk. Il s'agit de la plus grande catastrophe solaire de l'histoire moderne, et elle est susceptible de se reproduire, car nous avons beaucoup à apprendre sur ces éjections de masse coronale.

La plus formidable éruption solaire de l'histoire connue, appelée l'« événement de Carrington », a eu lieu en 1859. À cette époque, cette éruption solaire monstre a provoqué l'incendie des fils télégraphiques dans une grande partie de l'Europe et de l'Amérique du Nord. Elle a provoqué des perturbations atmosphériques sur toute la planète, les aurores boréales recouvrant le ciel nocturne de Cuba, du Mexique, d'Hawaï, du Japon et de la Chine. Dans les Caraïbes, on pouvait lire le journal la nuit à la lumière des aurores. À Baltimore, l'aurore était plus brillante qu'une pleine lune. Un chercheur d'or, C. F. Herbert, a écrit ce saisissant témoignage visuel de cet événement historique :

> Nous avions sous les yeux une scène d'une beauté presque indescriptible… Des lumières de toutes les couleurs imaginables jaillissaient du ciel austral, une couleur s'estompant pour laisser place à une autre, peut-être encore plus belle que la précédente… Ce fut un spectacle absolument inoubliable, considéré à l'époque comme la plus grande aurore enregistrée… Le rationaliste et le panthéiste ont pu voir la nature dans ses plus beaux atours… Les superstitieux et les fanatiques ont eu de terribles pressentiments, croyant y voir une préfiguration de l'Armageddon et de la destruction finale[1].

L'événement de Carrington s'est produit à un moment où l'ère électrique n'en était qu'à ses balbutiements. Depuis lors, des tentatives ont été faites pour en reconstituer les données et évaluer ce qui pourrait advenir si un autre événement de Carrington devait se produire à l'époque moderne. En 2013, des chercheurs de la Lloyd's de Londres et de l'Atmospheric and Environmental Research (AER) aux États-Unis ont conclu qu'un autre événement de Carrington pourrait causer jusqu'à 2 600 milliards de dollars de dommages.

La civilisation moderne pourrait connaître un coup d'arrêt brutal. Cela mettrait hors service nos satellites et Internet, provoquerait des courts-circuits dans les lignes électriques, paralyserait toutes les communications financières et provoquerait des pannes d'électricité à l'échelle mondiale. Nous serions projetés quelque cent cinquante ans en arrière. Les équipes de secours et de dépannage ne parviendraient pas à venir à la rescousse, car elles seraient elles aussi prises dans le black-out mondial. Le pourrissement des denrées périssables pourrait déclencher des émeutes massives dues à la faim ainsi qu'une désintégration de l'ordre social et même des gouvernements, tandis que les gens chercheraient désespérément des restes de nourriture.

Cela se reproduira-t-il ? Oui. Quand cela pourrait-il arriver ? Nul ne le sait. Un indice pourrait provenir de l'analyse d'événements antérieurs de type Carrington. Des études ont été réalisées sur la concentration de carbone 14 et de béryllium 10 dans des carottes de glace, dans l'espoir de trouver des preuves d'éruptions solaires préhistoriques. Des études ont montré que des éruptions ont probablement eu lieu entre 774 et 775 de notre ère et entre 993 et 994 de notre ère. En fait, les données des carottes de glace de l'événement de 774-775 de notre ère indiquent qu'il était peut-être dix fois plus intense que l'événement de Carrington. (Et l'éruption solaire de 993-994 de notre ère a été si intense qu'elle a laissé sa marque dans du bois ancien, que les historiens ont utilisé pour dater les premières colonies vikings en Amérique.) Mais à l'époque, avant l'avènement de l'ère électrique, la civilisation y a à peine prêté attention.

La plus grande éruption solaire de l'histoire récente a eu lieu en 2001. Une énorme éjection de masse coronale a été envoyée dans l'espace, à une vitesse de 4,5 millions de kilomètres par heure. Heureusement, elle est passée à côté de la Terre. Sans cela, elle aurait pu provoquer des dégâts considérables à travers la planète, comparables à ceux de l'événement de Carrington.

Des scientifiques ont signalé qu'il serait possible de préparer le prochain événement de Carrington en allouant des fonds pour renforcer nos satellites, protéger les composants électroniques délicats et construire des centrales électriques redondantes. Il s'agirait d'un tout petit investissement pour éviter une perte catastrophique de notre système électrique. Mais en général, ces avertissements sont ignorés.

Les physiciens savent que les éjections de masse coronale se produisent lorsque les lignes de force magnétiques à la surface du Soleil se croisent, projetant d'énormes quantités d'énergie dans l'espace. Mais on ignore ce qui se passe à l'intérieur du Soleil pour que ces conditions se produisent. Les équations de base des plasmas, de la thermodynamique, de la fusion, de la convection, du magnétisme, etc., sont connues, mais les résoudre dans les conditions qui prévalent à l'intérieur du Soleil dépasse les capacités des ordinateurs modernes.

Les ordinateurs quantiques pourront peut-être résoudre un jour les équations complexes à l'intérieur du Soleil et nous aider à prédire quand la prochaine éruption solaire géante pourrait menacer la civilisation. Nous savons qu'il doit y avoir d'énormes courants de convection de plasma très chaud qui tourbillonnent profondément à l'intérieur du Soleil, mais nous n'avons aucune idée du moment où la prochaine éruption solaire pourrait éclater, et nous ignorons si elle touchera la Terre. Ainsi, si un ordinateur quantique est capable de « cuire » des étoiles dans sa mémoire, nous serons peut-être en mesure de nous préparer au prochain événement de Carrington.

D'ailleurs, les ordinateurs quantiques pourraient aller encore plus loin et permettre à terme de résoudre le plus grand cataclysme de l'univers. L'événement de Carrington pourrait paralyser un continent, mais un sursaut gamma pourrait provoquer des dégâts bien pires, incinérant tout un système solaire.

Les sursauts gamma

En 1967, un phénomène mystérieux est apparu dans l'espace. Le satellite Vela, qui avait été spécialement lancé par les États-Unis pour détecter les détonations non autorisées de bombes nucléaires, a capté d'étranges radiations provenant d'une énorme explosion de rayons gamma. Cette gigantesque explosion provenait d'une source inconnue, déclenchant un jeu de devinettes terriblement sérieux. Les Russes testaient-ils une arme inconnue et d'une puissance sans précédent ? Un pays émergent testait-il une nouvelle arme révolutionnaire ? S'agissait-il d'un échec retentissant des services de renseignements américains ?

La sonnette d'alarme a retenti au Pentagone. Immédiatement, il a été demandé à des scientifiques de haut niveau d'identifier cette anomalie et de déterminer d'où elle provenait. Peu de temps après, d'autres sursauts gamma ont été détectés. Les planificateurs du Pentagone ont poussé un soupir de soulagement lorsque leur origine a finalement été déterminée. Ils ne venaient pas de l'Union soviétique, mais de galaxies lointaines. Les scientifiques ont été sidérés de constater que ces explosions ne duraient que quelques secondes, mais qu'elles dégageaient plus de rayonnements qu'une galaxie entière. De fait, elles ont libéré plus d'énergie que le Soleil n'en générera au cours de ses dix milliards d'années d'existence. Il s'agissait des plus grandes explosions de l'univers tout entier, juste derrière le Big Bang lui-même.

Étant donné que ces rafales de rayons gamma ne durent en général que quelques secondes avant de disparaître, il semblait difficile de créer un système d'alerte précoce. Mais finalement, un réseau de satellites a été conçu pour détecter ces événements dès qu'ils se produisent et alerter aussitôt les détecteurs terrestres pour qu'ils les repèrent en temps réel.

Il existe de nombreuses lacunes dans notre compréhension des rafales de rayons gamma, mais la principale théorie est qu'il s'agit soit de collisions entre des étoiles à neutrons et des trous noirs, soit d'étoiles s'effondrant dans des trous noirs. Il pourrait alors s'agir des dernières étapes de la vie de certaines étoiles. Les ordinateurs quantiques pourraient être nécessaires pour expliquer précisément pourquoi tant d'énergie est libérée par ces étoiles lorsqu'elles atteignent le point final de leur cycle de vie.

Certains de ces dangers liés à l'explosion d'étoiles ne se situent pas très loin de la Terre. En réalité, certains des atomes de votre corps pourraient avoir été « cuits » par une ancienne supernova, il y a des milliards d'années. Comme nous l'avons mentionné plus tôt, les étoiles telles que notre Soleil n'ont pas à elles seules suffisamment de chaleur pour créer des éléments autres que le fer, tels que le zinc, le cuivre, l'or, le mercure et le cobalt. Ces éléments ont été créés dans la chaleur d'une explosion de supernova qui a eu lieu des milliards d'années avant la naissance de notre Soleil. Ainsi, la présence même de ces éléments dans notre corps est la preuve qu'une supernova a eu lieu dans notre voisinage galactique. De fait, certains scientifiques ont émis l'hypothèse que l'extinction de l'Ordovicien, il y a cinq cents millions d'années, qui a anéanti 85 % de toute la vie aquatique sur Terre, a été déclenchée par un sursaut gamma à proximité.

Plus près de chez nous, l'étoile rouge géante Bételgeuse, située à 500-600 années-lumière de la Terre, est instable et connaîtra à un moment donné une explosion de supernova. C'est la deuxième étoile la plus brillante de la constellation d'Orion. Lorsqu'elle explosera finalement, elle sera suffisamment brillante pour éclipser la Lune la nuit, et même pour projeter une ombre. Récemment, elle a présenté des changements notables dans sa luminosité et sa forme, ce qui a donné lieu à des spéculations selon lesquelles elle serait sur le point d'exploser, mais tout cela fait encore l'objet de vifs débats.

Cependant, il nous faut reconnaître qu'il y a beaucoup de choses que nous ne comprenons pas concernant les supernovæ et que ces lacunes pourraient être comblées par les ordinateurs quantiques. Un jour, les ordinateurs quantiques seront capables d'expliquer toute l'histoire de la vie des étoiles, y compris du Soleil, ainsi que des étoiles instables potentiellement dangereuses situées à proximité.

Mais c'est le produit final d'une supernova qui suscite énormément d'intérêt : les trous noirs.

Les trous noirs

La simulation de trous noirs peut rapidement épuiser la puissance de calcul d'un superordinateur numérique ordinaire. Une grande étoile, de dix à cinquante fois plus massive que notre Soleil, peut exploser en supernova, se transformer en étoile à neutrons ou s'effondrer en trou noir. Personne ne sait vraiment ce qui se passe lorsqu'une étoile massive s'effondre gravitationnellement, car les lois d'Einstein et la théorie quantique commencent à échouer, de sorte qu'une nouvelle physique est sûrement nécessaire.

Par exemple, si l'on suit simplement les mathématiques d'Einstein, le trou noir s'effondrera derrière une mystérieuse sphère sombre, appelée « horizon des événements ». Il a été photographié en 2021 en regroupant la lumière d'une série de radiotélescopes autour de la Terre, créant ainsi un radiotélescope de la taille de la planète elle-même. Cette photographie a révélé que l'horizon des événements au cœur de la galaxie appelée « M87 », à environ 53 millions d'années-lumière de la Terre, est une sphère sombre entourée de gaz lumineux extrêmement chauds.

Que trouve-t-on à l'intérieur de l'horizon des événements ? Personne ne le sait. On pensait autrefois qu'un trou noir pourrait s'effondrer en une singularité, un point supercompact d'une densité inimaginable. Mais cette représentation a changé depuis que nous voyons des trous noirs tourner à des vitesses colossales. Au lieu d'un point unique, les physiciens pensent désormais que les trous noirs pourraient s'effondrer en un anneau de neutrons en rotation, où les concepts habituels d'espace et de temps seraient bouleversés. Les mathématiques stipulent que si on tombe à travers l'anneau, on ne meurt peut-être pas, mais on entre dans un univers parallèle. L'anneau en rotation devient alors un trou de ver, une passerelle vers un autre univers au-delà du trou noir.

L'anneau en rotation est comparable au miroir d'Alice. D'un côté, l'on a la douce campagne d'Oxford. Mais si l'on passe à travers le miroir, on entre dans l'univers parallèle du pays des Merveilles.

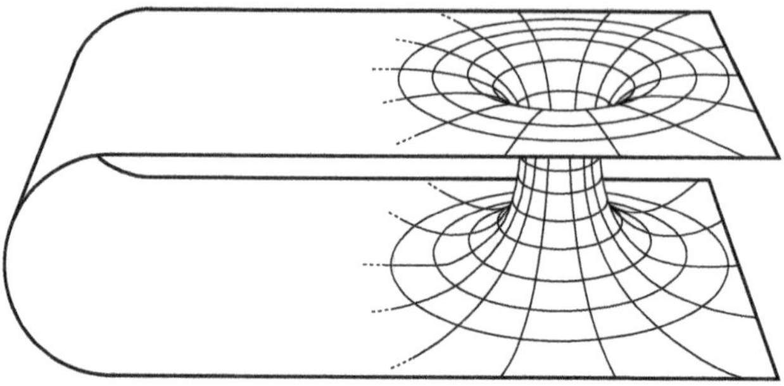

Figure 12 : Ordinateurs quantiques et trous noirs
Selon la relativité, un trou noir en rotation pourrait s'effondrer en un anneau de neutrons, capable de relier deux zones différentes de l'espace-temps, créant ainsi un trou de ver ou une passerelle entre deux univers. Mais un ordinateur quantique peut être nécessaire pour déterminer leur stabilité sous l'effet de corrections quantiques.

Malheureusement, on ne peut pas se fier aux mathématiques des trous noirs, car les effets quantiques doivent également être pris en compte. Les ordinateurs quantiques pourraient nous fournir des simulations de la théorie d'Einstein et de la théorie quantique lorsque l'espace et le temps sont déformés au centre d'un trou noir. Dans ces conditions, les équations sont fortement corrélées. Tout d'abord, nous avons l'énergie due à la gravité et au repliement de l'espace-temps. Ensuite, nous avons l'énergie due à diverses particules subatomiques. Mais ces particules, quant à elles, possèdent leur propre champ gravitationnel, qui se mêle au champ d'origine de manière complexe. Nous avons donc un enchevêtrement d'équations, chacune influençant les autres, dans un mélange très complexe qui est hors de portée des ordinateurs conventionnels, mais peut-être pas des ordinateurs quantiques.

Et les ordinateurs quantiques pourraient également contribuer à répondre à une question embarrassante et vieille comme le monde : de quoi est fait l'univers ?

La matière noire

Après deux mille ans de spéculations et d'innombrables expériences, nous ne sommes toujours pas capables de répondre à cette simple question que posaient déjà les Grecs : de quoi le monde est-il fait ?

La plupart des manuels scolaires de l'enseignement primaire affirment que l'univers est principalement constitué d'atomes. Mais on sait désormais que cette affirmation est fausse. L'univers est en réalité principalement constitué de matière noire invisible et d'une mystérieuse énergie sombre. La majeure partie de l'univers est sombre, ce qui dépasse les capacités de nos télescopes à l'étudier et de nos sens à la détecter.

La matière noire a été théorisée pour la première fois par Lord Kelvin en 1884. Il avait observé que la quantité de masse nécessaire pour expliquer la rotation de la galaxie était bien supérieure à la masse réelle des étoiles. Il en a conclu que la plupart des étoiles étaient en réalité sombres et non pas lumineuses. Plus récemment, des astronomes comme Fritz Zwicky et Vera Rubin ont confirmé cette étrange observation, constatant que la galaxie et les amas d'étoiles tournent trop vite de sorte que, selon nos équations, elles devraient se séparer. En fait, notre galaxie tourne environ dix fois plus vite que prévu. Mais en raison de la confiance inébranlable des astronomes dans la théorie de la gravité de Newton, ce résultat a été grandement ignoré.

Au fil des décennies, il a été constaté que non seulement la Voie lactée, mais toutes les galaxies présentaient ce même phénomène étonnant. Les astronomes ont commencé à admettre que les galaxies contiennent de la matière noire invisible qui maintient leur cohésion. Ce halo est plusieurs fois plus massif que la galaxie elle-même. Il semble que la plus grande partie de l'univers soit constituée de cette mystérieuse matière noire.

(L'énergie noire est encore plus mystérieuse : c'est une forme étrange d'énergie qui remplit le vide de l'espace et provoque même l'expansion de l'univers. Bien que l'énergie noire représente 68 % du contenu matière/énergie connu de l'univers, on ne sait quasiment rien à son sujet.)

Ce tableau récapitule les dernières données sur ce dont les scientifiques pensent que le monde est constitué :

Énergie noire	68 %
Matière noire	27 %
H et He	5 %
Éléments supérieurs	0,1 %

Nous savons aujourd'hui que de nombreux éléments qui composent notre corps ne représentent que quelque 0,1 % de l'univers. Nous sommes véritablement des anomalies. Mais la matière qui compose la majeure partie de l'univers possède d'étranges propriétés. Comme la matière noire n'interagit pas avec la matière ordinaire, si vous la teniez dans votre main, elle passerait à travers vos doigts et tomberait sur le sol. Mais elle ne s'arrêterait pas là : elle continuerait à tomber à travers la terre et le béton, comme si la Terre n'existait pas. Elle continuerait à tomber à travers la croûte terrestre et arriverait en Chine. Là, elle inverserait progressivement sa direction sous l'effet de la gravité terrestre et reprendrait son chemin en sens inverse, jusqu'à ce qu'elle arrive à nouveau dans votre main. Ensuite, elle effectuerait un mouvement de va-et-vient à travers la planète.

Aujourd'hui, nous disposons de cartes de cette matière invisible. La manière dont nous déterminons la présence de matière noire invisible est la même que celle dont nous savons qu'il y a du verre dans nos lunettes. Le verre déforme la lumière, de sorte qu'il est possible d'en observer les effets. La matière noire déforme la lumière de la même manière.

Ainsi, en corrigeant la réfraction de la lumière à travers la matière noire, nous pouvons en générer des cartes 3D, et nous constatons qu'effectivement, la matière noire se concentre autour des galaxies et en assure la cohésion.

Malheureusement, nous ne savons pas de quoi est faite la matière noire. Elle est apparemment constituée d'une substance que nous n'avons jamais vue auparavant, quelque chose qui se situe en dehors du modèle standard des particules subatomiques.

La clé pour résoudre le mystère de la matière noire pourrait donc être de comprendre ce qui se joue au-delà du modèle standard des particules.

Le modèle standard des particules

Comme nous l'avons vu, les ordinateurs quantiques exploitent les lois contre-intuitives de la mécanique quantique pour effectuer leurs calculs. Mais la mécanique quantique elle-même n'est pas restée inactive. Elle a évolué à mesure que des accélérateurs de particules de plus en plus grands ont écrasé des protons les uns contre les autres pour découvrir les constituants fondamentaux de la matière. À l'heure actuelle, l'accélérateur le plus puissant au monde est le Grand Collisionneur de hadrons, situé près de Genève, en Suisse ; c'est la plus grande machine scientifique jamais construite. Il s'agit d'un tube de 27 kilomètres de diamètre, doté d'aimants si puissants qu'ils peuvent projeter des protons à 14 000 milliards d'électrons-volts.

Pour une série de la BBC que j'ai animée il y a quelques années, j'ai visité le GCH et j'ai même touché le tube au cœur de l'accélérateur tandis qu'il était encore en construction. Ce fut une expérience impressionnante, car je savais que dans quelques années, des protons déferleraient à l'intérieur de ce tube avec des énergies stupéfiantes.

Après des décennies de travail acharné avec le GCH, les physiciens ont finalement convergé vers ce qu'on appelle le « modèle standard », ou la « théorie du presque tout ». Nous avons vu que l'ancienne équation de Schrödinger pourrait expliquer l'interaction des électrons avec la force électromagnétique. Mais le modèle standard pourrait unifier la force électromagnétique avec les forces nucléaires forte et faible.

Ainsi, le modèle standard des particules représente la version la plus avancée de la théorie quantique. C'est le fruit du travail de nombreux lauréats du prix Nobel et le produit final de milliards de dollars dépensés pour de gigantesques broyeurs d'atomes. À juste titre, il devrait être un symbole éclatant des plus nobles réalisations de l'esprit humain.

Malheureusement, c'est un fiasco.

Au lieu d'être le meilleur produit de l'inspiration divine, c'est un fatras assez grossier de particules. Il s'agit d'une collection déconcertante de particules subatomiques qui ne semblent pas avoir beaucoup de logique. Il compte trente-six quarks et antiquarks, plus de dix-neuf paramètres libres et ajustables à volonté, trois générations de particules identiques et un ensemble de particules exotiques appelées « gluons », « bosons W et Z », « bosons de Higgs » et « particules de Yang-Mills », entre autres.

C'est une théorie que seule une mère pourrait aimer. Elle revient à assembler un oryctérope, un ornithorynque et une baleine avec du scotch et à appeler cela la « plus belle création de la nature », l'aboutissement de millions d'années d'évolution.

Pire encore, cette théorie ne fait aucune mention de la gravité et ne peut expliquer la matière noire et l'énergie noire, qui constituent la vaste majorité de l'univers connu.

Il n'y a qu'une seule raison pour laquelle les physiciens étudient cette théorie bizarre : elle fonctionne. Elle décrit indéniablement le monde des particules subatomiques de basse énergie comme les mésons, les neutrinos, les bosons W, etc. Le modèle standard est si maladroit et laid que la plupart des physiciens pensent qu'il s'agit simplement de l'approximation à basse énergie d'une théorie plus belle qui existe à des énergies plus élevées. (Pour paraphraser Einstein, si vous voyez la queue d'un lion, vous vous doutez bien que, tôt ou tard, un lion surgira.)

Mais depuis une cinquantaine d'années, les physiciens n'ont constaté aucune déviation par rapport au modèle standard.

Jusqu'à aujourd'hui.

Au-delà du modèle standard

Le premier indice d'une faille dans le modèle standard est venu du Fermi National Accelerator Laboratory, près de Chicago, en 2021. L'énorme détecteur de particules qui y est installé a décelé une légère déviation dans les propriétés magnétiques des muons (que l'on trouve couramment dans les rayons cosmiques). Une quantité massive de données a dû être analysée pour trouver ce tout petit écart, mais s'il persiste, il pourrait signaler la présence de nouvelles forces et interactions au-delà du modèle standard.

Cela pourrait signifier que nous entrevoyons le monde au-delà du modèle standard, où une nouvelle physique pourrait émerger, peut-être la théorie des cordes.

Les ordinateurs quantiques excellent en tant que moteurs de recherche, trouvant cette insaisissable aiguille dans la botte de foin. De nombreux physiciens sont d'avis que nos accélérateurs de particules finiront par recueillir des preuves concluantes de la présence de particules au-delà du modèle standard, ce qui révélera la véritable simplicité et la beauté de l'univers.

Les physiciens utilisent déjà des ordinateurs quantiques pour comprendre la mystérieuse dynamique des interactions entre particules. Dans le GCH, deux faisceaux de protons de haute énergie sont projetés l'un contre l'autre avec une énergie de 14 000 milliards d'électrons-volts, créant des énergies inédites depuis le début de l'univers. Cette collision titanesque crée une gigantesque pluie de débris subatomiques. Un nombre stupéfiant de milliards d'octets par seconde de données sont créés par cette collision colossale, et sont ensuite analysés par un ordinateur quantique.

De plus, les physiciens élaborent déjà des plans pour un remplaçant du Grand Collisionneur de hadrons, appelé « Futur Collisionneur circulaire », qui sera construit au CERN en Suisse. Avec une circonférence de 100 kilomètres, il éclipsera le GCH de 27 kilomètres. Il coûtera 23 milliards de dollars et atteindra l'énergie astronomique de 100 000 milliards d'électrons-volts. Ce sera de loin la plus grande machine scientifique de la planète.

Si elle est construite, elle recréera les conditions de la naissance de l'univers. Elle devrait nous rapprocher autant qu'il est humainement possible de la théorie ultime, la théorie du tout, qu'Einstein a cherchée pendant les trente dernières années de sa vie. Le flot de données émergeant de cette machine submergera n'importe quel ordinateur conventionnel. En d'autres termes, peut-être que le secret de la création elle-même pourrait être percé par un ordinateur quantique.

La théorie des cordes

Jusqu'à présent, le principal (et unique) candidat pour une théorie quantique au-delà du modèle standard est la théorie des cordes[2]. Toutes les théories concurrentes se sont révélées divergentes, anormales, incohérentes ou oublieuses d'aspects fondamentaux de la nature. N'importe lequel de ces défauts serait fatal à une théorie physique.

(Je reçois beaucoup d'e-mails de personnes qui prétendent avoir enfin trouvé cette théorie du tout. Je leur réponds qu'il y a trois critères auxquels leur théorie doit obéir :

1. Elle doit contenir la théorie de la gravité d'Einstein.
2. Elle doit contenir l'intégralité du modèle standard de particules, avec tous ses quarks, gluons, neutrinos, etc.
3. Elle doit être finie et exempte d'anomalies.

Jusqu'à présent, la seule théorie capable de satisfaire à ces trois critères simples est la théorie des cordes.)

Selon la théorie des cordes, toutes les particules élémentaires ne sont rien d'autre que des notes de musique sur de minuscules cordes vibrantes. À l'instar d'un élastique qui peut osciller à différentes fréquences, la théorie des cordes stipule que chaque vibration de ce petit élastique correspond à une particule, de telle sorte que l'électron, le quark, le neutrino et tous les autres acteurs du modèle standard ne sont rien d'autre que des notes de musique différentes. La physique correspond alors aux harmonies que l'on peut jouer sur ces cordes. La chimie correspond aux mélodies créées par les cordes vibrantes. L'univers peut être comparé à une symphonie de cordes. Et enfin, « l'esprit de Dieu » dont parlait Einstein correspondrait à une musique cosmique résonnant à travers l'univers.

Il est remarquable qu'en calculant la nature de ces vibrations, on peut trouver la gravité, qui est la force manifestement absente du modèle standard. Ainsi, la théorie des cordes nous donne une raison crédible de croire qu'elle pourrait être la théorie du tout. (En fait, si Einstein n'avait pas existé, la relativité générale aurait été découverte comme un sous-produit de la théorie des cordes, tout simplement comme l'une des notes les plus basses de la corde vibrante.)

Mais si cette théorie peut unifier à la fois la théorie de la gravité et celle des forces subatomiques, pourquoi les lauréats du prix Nobel sont-ils divisés à son propos, certains affirmant que c'est une impasse, tandis que d'autres déclarent qu'il pourrait s'agir de la théorie qui a échappé à Einstein ? L'un des problèmes réside dans son pouvoir prédictif. Non seulement elle contient le modèle standard des particules, mais elle inclut bien plus. De fait, il pourrait y avoir une infinité de solutions, une totale profusion. Si oui, quelle est la solution qui décrit notre univers ?

D'une part, nous constatons que toutes les grandes équations ont un nombre infini de solutions. La théorie des cordes ne fait pas exception. Même la théorie de Newton peut expliquer une infinité de choses, par exemple les balles de baseball, les fusées, les gratte-ciel, les avions, etc. Il faut préciser à l'avance ce que l'on étudie, c'est-à-dire spécifier les conditions initiales.

Mais la théorie des cordes est une théorie de l'univers entier. Il faut donc préciser les conditions initiales du Big Bang. Toutefois, personne ne connaît les conditions qui ont déclenché l'explosion cosmique initiale qui a donné naissance à l'univers.

C'est ce qu'on appelle le « problème du paysage » : il semble y avoir un nombre infini de solutions à la théorie des cordes, créant ainsi un vaste paysage de possibilités. Chaque point de ce paysage correspond à un univers entier. L'un de ces points peut expliquer les caractéristiques de notre univers.

Mais lequel est le nôtre ? La théorie des cordes est-elle une théorie du tout ou une théorie de n'importe quoi ?

Il n'existe actuellement aucun consensus pour résoudre ce problème. Une solution pourrait être de créer une nouvelle génération d'accélérateurs de particules, comme le Futur Collisionneur circulaire mentionné plus haut, le Collisionneur circulaire électron-positron proposé par la Chine ou le Collisionneur linéaire international du Japon. Mais rien ne garantit que même ces projets ambitieux résoudront cette grande question.

Les ordinateurs quantiques pourraient détenir la clé

Mon point de vue personnel est que les ordinateurs quantiques pourraient peut-être nous offrir la réponse ultime à cette question. Nous avons vu plus tôt comment, dans la photosynthèse, la nature utilise la théorie quantique pour étudier un vaste ensemble de chemins avec le principe de moindre action. Un jour, il sera peut-être possible d'appliquer la théorie des cordes sur un ordinateur quantique pour sélectionner le bon chemin. Peut-être que de nombreux chemins trouvés dans le paysage sont instables et se détériorent rapidement, ne laissant que la solution correcte. Peut-être que notre univers apparaît comme la seule solution stable.

Les ordinateurs quantiques pourraient donc constituer la dernière étape vers la découverte de la théorie du tout.

Il existe un précédent à ce sujet. La théorie qui décrit le mieux la théorie de la force nucléaire forte est appelée « chromodynamique quantique » (QCD). Il s'agit d'une théorie des particules subatomiques qui lie les quarks entre eux pour créer le neutron et le proton. À l'origine, on pensait que les physiciens seraient suffisamment intelligents pour résoudre totalement la QCD en utilisant les mathématiques pures. Cela s'est avéré être une illusion.

Aujourd'hui, les physiciens ont quasiment renoncé à résoudre manuellement la QCD et s'appuient désormais sur de gigantesques superordinateurs pour résoudre ces équations. C'est ce qu'on appelle la « Lattice QCD », qui divise l'espace et le temps en milliards de cubes minuscules, formant un réseau. On résout les équations d'un petit cube, on s'en sert pour résoudre les équations du cube voisin suivant et on répète le même processus pour tous les cubes suivants. Ainsi, l'ordinateur finit par résoudre tous les cubes voisins, les uns après les autres.

De même, il faudra peut-être recourir à des ordinateurs quantiques pour finalement résoudre toutes les équations de la théorie des cordes. On peut espérer que la véritable théorie de l'univers puisse naître de ce processus. Les ordinateurs quantiques pourraient donc détenir la clé de la création elle-même.

17.

UNE JOURNÉE EN L'AN 2050

Mardi 18 janvier 2050, 6 heures du matin

Votre réveil sonne et vous vous réveillez avec une épouvantable migraine. Molly, votre assistante virtuelle personnelle, apparaît soudain sur votre écran mural. Elle annonce joyeusement : « Il est 6 heures du matin. Souvenez-vous, vous m'avez demandé de vous réveiller. »

Encore somnolent, vous lui répondez : « Oh, j'ai mal à la tête. Qu'est-ce que j'ai fait hier soir pour mériter ça ? »

Molly vous répond : « Vous avez assisté à la fête d'inauguration du nouveau réacteur à fusion. Vous avez certainement trop bu. »

Petit à petit, tout vous revient en mémoire. Vous vous souvenez que vous êtes ingénieur chez Quantum Technologies, l'une des plus grandes sociétés d'informatique quantique du pays. Les ordinateurs quantiques semblent être partout ces jours-ci, et la fête d'hier soir avait pour but de célébrer l'inauguration du dernier réacteur à fusion, un événement historique rendu possible par les ordinateurs quantiques.

Vous vous souvenez qu'un journaliste présent à cette fête vous a demandé : « Pourquoi toute cette excitation ? Pourquoi tant d'effervescence autour d'un gaz chaud ? »

Vous lui avez répondu : « Les ordinateurs quantiques ont finalement réussi à déterminer comment stabiliser le gaz chaud à l'intérieur d'un réacteur à fusion, de sorte qu'une quantité presque illimitée d'énergie peut être extraite de la fusion de l'hydrogène en hélium. Cela pourrait être la clé de la crise énergétique. »

Cela signifie que des dizaines de réacteurs à fusion seront inaugurés partout dans le monde et qu'il y aura de nombreuses autres fêtes où se saouler. Une nouvelle ère d'énergie renouvelable et bon marché s'ouvre, grâce aux ordinateurs quantiques.

Mais il est temps maintenant de vous mettre au courant de l'actualité. Vous dites à Molly : « S'il te plaît, mets les informations du matin concernant les progrès scientifiques. »

L'écran mural s'allume aussitôt. Chaque fois que vous entendez les informations, vous jouez à un jeu avec vous-même. Après avoir entendu chaque nouvelle scientifique, vous souhaitez identifier celles qui, s'il y en a, n'ont *pas* été rendues possibles par les ordinateurs quantiques.

L'animateur de la vidéo déclare : « Une nouvelle flotte d'avions supersoniques a été approuvée par le gouvernement, réduisant considérablement le temps de traversée des océans Pacifique et Atlantique. »

Vous vous rendez compte que ce sont les ordinateurs quantiques qui, grâce à l'utilisation de souffleries virtuelles, ont trouvé la bonne conception aérodynamique qui a éliminé le bruit des bangs soniques, ce qui a contribué à rendre possible ce nouveau type d'avions de ligne supersoniques.

L'animateur annonce ensuite : « Nos astronautes sur Mars ont réussi à construire un grand panneau solaire et une banque de superbatteries pour stocker l'énergie pour la colonie de la planète rouge. »

Vous savez que tout cela a été rendu possible par les ordinateurs quantiques qui ont créé la superbatterie qui alimente l'avant-poste martien. Mais cela a également réduit notre dépendance à l'égard des usines de charbon et de pétrole sur Terre.

L'animateur poursuit : « Les médecins du monde entier annoncent un nouveau médicament contre la maladie d'Alzheimer, capable d'empêcher l'accumulation de la protéine amyloïde qui provoque cette maladie fatale. Ce résultat pourrait changer la vie de millions de personnes. »

Vous êtes fier que votre entreprise ait été à l'avant-garde de l'utilisation d'ordinateurs quantiques pour isoler le type spécifique de protéine amyloïde responsable de la maladie d'Alzheimer.

En entendant l'actualité scientifique, vous souriez car, une fois de plus, tous ces progrès scientifiques ont été rendus possibles, directement ou indirectement, par les ordinateurs quantiques.

Après avoir écouté les informations, vous vous traînez jusqu'à la salle de bains, vous prenez une douche et vous vous brossez les dents. En regardant l'eau s'écouler dans les égouts, vous songez que vos eaux usées sont envoyées silencieusement vers un laboratoire de biologie où elles sont analysées pour détecter la présence de cellules cancéreuses. Des millions de personnes ignorent totalement qu'elles subissent un examen médical approfondi plusieurs fois par jour grâce à un ordinateur quantique silencieusement connecté à leur salle de bains.

Comme les ordinateurs quantiques sont désormais capables d'identifier les cellules cancéreuses des années avant la formation d'une tumeur, le cancer a été réduit à une sorte de simple rhume. Le cancer ayant été un problème récurrent dans votre famille, vous vous dites : « Heureusement, il n'est plus aussi meurtrier que par le passé. »

Enfin, tandis que vous vous habillez, l'écran mural s'allume à nouveau. Cette fois, c'est l'image de votre médecin IA qui apparaît.

« Alors, qu'y a-t-il cette fois, doc ? De bonnes nouvelles, j'espère ? »

Robo-doc, votre médecin virtuel personnel, vous répond : « Eh bien, j'ai de bonnes et de mauvaises nouvelles. Tout d'abord, les mauvaises. L'analyse des cellules de vos eaux usées de la semaine dernière nous a permis de découvrir que vous aviez un cancer. »

« Wouah, c'est donc cela, la mauvaise nouvelle ; alors quelle est la bonne ? » demandez-vous, anxieux.

« La bonne nouvelle est que nous avons localisé la source et que nous n'avons trouvé que quelques centaines de cellules cancéreuses qui se développent dans vos poumons. Aucune inquiétude à avoir. Nous avons analysé la génétique des cellules cancéreuses et nous allons vous faire une injection pour renforcer votre système immunitaire afin de vaincre ce cancer. Nous venons de recevoir la dernière livraison de cellules immunitaires génétiquement modifiées créées par des ordinateurs quantiques de votre entreprise pour attaquer ce cancer particulier. »

Vous voilà rassuré. Puis vous lui posez une autre question : « Répondez-moi franchement. Si vos ordinateurs quantiques n'avaient pas détecté de cellules cancéreuses dans mes fluides corporels, que se serait-il passé dans cette même situation, disons, il y a dix ans ? »

Robo-doc vous répond : « Il y a quelques décennies, avant que les ordinateurs quantiques ne se généralisent, plusieurs milliards de cellules cancéreuses se seraient déjà développées pour former une tumeur dans votre corps, et vous seriez mort au bout d'environ cinq ans. »

Vous déglutissez. Vous êtes fier de travailler pour Quantum Technologies.

Soudain, Molly interrompt Robo-doc. « Un message vient d'arriver. Il y a une réunion urgente au siège social. Votre présence est requise, immédiatement et en personne. »

« Ouh là là, vous dites-vous. Habituellement, la plupart des tâches banales sont effectuées en ligne. Mais cette fois, ils veulent que tout le monde soit sur le pont, en personne. Ce doit être une réunion importante. »

Vous dites à Molly : « Annule mes rendez-vous et fais venir ma voiture. »

Votre voiture sans conducteur arrive quelques minutes plus tard et vous emmène à votre bureau. Le trafic n'est pas dense, car des millions de capteurs intégrés dans la route sont connectés à des ordinateurs quantiques, qui ajustent chaque feu de circulation, seconde par seconde, pour éliminer les goulots d'étranglement.

À votre arrivée, vous sortez de votre voiture et dites : « Va te garer. Et sois prête à venir me chercher à tout moment. » Votre voiture se connecte à l'ordinateur quantique qui surveille tout le trafic dans la ville et identifie la place de stationnement disponible la plus proche.

Vous entrez dans la salle de conférences et vous voyez dans vos lentilles de contact les biographies de toutes les personnes assises autour de vous. Les dirigeants de l'entreprise sont tous là. Ce doit être une réunion importante.

Le président de la société s'adresse à ce groupe sélectionné de cadres supérieurs.

« Je suis bouleversé de vous annoncer que cette semaine, nos ordinateurs quantiques ont détecté un virus jamais vu auparavant. Notre réseau international de capteurs dans les réseaux d'égouts constitue notre première ligne de défense contre les virus mortels et a détecté un nouveau virus près de la frontière avec la Thaïlande. Ce virus nous a pris au dépourvu. Il est hautement létal et très contagieux, et provient probablement d'un oiseau. Je n'ai pas besoin de vous rappeler que la dernière pandémie a coûté la vie à plus d'un million de personnes aux États-Unis et a presque anéanti l'économie mondiale. J'ai trié sur le volet un groupe de nos meilleurs collaborateurs qui se rendront immédiatement en Asie pour analyser la menace. Notre avion supersonique est prêt à décoller. Des questions ? »

Des mains se lèvent. La plupart des questions sont exprimées dans une langue étrangère, mais vos lentilles de contact les traduisent en français.

Vous vous attendiez à un week-end agréable et tranquille. Tous vos projets sont réduits à néant. Cette fois, une voiture volante vous emmène à l'aéroport, où un avion supersonique vous attend. Vous prenez votre petit-déjeuner à New York, votre déjeuner en survolant l'Alaska et votre dîner à Tokyo, avant d'assister à une réunion en soirée. « Les avions supersoniques représentent une énorme amélioration par rapport aux avions conventionnels, dont le vol angoissant durait treize heures entre New York et Tokyo », vous dites-vous.

Vous vous souvenez qu'à l'école primaire, vous lisiez dans des livres d'histoire des récits sur le cauchemar provoqué par la pandémie de 2020, une époque où le monde n'était absolument pas préparé à faire face à un virus inconnu. De fait, il a tué certains membres de votre famille. Mais cette fois, tout est en place.

Le lendemain, vous recevez un communiqué. Votre responsable déclare : « Fort heureusement, les ordinateurs quantiques ont réussi à identifier le profil génétique de ce virus, à localiser ses points faibles moléculaires et à élaborer des plans pour des vaccins qui seront efficaces contre cette maladie. Tout cela a été réalisé en un temps record grâce aux ordinateurs quantiques, qui ont également analysé tous les trajets des avions et des trains pour déterminer comment le virus a pu se propager à l'échelle mondiale. Les capteurs de tous les principaux aéroports et gares ont été calibrés pour détecter l'odeur unique de ce nouveau virus. »

Après une semaine que vous avez passée à visiter les laboratoires de l'entreprise, vous rentrez à New York, convaincu que votre équipe a réussi à maîtriser le nouveau virus. Vous êtes fier de vous dire que vos efforts ont probablement permis de sauver quelques millions de vies et d'éviter l'effondrement de l'économie mondiale.

De retour chez vous, vous demandez à Molly de vous annoncer vos prochains rendez-vous. « Eh bien, cette fois, nous avons une demande d'interview de la part de l'un des plus grands magazines de la planète. Ils réalisent un reportage sur les ordinateurs quantiques. Dois-je organiser l'entretien ? »

Vous êtes agréablement surpris lorsque la journaliste arrive à votre bureau. Sarah est préparée, compétente et très professionnelle.

Sarah déclare : « J'ai entendu dire que de nos jours, il y a des ordinateurs quantiques partout. Les vieux ordinateurs numériques, assimilés à des dinosaures, sont jetés à la casse. Partout où je vais, il semble que les ordinateurs quantiques remplacent l'ancienne génération d'ordinateurs au silicium. Chaque fois que j'utilise mon téléphone portable, on me dit qu'en réalité je parle à un ordinateur quantique, quelque part dans le cloud.

Mais dites-moi, avec tous ces progrès, cela contribuera-t-il à résoudre nos problèmes sociaux les plus urgents ? Je veux dire, soyons réalistes. Par exemple, est-ce que cela aidera à éliminer la faim dans le monde ? »

Vous répondez sans hésiter : « La réponse est oui. Les ordinateurs quantiques ont percé le secret de la captation de l'azote présent dans l'air que nous respirons chaque jour et de sa conversion en composants pour la fabrication d'engrais. Il s'agit d'une deuxième révolution verte. Les contestataires affirmaient qu'avec l'explosion démographique, il y aurait des famines, des guerres, des migrations massives, des émeutes en raison de la faim, etc. Rien de tout cela ne s'est produit, grâce aux ordinateurs quantiques… »

Sarah vous interrompt : « Mais attendez une minute. Qu'en est-il de tous les problèmes liés au réchauffement climatique ? Il vous suffit de cligner des yeux et Internet affiche dans vos lentilles de contact des images d'incendies de forêt massifs, de sécheresses, d'ouragans et d'inondations… La météo semble s'être totalement emballée. »

« Oui, je le reconnais, l'industrie a rejeté des quantités massives de CO_2 dans l'atmosphère au cours du siècle dernier, et nous en payons le prix. Toutes les prédictions se sont réalisées. Mais nous nous battons. Quantum Technologies a été à l'avant-garde de la création d'une superbatterie capable de stocker de grandes quantités d'énergie électrique, réduisant ainsi considérablement le coût de l'énergie et contribuant à inaugurer l'ère solaire tant attendue. Nous avons désormais de l'électricité lorsque le soleil ne brille pas et lorsque les vents ne soufflent pas. L'énergie issue des technologies renouvelables, y compris celle des centrales à fusion qui se multiplient désormais sur la planète, est moins chère que l'énergie issue des combustibles fossiles, et ce pour la première fois dans l'histoire. Nous sommes en train de renverser la vapeur en ce qui concerne le réchauffement climatique. Espérons que nous réussirons à temps. »

« Maintenant, permettez-moi de vous poser une question personnelle, reprend Sarah. Comment les ordinateurs quantiques ont-ils affecté votre famille et vos proches ? »

Vous lui répondez tristement : « Ma famille a beaucoup souffert de la maladie d'Alzheimer. Je l'ai vu de mes propres yeux avec ma mère. Au début, elle oubliait des choses qui s'étaient passées quelques minutes auparavant. Puis elle s'est progressivement mise à délirer et à parler de choses qui ne s'étaient jamais produites. Ensuite, elle a oublié les noms de tous ses proches. Finalement, elle a même oublié qui elle était. Mais je suis fier de dire que les ordinateurs quantiques sont en train de résoudre ce problème. Au niveau moléculaire, ils ont isolé la protéine amyloïde difforme qui perturbe et endommage le cerveau. Un traitement contre la maladie d'Alzheimer est en passe d'être mis au point. »

Elle reprend alors : « J'ai une question purement hypothétique à vous poser. On entend de plus en plus souvent dire que les ordinateurs quantiques sont sur le point de trouver le moyen de ralentir ou de stopper le processus de vieillissement. Alors dites-moi, ces rumeurs sont-elles fondées ? Êtes-vous sur le point de trouver la Fontaine de Jouvence ? »

« Eh bien, nous n'avons pas encore tous les détails, lui répondez-vous, mais c'est exact : nos laboratoires ont pu utiliser la thérapie génique, CRISPR et les ordinateurs quantiques pour corriger des erreurs causées par le vieillissement. Nous savons que le vieillissement est une accumulation d'erreurs dans nos gènes et nos cellules. Et nous sommes sur le point de trouver la méthode qui permettra de corriger ces erreurs, et ainsi de ralentir et peut-être d'inverser le processus de vieillissement. »

« Voilà qui m'amène à ma dernière question. Si vous pouviez vivre une autre vie, qui aimeriez-vous être ? Par exemple, moi qui suis journaliste, j'aimerais dans une autre vie être romancière. Et vous ? »

« Eh bien, répondez-vous, vivre plusieurs vies n'est plus une hypothèse aussi farfelue. Si je pouvais vivre une autre vie, j'aimerais utiliser les ordinateurs quantiques pour résoudre la question ultime concernant l'univers : d'où vient-il ? Pourquoi avons-nous eu le Big Bang ? Que s'est-il passé avant cela ? Nous, les humains, nous sommes trop primitifs pour résoudre ces questions complexes, mais je parie qu'un jour, les ordinateurs quantiques trouveront la réponse. »

« Trouver le sens de l'univers ? Voilà un défi de taille ! s'exclame-t-elle. N'avez-vous pas peur de ce que l'ordinateur quantique pourrait découvrir ? »

Vous lui répondez : « Vous souvenez-vous de ce qui s'est passé à la fin du *Guide du voyageur galactique* ? Après beaucoup de suspense et de tension, un superordinateur géant calcule finalement le sens de l'univers. Mais la réponse s'avère être le nombre quarante-deux. D'accord, c'était une œuvre de fiction. Mais maintenant, je pense que nous pourrions être capables d'utiliser l'informatique quantique pour résoudre ce problème. Pour de bon. »

À la fin de l'interview, vous serrez la main de Sarah et vous la remerciez pour cette conversation intéressante. Puis vous lui proposez discrètement de se joindre à vous pour le dîner. L'article est un grand succès, et informe des millions de personnes sur la manière dont les ordinateurs quantiques ont changé l'économie, la médecine et notre mode de vie. De plus, vous avez appris à mieux connaître Sarah.

Vous êtes agréablement surpris de découvrir que vous avez beaucoup de points communs avec elle. Vous êtes tous deux très motivés et bien informés. Un peu plus tard, vous lui proposez de venir visiter le nouveau salon de jeux vidéo de Quantum Technologies, où les ordinateurs quantiques les plus puissants créent les jeux virtuels les plus réalistes possible. Vous vous amusez tous les deux en jouant à des jeux délirants, qui créent des scènes fantastiques et exotiques *via* les puissantes simulations des ordinateurs quantiques. Dans l'un d'entre eux, vous explorez l'espace. Dans un autre, une station balnéaire au bord de l'océan. Ensuite, le sommet de la plus haute montagne. Vous êtes étonné de constater à quel point ils sont réalistes, jusque dans les moindres détails. Mais votre préféré est celui qui consiste à observer la pleine lune en train de se lever au-dessus des montagnes lointaines. Tandis que vous regardez cet astre éclatant briller au-dessus de la forêt, vous vous sentez incroyablement proche de la nature.

Vous dites à Sarah : « Tu sais, c'est en regardant le "Programme Lune", avec les astronautes qui commençaient à explorer l'univers, que j'ai commencé à m'intéresser aux sciences. »

Sarah répond : « Moi aussi, mais pour ma part, je trouvais palpitant de penser qu'un jour, je verrais des femmes marcher sur la Lune. »

Au fil du temps, vous devenez de plus en plus proches, jusqu'au jour où vous lui demandez de vous épouser... et pour votre plus grand bonheur, elle accepte.

Mais où irez-vous passer votre lune de miel ?

Ravie par toutes ces nouvelles concernant la baisse du coût des voyages dans l'espace et tous ces gens qui s'y rendent, elle demande à son magazine la permission d'écrire un autre article.

« Je sais quel est l'endroit idéal pour notre lune de miel, déclare Sarah. Je voudrais que nous la passions sur la Lune. »

ÉPILOGUE.

LES ÉNIGMES QUANTIQUES

Le célèbre cosmologiste Stephen Hawking a dit un jour que les physiciens sont les seuls scientifiques à pouvoir prononcer le mot « Dieu » sans rougir. Cependant, si vous voulez vraiment voir les physiciens rougir, il suffit que vous leur posiez des questions philosophiques profondes pour lesquelles il n'existe pas de réponses catégoriques.

Voici une brève liste de questions qui déconcerteront la plupart des physiciens, car elles se situent à la frontière entre la philosophie et la physique. Elles concernent toutes l'existence des ordinateurs quantiques, et nous allons les examiner tour à tour.

1. Dieu a-t-il eu le choix de créer l'univers ?

Einstein considérait que c'était l'une des questions les plus profondes et les plus révélatrices que l'on puisse se poser. Dieu aurait-il pu créer l'univers d'une autre manière ?

2. L'univers est-il une simulation ?

Sommes-nous simplement des automates qui vivent dans un jeu vidéo ? Est-ce que tout ce que nous voyons et faisons est le produit d'une simulation informatique ?

3. Les ordinateurs quantiques calculent-ils dans des univers parallèles ?

Peut-on résoudre le problème de la mesure pour les ordinateurs quantiques en introduisant un multivers d'univers ?

4. L'univers est-il un ordinateur quantique ?

Est-ce que tout ce que nous voyons autour de nous, depuis les particules subatomiques jusqu'aux amas de galaxies, peut constituer la preuve que l'univers lui-même est un ordinateur quantique ?

Dieu a-t-il eu le choix ?

Einstein a passé une grande partie de sa vie à se demander si les lois de l'univers étaient la seule option ou si elles n'étaient qu'une possibilité parmi d'autres. Lorsque nous découvrons pour la première fois ce que sont les ordinateurs quantiques, leur fonctionnement interne nous semble fou et étrange. Il semble incroyable qu'à un niveau fondamental, les électrons puissent présenter un comportement aussi incompréhensible, comme le fait de se trouver à deux endroits en même temps, de traverser des barrières solides, de transmettre des informations plus vite que la lumière et d'analyser instantanément un nombre infini de chemins entre deux points quelconques. Vous vous demanderez alors : l'univers doit-il être aussi étrange ? Si nous avions le choix, ne pourrions-nous pas réorganiser les lois de la physique pour les rendre plus logiques et plus sensées ?

Lorsque Einstein était confronté à un problème, il disait souvent : « Dieu est subtil, mais non pas malveillant. » Cependant, lorsqu'il s'est retrouvé confronté aux paradoxes de la mécanique quantique, Einstein se disait parfois : « Après tout, peut-être que Dieu est malveillant. »

Tout au long de l'histoire, les physiciens ont envisagé des univers imaginaires obéissant à un ensemble différent de lois fondamentales, pour voir si les lois de la nature sont uniques et s'il est possible de créer un univers meilleur en partant de zéro.

Des philosophes se sont eux aussi penchés sur cette question cosmique. Alphonse le Sage a dit un jour : « Si j'avais été présent lors de la Création, j'aurais donné quelques conseils utiles pour un meilleur ordonnancement de l'univers. »

Le juge et critique écossais Lord Jeffrey se plaignait de toutes les imperfections de notre univers. Il déclarait : « Maudit soit le Système solaire ! Mauvaise lumière, planètes trop éloignées, harcelées par des comètes, piètre conception, je pourrais créer un meilleur [univers] moi-même. »

Cependant, malgré tous leurs efforts, les scientifiques n'ont pas réussi à améliorer les lois de la physique quantique. En général, les physiciens se rendent compte que les alternatives à la mécanique quantique donnent naissance à des univers instables ou souffrant d'un défaut fatal caché.

Pour répondre à cette question philosophique qui fascinait Einstein, les physiciens commencent souvent par énumérer les qualités que nous souhaitons trouver dans un univers.

Avant tout, nous voulons que notre univers soit stable. Nous ne voulons pas qu'il s'effondre entre nos mains, nous laissant sans rien.

Curieusement, ce critère est extrêmement difficile à satisfaire. Le point de départ le plus simple pourrait être de supposer que nous vivons dans un monde newtonien de bon sens. C'est le monde que nous connaissons. Supposons que ce monde soit constitué de minuscules atomes qui ressemblent à des systèmes solaires miniatures, avec des électrons tournant autour d'un noyau, obéissant aux lois de Newton. Ce système solaire serait stable si les électrons se déplaçaient en cercles parfaits.

Mais si l'on perturbe légèrement l'un de ces électrons, il peut se mettre à osciller et adopter des trajectoires imparfaites. Cela signifie que ces électrons finiront par se heurter les uns aux autres ou par tomber dans le noyau. Très vite, l'atome s'effondre et les électrons volent en tous sens. En d'autres termes, un modèle newtonien de l'atome est intrinsèquement instable.

Considérons ce qui se produirait avec les molécules. Dans un monde uniquement régi par la mécanique classique, une orbite qui tourne autour de deux noyaux est très instable et s'effondre rapidement dès qu'on la perturbe. Ainsi, les molécules ne peuvent pas exister dans un monde newtonien, et il n'y aurait donc pas de substances chimiques complexes. Un tel univers, sans atomes ni molécules stables, finirait par devenir un brouillard informe de particules subatomiques aléatoires.

Toutefois, la théorie quantique résout ce problème, parce que l'électron est décrit par une onde et parce que seules les résonances discrètes de cette onde peuvent osciller autour du noyau. Les ondes dans lesquelles ces électrons entrent en collision et se séparent ne sont pas autorisées par l'équation de Schrödinger, de sorte que l'atome est stable. Dans un monde quantique, les molécules sont également stables, car elles se forment lorsque les ondes électroniques sont partagées entre deux atomes différents, et qu'une résonance stable se forme pour lier deux atomes ensemble. C'est la « colle » qui peut maintenir la molécule ensemble.

Ainsi, dans un certain sens, il existe un « but » ou une « raison » à la mécanique quantique et à ses étranges caractéristiques.

Pourquoi le monde quantique est-il si étrange ? Apparemment pour rendre la matière stable et solide. Sans cela, notre univers se désintègre.

Cela a à son tour des conséquences importantes pour les ordinateurs quantiques. Si l'on tente de modifier l'équation de Schrödinger, qui est à la base de l'ordinateur quantique, on s'attend à ce que l'ordinateur quantique modifié produise des résultats absurdes, par exemple une matière instable. En d'autres termes, la seule manière pour les ordinateurs quantiques de créer des univers stables est de commencer par l'équation de Schrödinger. Un ordinateur quantique est unique. Il peut y avoir de nombreuses manières d'assembler la matière pour créer un ordinateur quantique (par exemple avec différents types d'atomes), mais il n'existe qu'une seule façon pour l'ordinateur quantique d'effectuer ses calculs tout en décrivant une matière stable.

Ainsi, si nous voulons un ordinateur quantique qui manipule les électrons, la lumière et les atomes, il ne nous reste probablement qu'une seule architecture pour un ordinateur quantique.

L'univers en tant que simulation

Quiconque a vu le film *Matrix* sait que Neo est l'élu. Il a des superpouvoirs. Il peut s'envoler vers les cieux. Il peut esquiver les balles qui filent à toute vitesse ou les stopper en plein vol. Il peut instantanément apprendre le karaté en appuyant sur un bouton. Et il peut traverser des miroirs.

Tout cela est possible parce que Neo vit réellement dans une simulation générée par ordinateur. Tout comme dans un jeu vidéo, la « réalité » est en fait un monde imaginaire.

Mais cela soulève une question : avec la croissance exponentielle de la puissance des ordinateurs, est-il possible que notre monde soit en réalité une simulation et que la « réalité » que nous connaissons soit un jeu vidéo joué par quelqu'un d'autre ? Ne sommes-nous pas simplement des lignes de code, jusqu'à ce que quelqu'un appuie enfin sur le bouton « Supprimer » et mette fin à cette mascarade ? Et si un ordinateur classique n'est pas assez puissant pour simuler la réalité, un ordinateur quantique pourrait-il le faire ?

Posons d'abord une question plus simple : un univers classique comme celui décrit ci-dessus peut-il être une simulation newtonienne ?

Considérons un instant une bouteille de verre vide. L'air qui se trouve à l'intérieur de cette bouteille peut contenir plus de 10^{23} atomes. Pour modéliser cela de manière précise avec un ordinateur classique, il faudrait manipuler 10^{23} bits d'information, ce qui va bien au-delà des capacités d'un ordinateur classique. Pour créer une simulation parfaite des atomes de cette bouteille, il faudrait également connaître la position et la vitesse de tous ces atomes. Imaginons maintenant que l'on tente de simuler le temps qu'il fait sur la Terre. Il faut connaître le taux d'humidité, la pression atmosphérique, la température et la vitesse du vent dans l'air autour de la planète. Très vite, la capacité mémoire de n'importe quel ordinateur classique serait épuisée.

En d'autres termes, le plus petit objet capable de simuler la météo est la météo elle-même.

Une autre manière d'appréhender ce problème est de considérer ce qu'on appelle l'« effet papillon ». Le battement des ailes d'un papillon peut créer un flux d'air qui, si certaines conditions sont réunies, pourrait se transformer en un vent puissant. Ce dernier pourrait ensuite atteindre le point de basculement d'un nuage, provoquant ainsi un orage ou une tempête. Il s'agit d'un résultat de la théorie du chaos selon laquelle, même si les molécules d'air obéissent aux lois newtoniennes, l'effet combiné de milliards de molécules d'air est chaotique et imprévisible. Il est donc quasiment impossible de prédire avec précision la probabilité qu'un orage ou une tempête se forme. Bien que la trajectoire d'une seule molécule puisse être déterminée, le mouvement collectif de milliards de molécules d'air est impossible à calculer par un ordinateur numérique. Une simulation est là aussi exclue.

Mais qu'en est-il des ordinateurs quantiques ?

La situation empire encore si nous tentons de modéliser la météo avec un ordinateur quantique. Si nous disposons d'un ordinateur quantique avec 300 qubits, nous avons 2^{300} états dans l'ordinateur quantique, un nombre plus élevé que les états de l'univers. Un ordinateur quantique dispose certainement de suffisamment de mémoire pour encoder toute la « réalité » telle que nous la connaissons.

Certainement ? Pas nécessairement ! Songeons à une protéine complexe, qui peut contenir des milliers d'atomes. Pour qu'un ordinateur quantique puisse simuler une seule protéine sans la moindre approximation, il nous faudrait beaucoup plus d'états qu'il n'y en a dans l'univers. Mais notre corps contient des milliards de ces protéines. Ainsi, pour simuler véritablement toutes les protéines présentes dans notre corps, il nous faudrait en principe des milliards d'ordinateurs quantiques. Encore une fois, le plus petit objet capable de simuler l'univers est l'univers lui-même. Il est tout simplement irréaliste d'assembler des milliards et des milliards d'ordinateurs quantiques pour simuler un phénomène quantique complexe.

La seule « réalité » qui pourrait effectivement être simulée est une réalité qui n'est pas parfaite, mais qui présente de nombreuses lacunes et imperfections. Cela permettrait de réduire le nombre d'états à simuler. Si la simulation n'est pas parfaite, il se pourrait qu'elle existe réellement. Par exemple, la simulation peut comporter des zones incomplètes. Le « ciel » que vous voyez au-dessus de votre tête peut présenter des déchirures, à l'instar d'un vieux décor de cinéma. Ou si vous êtes un plongeur en eaux profondes, vous pensez peut-être que votre monde est l'océan tout entier, jusqu'à ce que vous vous heurtiez à une paroi de verre et que vous compreniez alors que votre monde n'est qu'une petite simulation de l'océan. Un univers avec de telles imperfections est donc certainement possible.

Les univers parallèles

Autrefois, Hollywood et les bandes dessinées pouvaient créer des univers imaginaires passionnants en emmenant leurs personnages dans l'espace. Mais comme nous envoyons des fusées dans l'espace depuis plus de cinquante ans, tout cela est quelque peu dépassé. Les écrivains de science-fiction ont donc besoin d'un nouveau terrain de jeu avant-gardiste pour leurs intrigues fantastiques : c'est désormais le multivers. De nombreuses grandes productions récentes se déroulent dans des univers parallèles, dans lesquels un superhéros ou un méchant existe dans de multiples réalités.

Par le passé, chaque fois que je regardais un film de science-fiction, je comptais combien de lois de la physique avaient été violées. J'ai cessé de le faire lorsque je me suis souvenu des mots d'Arthur C. Clarke : « Toute technologie suffisamment avancée ne peut être distinguée de la magie. » Ainsi, si un film semblait violer une loi connue de la physique, peut-être qu'un jour cette loi de la physique se révélerait incorrecte ou incomplète.

Mais maintenant que les films entrent dans le multivers des univers parallèles, il me faut réfléchir à nouveau pour voir si des lois physiques sont violées. Dans ce cas, les films suivent en réalité la tendance des physiciens théoriciens, qui prennent au sérieux l'idée du multivers.

La raison en est que la théorie des mondes multiples de Hugh Everett fait son grand retour. Comme nous l'avons mentionné précédemment, la théorie des mondes multiples d'Everett est peut-être la manière la plus simple et la plus élégante de résoudre le problème de la mesure. En abandonnant simplement le dernier postulat de la mécanique quantique, selon lequel la fonction d'onde décrivant le comportement quantique s'effondre lors de l'observation, la théorie des mondes multiples constitue le moyen le plus rapide de résoudre le paradoxe qu'elle suscite.

Mais il y a un prix à payer pour permettre à l'onde électronique de se propager. Si l'onde de Schrödinger peut se déplacer librement d'elle-même, sans s'effondrer, elle se divisera un nombre infini de fois, créant une cascade infinie d'univers possibles. Ainsi, au lieu de nous concentrer en un seul univers, nous laissons un nombre infini d'univers parallèles se diviser constamment.

Il n'existe pas de consensus universel parmi les physiciens sur ces univers parallèles. Par exemple, David Deutsch estime que c'est la raison essentielle pour laquelle les ordinateurs quantiques sont si puissants, car ils calculent simultanément dans différents univers parallèles. Cela nous ramène au vieux paradoxe de Schrödinger, selon lequel un chat dans une boîte peut être à la fois mort et vivant.

Interrogé sur ce problème frustrant, Stephen Hawking a répondu : « Chaque fois que j'entends parler du chat de Schrödinger, je sors mon fusil. »

Mais il existe également une théorie alternative, appelée « théorie de la décohérence », selon laquelle les interactions avec l'environnement extérieur provoquent l'effondrement de l'onde, c'est-à-dire que l'onde s'effondre d'elle-même une fois qu'elle touche l'environnement, car ce dernier a déjà décohéré.

Cela signifie notamment que le paradoxe de Schrödinger peut être résolu simplement. Le problème initial était qu'avant d'ouvrir la boîte, on ne pouvait pas savoir si le chat était mort ou vivant. La réponse traditionnelle est que le chat n'est ni mort ni vivant jusqu'à ce qu'on ouvre la boîte. Selon cette nouvelle théorie, les atomes du chat sont déjà en contact avec les atomes aléatoires flottant dans la boîte, de sorte que le chat a déjà décohéré avant même que l'on n'ouvre la boîte. Le chat est donc déjà mort ou vivant (mais pas les deux).

Autrement dit, selon l'interprétation traditionnelle de Copenhague, le chat ne décohère que lorsqu'on ouvre la boîte et qu'on effectue une mesure. Cependant, dans l'approche de la décohérence, le chat a déjà décohéré, car les molécules d'air ont touché l'onde du chat, provoquant son effondrement. Dans l'approche de la décohérence, la cause de l'effondrement de l'onde n'est plus l'expérimentateur qui ouvre la boîte mais l'air présent dans la boîte.

En physique, les débats sont généralement résolus par la réalisation d'une expérience. En définitive, la physique ne repose pas sur des spéculations et des conjectures. Le facteur déterminant est la preuve concrète. Mais j'imagine que dans les décennies à venir, les physiciens débattront encore de cette question, car aucune expérience décisive ne peut exclure l'une de ces interprétations, du moins pas encore.

Pour ma part, je pense toutefois qu'il y a un défaut dans l'approche de la décohérence. Cette approche doit faire une distinction entre l'environnement, c'est-à-dire l'air (qui est décohérent), et l'objet étudié (le chat). Dans l'approche de Copenhague, la décohérence est introduite par l'expérimentateur. Dans l'approche de la décohérence, elle est introduite par les interactions avec l'environnement.

Cependant, une fois que nous introduisons une théorie quantique de la gravité, la plus petite unité que nous quantifions est l'univers lui-même. Il n'y a aucune distinction entre l'expérimentateur, l'environnement et le chat. Ils font tous partie d'une gigantesque fonction d'onde, la fonction d'onde de l'univers, qui ne peut être séparée en plusieurs morceaux.

Dans cette approche de la gravité quantique, il n'y a pas de véritable distinction entre les ondes cohérentes et les ondes décohérentes dans l'air. La différence n'est qu'une question de degré. (Par exemple, lors du Big Bang, l'univers entier était cohérent avant l'explosion. Ainsi, même aujourd'hui, 13,8 milliards d'années plus tard, il existe encore un peu de cohérence entre le chat et l'air.)

Cette approche bannit donc la décohérence et revient à l'interprétation d'Everett. Malheureusement, aucune expérience ne permet de faire la différence entre ces approches. Elles donnent toutes deux le même résultat en mécanique quantique. Elles diffèrent dans l'interprétation du résultat, qui quant à elle est philosophique.

Cela signifie que, peu importe que nous utilisions l'interprétation de Copenhague, l'approche de la décohérence ou la théorie des mondes multiples, nous obtenons les mêmes résultats expérimentaux, ce qui signifie que les trois approches sont expérimentalement équivalentes.

Une différence possible entre ces trois approches est que, dans l'interprétation des mondes multiples, il pourrait être possible de se déplacer entre différents univers parallèles. Mais si l'on fait le calcul, la probabilité d'y parvenir est si faible qu'il ne nous est pas possible de le vérifier expérimentalement. Généralement, il faut attendre plus longtemps que la durée de vie d'un univers pour entrer dans un autre univers parallèle.

L'univers est-il un ordinateur quantique ?

Voyons maintenant si l'univers lui-même est un ordinateur quantique.

Souvenons-nous que Babbage s'est posé une question bien précise : quelle peut être la puissance d'un ordinateur analogique ? Quelles sont les limites de ce qu'on peut calculer avec des engrenages et des leviers mécaniques ?

Turing a élargi cette question en s'en posant une autre : quelle peut être la puissance d'un ordinateur numérique ? Quelles sont les limites de calcul avec des composants électroniques ?

Par conséquent, il est naturel de se demander ensuite : quelle peut être la puissance d'un ordinateur quantique ? Quelles sont les limites de calcul si nous pouvons manipuler des atomes individuels ? Et puisque l'univers est constitué d'atomes : l'univers lui-même est-il un ordinateur quantique ?

Le physicien qui a proposé cette idée est Seth Lloyd du MIT. Il fait partie des rares physiciens présents au tout début, lors de la création des ordinateurs quantiques.

J'ai demandé à Lloyd ce qui l'avait amené à s'intéresser aux ordinateurs quantiques. Il m'a répondu que lorsqu'il était jeune, il était fasciné par les chiffres. Il était particulièrement intéressé par le fait qu'avec seulement quelques chiffres, on pouvait décrire une grande quantité d'objets du monde réel en utilisant les règles mathématiques.

Cependant, lorsqu'il a entrepris ses études supérieures, il s'est retrouvé confronté à un problème. D'un côté, il y avait de brillants étudiants en physique qui étudiaient la théorie des cordes et la physique des particules élémentaires. De l'autre, il y avait des étudiants en informatique. Il se sentait pris entre les deux, car il souhaitait travailler sur l'information quantique, à mi-chemin entre la physique des particules et l'informatique.

En physique des particules élémentaires, l'unité ultime de la matière est la particule, par exemple l'électron. Dans la théorie de l'information, l'unité ultime de l'information est le bit. Il s'est donc penché sur la relation entre les particules et les bits, ce qui nous conduit aux bits quantiques.

Son idée controversée est que l'univers est un ordinateur quantique. À première vue, elle peut paraître farfelue. Quand on pense à l'univers, on pense aux étoiles, aux galaxies, aux planètes, aux animaux, aux personnes, à l'ADN. Mais lorsqu'on pense à un ordinateur quantique, on pense à une machine. Comment peuvent-ils être la même chose ?

En réalité, il existe un lien profond entre les deux. Il est possible de créer une machine de Turing pouvant contenir toutes les lois newtoniennes de l'univers.

Imaginons par exemple un petit train posé sur une voie ferrée miniature. La voie est divisée en une longue séquence de carrés, dans lesquels on peut placer les chiffres 0 ou 1. 0 signifie qu'il n'y a pas de train sur cette voie, et 1 signifie que le petit train se trouve sur cette voie. Déplaçons maintenant le petit train, case par case. Chaque fois que nous le déplaçons d'une case, nous remplaçons un 0 par un 1. Ainsi, le train peut se déplacer facilement sur la voie. Le chiffre 1 localise la position du petit train.

Maintenant, remplaçons la voie ferrée par une bande numérique, avec des 0 et des 1. Remplaçons le petit train par un processeur. Chaque fois que le processeur se déplace d'une case, on remplace le 0 par un 1.

De cette manière, nous pouvons transformer un petit train en machine de Turing. En d'autres termes, une machine de Turing peut simuler les lois du mouvement de Newton, qui constituent le fondement de la physique classique.

Nous pouvons également modifier le petit train pour décrire des accélérations et des mouvements plus complexes. Chaque fois que nous le déplaçons, nous pouvons augmenter l'écart entre les 1, ce qui fait que le train accélère. Nous pouvons également étendre le petit train circulant le long d'une voie en 3D, ou d'un treillis. Nous pouvons ainsi encoder toutes les lois de la mécanique newtonienne.

Maintenant, nous pouvons donc faire précisément le lien entre une machine de Turing et les lois de Newton. Un univers classique peut être encodé par une machine de Turing.

Ensuite, nous pouvons généraliser cela aux ordinateurs quantiques. Nous remplaçons le petit train contenant des 0 et des 1 par un petit train portant une boussole. Son aiguille peut pointer vers le nord, où nous l'appelons « 1 », ou vers le sud, où nous l'appelons « 0 », ou vers n'importe quel angle entre les deux, où elle représente la superposition du nord et du sud. Ainsi, à mesure que le petit train avance sur la voie, l'aiguille se déplace dans différentes directions, conformément à l'équation de Schrödinger.

(Si l'on veut inclure l'intrication, on ajoute plusieurs boussoles sur le petit train. Toutes les aiguilles de ces boussoles peuvent se déplacer de différentes manières à mesure que le train avance sur la voie, conformément aux règles du processeur.)

Au fur et à mesure que le petit train avance, l'aiguille de la boussole se met à tourner. Le mouvement de l'aiguille retrace les informations contenues dans l'équation d'onde de Schrödinger. Ainsi, nous pouvons dériver l'équation d'onde en utilisant ce petit train.

L'idée est qu'une machine quantique de Turing peut encoder les lois de la mécanique quantique, qui elles-mêmes régissent l'univers. En ce sens, un ordinateur quantique peut encoder l'univers. La relation entre un ordinateur quantique et l'univers est donc que le premier peut encoder le second. Ainsi, à proprement parler, l'univers n'est pas un ordinateur quantique, mais tous les phénomènes qui se produisent en son sein peuvent être encodés par un ordinateur quantique.

Mais comme toutes les interactions au niveau microscopique sont régies par la mécanique quantique, cela signifie que les ordinateurs quantiques peuvent simuler n'importe quel phénomène du monde physique, depuis les particules subatomiques jusqu'au Big Bang, en passant par l'ADN et les trous noirs.

Le terrain de jeu des ordinateurs quantiques est l'univers lui-même. C'est pourquoi, si nous parvenons vraiment à comprendre une machine quantique de Turing, nous pourrons peut-être aussi véritablement comprendre l'univers.

Seul le temps nous le dira.

REMERCIEMENTS

Je souhaite avant tout remercier mon agent littéraire, Stuart Krichevsky, qui m'a accompagné pendant toutes ces longues années, m'aidant à faire passer mes manuscrits de la planche à dessin aux rayons des librairies. J'ai confiance en son jugement infaillible sur toutes les questions littéraires. Ses conseils avisés ont contribué au succès de mes ouvrages.

Je voudrais également remercier mon éditeur, Edward Kastenmeier. Il a toujours fait preuve d'un jugement avisé dans toutes les questions éditoriales. À chaque étape du processus, il a contribué à affiner le propos du livre et à le rendre plus facilement accessible.

Je tiens également à remercier les nombreux lauréats du prix Nobel que j'ai consultés ou interviewés et qui m'ont offert de précieux conseils : Richard Feynman, Steven Weinberg, Yoichiro Nambu, Walter Gilbert, Henry Kendall, Leon Lederman, Murray Gell-Mann, David Gross, Frank Wilczek, Joseph Rotblat, Henry Pollack, Peter Doherty, Eric Chivian, Gerald Edelman, Anton Zeilinger, Svante Pääbo, Roger Penrose.

Je tiens en outre à remercier ces éminents scientifiques, qui ont été des leaders de la recherche scientifique ou des directeurs de grands laboratoires scientifiques, et qui ont généreusement partagé leurs connaissances avec moi : Marvin Minsky, Francis Collins, Rodney Brooks, Anthony Atala, Leonard Hayflick, Carl Zimmer, Stephen Hawking, Edward Witten, Michael Lemonick, Michael Shermer, Seth Shostak, Ken Croswell, Brian Greene, Neil deGrasse Tyson, Lisa Randall, Leonard Susskind.

Enfin, je voudrais remercier les plus de quatre cents scientifiques que j'ai interviewés au fil des ans et dont les idées ont été extrêmement utiles pour la rédaction de cet ouvrage.

NOTES ET RÉFÉRENCES

1. La fin de l'ère du silicium

1. « *the threshold of a new era of machines* » : Gordon Lichfield, « Inside the Race to Build the Best Quantum Computer on Earth », *MIT Technology Review*, 26 février 2020, 1-23.
2. « *I think it's going to be* » : Yuval Boger, interview du Dr Robert Sutor, *The Qubit Guy's Podcast*, 27 octobre 2021; www.classiq.io/insights/podcast-with-dr-robert-sutor.
3. « *It's no longer a matter of if* » : Matt Swayne, « Zapata Chief Says Quantum Machine Learning Is a When, Not an If », *The Quantum Insider*, 16 juillet 2020 ; www.thequantuminsider.com/2020/07/16/zapata-chief-says-quantum-machine-learning-is-a-when-not-an-if/.
4. « *Companies in the industries* » : Daphne Leprince-Ringuet, « Quantum Computers Are Coming, Get Ready for Them to Change Everything », *ZD Net*, 2 novembre 2020 ; www.zdnet.com/article/quantum-computers-are-coming-get-ready-for-them-to-change-everything/.
5. « *We are excited to investigate* » : Dashveenjit Kaur, « BMW Embraces Quantum Computing to Enhance Supply Chain », *Techwire/Asia*, 1er février 2021 ; www.techwireasia.com/2021/02/bmw-embraces-quantum-computing-to-enhance-supply-chain/.
6. « *It is not that machines* » : Cade Metz, « Making New Drugs with a Dose of Artificial Intelligence », *The New York Times*, 5 février 2019 ; www.nytimes.com/2019/02/05/technology/artificial-intelligence-drug-research-deepmind.html.

7. « *That's a pretty terrifying* » : Ali El Kaafarani, « Four Ways Quantum Computers Can Change the World », *Forbes*, 30 juillet 2021 ; www.forbes.com/sites/forbestechcouncil/2021/07/30/four-ways-quantum-computing-could-change-the-world/?sh=7054e3664602.
8. « *Those running blockchain* » : « How Quantum Computers Will Transform These 9 Industries », *CB Insights*, 23 février 2021 ; www.cbinsights.com/research/quantum-computing-industries-disrupted/.
9. « *We've squeezed* » : Matthew Hutson, « The Future of Computing », *Science News* ; www.sciencenews.org/century/computer-ai-algorithm-moore-law-ethics.
10. « *It looks like nothing* » : James Dargan, « Neven's Law: Paradigm Shift in Quantum Computers », *Hackernoon*, 1er juillet 2019 ; www.hackernoon.com/nevens-law-paradigm-shift-in-quantum-computers-e6c429ccd1fc.
11. Jeremy O'Brien et Nicole Hemsoth, « With $3.1 Billion Valuation, What's Ahead for PsiQuantum? », *The Next Platform*, 27 juillet 2021; www.nextplatform.com/2021/07/27/with-3-1b-valuation-whats-ahead-for-psiquantum/.

2. La fin de l'ère numérique

1. « *Ada saw something* » : « Our Founding Figures: Ada Lovelace », *Tetra Defense*, 17 avril 2020; www.tetradefense.com/cyber-risk-management/our-founding-figures-ada-lovelace/.
2. « *the engine might compose* » : « Ada Lovelace », Computer History Museum ; www.computerhistory.org/babbage/adalovelace/.
3. « *has clever boys* » : Colin Drury, « Alan Turing: The Father of Modern Computing Credited with Saving Millions of Lives », *The Independent*, 15 juillet 2019; www.independent.co.uk/news/uk/home-news/alan-turing-ps50-note-computers-maths-enigma-codebreaker-ai-test-a9005266.html.
4. « *I believe that in about fifty* » : Alan Turing, « Computing Machinery and Intelligence », *Mind* 59 (1950) : 433-60 ; https://courses.edx.org/asset-v1:MITx+24.09x+3T2015+type@asset+block/5_turing_computing_machinery_and_intelligence.pdf.

3. L'ascension de la physique quantique

1. « *A new scientific truth* » : Peter Coy, « Science Advances One Funeral at a Time, the Latest Nobel Proves It », *Bloomberg*, 10 octobre 2017 ;

www.bloomberg.com/news/articles/2017-10-10/science-advances-one-funeral-at-a-time-the-latest-nobel-proves-it.

2. « *The fundamental laws* » : BrainyQuote; www.brainyquote.com/quotes/paul_dirac_279318.
3. « *I will never forget* » : Jim Martorano, « The Greatest Heavyweight Fight of All Time », *TAP into Yorktown*, 24 août 2022; www.tapinto.net/towns/yorktown/articles/the-greatest-heavyweight-fight-of-all-time.
4. « *It was the greatest debate* » : cité dans *Einstein* de Denis Brian (New York : Wiley, 1996), 516.

4. L'émergence des ordinateurs quantiques

1. Michio Kaku, *Parallel Worlds: The Science of Alternative Universes and Our Future in the Cosmos* (New York: Anchor, 2006).
2. « *undescribably* [*sic*] *stupid* » : Stefano Osnaghi, Fabio Freitas et Olival Freire Jr., « The Origin of the Everettian Heresy », *Studies in History and Philosophy of Modern Physics* 40, n° 2 (2009) : 17.
3. Parce que le piratage ferait s'effondrer l'onde, détruisant l'intrication, ce qui le ferait repérer tout de suite (NDE).

5. La course est engagée

1. « *We believe that we* » : Stephen Nellis, « IBM Says Quantum Chip Could Beat Standard Chips in Two Years », Reuters, 15 novembre 2021 ; www.reuters.com/article/ibm-quantum-idCAKBN2I00C6.
2. « *My first impression was, wow!* » : Emily Conover, « The New Light-Based Quantum Computer Jiuzhang Has Achieved Quantum Supremacy », *Science News*, 3 décembre 2020 ; www.sciencenews.org/article/new-light-based-quantum-computer-jiuzhang-supremacy.
3. « *For a long time, photonics* » : « Xanadu Makes Photonic Quantum Chip Available over Cloud Using Strawberry Fields & Pennylane Open-Source Tools Available on Github », *Inside Quantum Technology News*, 8 mars 2021; www.insidequantumtechnology.com/news-archive/xanada-makes-photonic-quantum-chip-available-over-cloud-using-strawberry-fields-pennylane-open-source-tools-available-on-github/.

6. L'origine de la vie

1. « *From the moment* » : Walter Moore, *Schrödinger: Life and Thought* (Cambridge University Press, 1989), 403.
2. « *As molecules get larger* » : Leah Crane, « Google Has Performed the Biggest Quantum Chemistry Simulation Ever », *New Scientist*, 12 décembre 2019 ; www.newscientist.com/article/2227244-google-has-performed-the-biggest-quantum-chemistry-simulation-ever/.
3. « *predicting the behavior* » : Jeannette M. Garcia, « How Quantum Computing Could Remake Chemistry », *Scientific American*, 15 mars 2021 ; www.scientificamerican.com/article/how-quantum-computing-could-remake-chemistry/.
4. « *The atoms are quantum* » : Leah Crane, « Google has Performed the Biggest Quantum Chemistry Simulation Ever », *New Scientist*, 12 décembre 2019 ; www.newscientist.com/article/2227244-google-has-performed-the-biggest-quantum-chemistry-simulation-ever/.
5. « *That's a result* » : *Ibid.*

7. Pour un monde plus vert

1. « *I really want to know* » : Alan S. Brown, « Unraveling the Quantum Mysteries of Photosynthesis », The Kavli Foundation, 15 décembre 2020 ; www.kavlifoundation.org/news/unraveling-the-quantum-mysteries-of-photosynthesis.
2. « *The excitation effectively* » : Peter Byrne, « In Pursuit of Quantum Biology with Birgitta Whaley », *Quanta Magazine*, 30 juillet 2013 ; www.quantamagazine.org/in-pursuit-of-quantum-biology-with-birgitta-whaley-20130730/.
3. « *Our goal is to close* » : Katherine Bourzac, « Will the Artificial Leaf Sprout to Combat Climate Change? », *Chemical & Engineering News*, 21 novembre 2016 ; https://cen.acs.org/articles/94/i46/artificial-leaf-sprout-combat-climate.html.
4. « *quantum computers may be able to accelerate* » : Ali El Kaafarani, « Four Ways Quantum Computing Could Change the World », *Forbes*, 30 juillet 2021 ; www.forbes.com/sites/forbestechcouncil/2021/07/30/four-ways-quantum-computing-could-change-the-world/?sh=398352d14602.
5. « *We did a complete* » : Katharine Sanderson, « Artificial Leaves: Bionic Photosynthesis as Good as the Real Thing », *New Scientist*, 2 mars 2022 ; www.newscientist.com/article/mg25333762-600-artificial-leaves-bionic-photosynthesis-as-good-as-the-real-thing/.

8. Nourrir la planète

1. « Using today's supercomputers » : « What Is Quantum Computing? Definition, Industry Trends, & Benefits Explained », *CB Insights*, 7 janvier 2021 ; www.cbinsights.com/research/report/quantum-computing/?utm_source=CB+Insights+Newsletter&utm_campaign = 0df1cb4286-newsletter_general_Sat_20191115&utm_medium = email&utm_term = 0_9dc0513989-0df1cb4286-88679829.
2. « *I think we're at an inflection* » : Allison Lin, « Microsoft Doubles Down on Quantum Computing Bet », Microsoft, *The AI Blog*, 20 novembre 2016; https://blogs.microsoft.com/ai/microsoft-doubles-quantum-computing-bet/.
3. Stephen Gossett, « 10 Quantum Computing Applications and Examples », *Built In*, 25 mars 2020; https://builtin.com/hardware/quantum-computing-applications.

9. L'approvisionnement énergétique du monde

1. « *It's a very research-oriented* » : Holger Mohn, « What's Behind Quantum Computing and Why Daimler Is Researching It », Mercedes-Benz Group, 20 août 2020 ; https://group.mercedes-benz.com/company/magazine/technology-innovation/quantum-computing.html.
2. « *It could become the best* » : *Ibid.*

11. Modification de gènes et guérison du cancer

1. « *In recent years* » : Liz Kwo et Jenna Aronson, « The Promise of Liquid Biopsies for Cancer Diagnosis », *American Journal of Managed Care*, 11 octobre 2021; www.ajmc.com/view/the-promise-of-liquid-biopsies-for-cancer-diagnosis.
2. « *In theory* » : Clara Rodríguez Fernández, « Eight Diseases CRISPR Technology Could Cure », *Labiotech*, 18 octobre 2021 ; www.labiotech.eu/best-biotech/crispr-technology-cure-disease/.
3. « *The hope is that* » : Viviane Callier, « A Zombie Gene Protects Elephants from Cancer », *Quanta Magazine*, 7 novembre 2017; www.quantamagazine.org/a-zombie-gene-protects-elephants-from-cancer-20171107/.

12. L'intelligence artificielle et les ordinateurs quantiques

1. « *An attempt will* » : Gil Press, « Artificial Intelligence (AI) Defined », *Forbes*, 27 août 2017 ; www.forbes.com/sites/gilpress/2017/08/27/artificial-intelligence-ai-defined/.
2. « *I think AI* » : Stephen Gossett, « 10 Quantum Computing Applications and Examples », *Built In*, 25 mars 2020; https://builtin.com/hardware/quantum-computing-applications.
3. « *We have been stuck* » : « AlphaFold: A Solution to a 50-Year-Old Grand Challenge in Biology », DeepMind, 30 novembre 2020; www.deepmind.com/blog/alphafold-a-solution-to-a-50-year-old-grand-challenge-in-biology.
4. « *We were able* » : Cade Metz, « London A.I. Lab Claims Breakthrough That Could Accelerate Drug Discovery », *The New York Times*, 30 novembre 2020; www.nytimes.com/2020/11/30/technology/deepmind-ai-protein-folding.html.
5. « *I believe this shows* » : Ron Leuty, « Controversial Alzheimer's Disease Theory Could Pinpoint New Drug Targets », *San Francisco Business Times*, 6 mai 2019 ; www.bizjournals.com/sanfrancisco/news/2019/05/01/alzheimers-disease-prions-amyloid-ucsf-prusiner.html.
6. « *The measurement of misfolded* » : German Cancer Research Center, « Protein Misfolding as a Risk Marker for Alzheimer's Disease », *ScienceDaily*, 15 octobre 2019; www.sciencedaily.com/releases/2019/10/191015140243.htm.
7. « *Everyone is now* » : « Protein Misfolding as a Risk Marker for Alzheimer's Disease—Up to 14 Years Before the Diagnosis », Bionity.com, 17 octobre 2019 ; www.bionity.com/en/news/1163273/protein-misfolding-as-a-risk-marker-for-alzheimers-disease-up-to-14-years-before-the-diagnosis.html.

13. L'immortalité

1. « *As we get older* » : Mallory Locklear, « Calorie Restriction Trial Reveals Key Factors in Enhancing Human Health », *Yale News*, 10 février 2022 ; www.news.yale.edu/2022/02/10/calorie-restriction-trial-reveals-key-factors-enhancing-human-health.
2. « *If diseases happen* » : Kashmira Gander, « "Longevity Gene" That Helps Repair DNA and Extend Life Span Could One Day Prevent Age-Related

Diseases in Humans », *Newsweek*, 23 avril 2019; www.newsweek.com/longevity-gene-helps-repair-dna-and-extend-lifespan-could-one-day-prevent-age-1403257.

3. « *If you see something* » : Antonio Regalado, « Meet Altos Labs, Silicon Valley's Latest Wild Bet on Living Forever », *MIT Technology Review*, 4 septembre 2021 ; www.technologyreview.com/2021/09/04/1034364/altos-labs-silicon-valleys-jeff-bezos-milner-bet-living-forever/.
4. « *There are hundreds* » : *Ibid.*
5. « *You can take a cell* » : *Ibid.*
6. « *I remember the day* » : Allana Akhtar, « Scientists Rejuvenated the Skin of a 53 Year Old Woman to That of a 23 Year Old's in a Groundbreaking Experiment », *Yahoo News*, 8 avril 2022 ; www.yahoo.com/news/scientists-rejuvenated-skin-53-old-175044826.html.

14. Le réchauffement climatique

1. « *Quantum computers also hold* » : Ali El Kaafarani, « Four Ways Quantum Computing Could Change the World », *Forbes*, 30 juillet 2021 ; www.forbes.com/sites/forbestechcouncil/2021/07/30/four-ways-quantum-computing-could-change-the-world/?sh=398352d14602.
2. « *Sea-level rise* » : Doyle Rice, « Rising Waters: Climate Change Could Push a Century's Worth of Sea Rise in US by 2050, Report Says », *USA Today*, 15 février 2022 ; www.usatoday.com/story/news/nation/2022/02/15/us-sea-rise-climate-change-noaa-report/6797438001/.
3. « *This report supports* » : « U.S. Coastline to See up to a Foot of Sea Level Rise by 2050 », National Oceanic and Atmospheric Administration, 15 février 2022; www.noaa.gov/news-release/us-coastline-to-see-up-to-foot-of-sea-level-rise-by-2050.
4. « *The eastern ice shelf* » : David Knowles, « Antarctica's "Doomsday Glacier" Is Facing Threat of Imminent Collapse, Scientists Warn », *Yahoo News*, 14 décembre 2021 ; https://news.yahoo.com/antarcticas-doomsday-glacier-is-facing-threat-of-imminent-collapse-scientists-warn-220236266.html.
5. Intergovernmental Panel on Climate Change, *Climate Change 2007 Synthesis Report: A Report of the Intergovernmental Panel on Climate Change* ; www.ipcc.ch.

15. Le soleil en bouteille

1. « *Fusion is not* » : Jonathan Amos, « Major Breakthrough on Nuclear Fusion Energy », BBC News, 9 septembre 2022 ; www.bbc.com/news/science-environment-60312633.
2. « *The JET experiments put us* » : Claude Forthomme, « Nuclear Fusion: How the Power of Stars May Be Within Our Reach », *Impakter*, 10 février 2022 ; www.impakter.com/nuclear-fusion-power-stars-reach/.
3. « *It's a landmark* » : Jonathan Amos, « Major Breakthrough on Nuclear Fusion Energy », BBC News, 9 septembre 2022 ; www.bbc.com/news/science-environment-60312633.
4. « *This magnet will* » : « Multiple Breakthroughs Raise New Hopes for Fusion Energy », Global BSG, 27 janvier 2022 ; www.globalbsg.com/multiple-breakthroughs-raise-new-hopes-for-fusion-energy/.
5. « *It's a big deal* » : Catherine Clifford, « Fusion Gets Closer with Successful Test of a New Kind of Magnet at MIT Start-up Backed by Bill Gates », CNBC, 8 septembre 2021 ; www.cnbc.com/2021/09/08/fusion-gets-closer-with-successful-test-of-new-kind-of-magnet.html.
6. « *I think AI will play* » : « Nuclear Fusion Is One Step Closer with New AI Breakthrough », *Nation World News*, 13 septembre 2022 ; www.nationworldnews.com/nuclear-fusion-is-one-step-closer-with-new-ai-breakthrough/.

16. Simuler l'univers

1. « *A scene of almost unspeakable* » : « The World Should Think Better about Catastrophic and Existential Risks », *The Economist*, 25 juin 2020 ; www.economist.com/briefing/2020/06/25/the-world-should-think-better-about-catastrophic-and-existential-risks.
2. Michio Kaku, *L'Équation de Dieu : En quête d'une théorie universelle* (Guy Trédaniel, 2023).

LECTURES RECOMMANDÉES

Les textes suivants peuvent s'avérer intéressants pour les personnes disposant de connaissances en programmation informatique :

Bernhardt, Chris. *Quantum Computing for Everyone.* Cambridge : MIT Press, 2020.

Edwards, Simon. *Quantum Computing for Beginners.* Monee, IL, 2021.

Grumbling, Emily et Mark Horowitz, eds. *Quantum Computing: Progress and Prospects.* Washington, DC : National Academy Press, 2019.

Jaeger, Lars. *The Second Quantum Revolution.* Switzerland : Springer, 2018.

Mermin, N. David. *Quantum Computer Science: An Introduction.* Cambridge : Cambridge University Press, 2016.

Rohde, Peter P. *The Quantum Internet: The Second Quantum Revolution.* Cambridge : Cambridge University Press, 2021.

Sutor, Robert S. *Dancing with Qubits: How Quantum Computing Works and How It Can Change the World.* Birmingham, UK : Packt, 2019.

CRÉDITS DES ILLUSTRATIONS

Page 42 : Freeth, T., Higgon, D., Dacanalis, A., *et al.* A Model of the Cosmos in the Ancient Greek Antikythera Mechanism. *Sci Rep* 11, 5821 (2021).

Page 52 : Mapping Specialists Ltd.

Page 68 : Mapping Specialists Ltd.

Page 77 : Mapping Specialists Ltd.

Page 84 : Mapping Specialists Ltd.

Page 102 : Mapping Specialists Ltd.

Page 119 : Mapping Specialists Ltd.

Page 129 : Andrew Lindemann, courtesy IBM

Page 132 : Mapping Specialists Ltd.

Page 265 : Mapping Specialists Ltd.

Page 338 : Mapping Specialists Ltd.

Page 376 : Mapping Specialists Ltd.

À PROPOS DE L'AUTEUR

Michio Kaku est professeur de physique théorique à la City University de New York. Il est le cofondateur de la théorie des champs de cordes. Il est titulaire d'un BA de Harvard et d'un doctorat en physique de l'université de Californie à Berkeley. Il est l'auteur de cinq best-sellers publiés par le New York Times : *Physics of the Impossible*, *Physics of the Future*, *The Future of the Mind*, *The Future of Humanity* et *The God Equation* (paru chez Guy Trédaniel en 2023 sous le titre *L'Équation de Dieu*). Il a présenté diverses émissions spéciales de télévision pour BBC-TV, Discovery Channel et Science Channel. Il est fréquemment invité par des chaînes de télévision nationales et internationales. Il anime deux émissions de radio scientifiques aux États-Unis, *Exploration* et *Science Fantastic*. Il est suivi par cinq millions de fans sur Facebook.

Composition et mise en pages
Nord Compo à Villeneuve-d'Ascq

Achevé d'imprimer en septembre 2024
sur les presses de la Nouvelle Imprimerie Laballery
58500 Clamecy
Dépôt légal : septembre 2024
Numéro d'impression : 409025

Imprimé en France

La Nouvelle Imprimerie Laballery est titulaire de la marque Imprim'Vert®